薩摩 順吉・藤原 毅夫・三村 昌泰・四ツ谷 晶二　編集

理工系の数理

微分積分
＋
微分方程式

川野 日郎・薩摩 順吉・四ツ谷 晶二

共　著

東京　裳　華　房　発行

CALCULUS + DIFFERENTIAL EQUATION

by

KAWANO NICHIRO
SATSUMA JUNKICHI
YOTSUTANI SHOJI

SHOKABO

TOKYO

〈出版者著作権管理機構 委託出版物〉

編集趣旨

　数学は科学を語るための重要な言葉である．自然現象や工学的対象をモデル化し解析する際には，数学的な定式化が必須である．そればかりでない．社会現象や生命現象を語る際にも，数学的な言葉がよく使われるようになってきている．そのために，大学においては理系のみならず一部の文系においても数学がカリキュラムの中で大きな位置を占めている．

　近年，初等中等教育で数学の占める割合が低下するという由々しき事態が生じている．数学は積み重ねの学問であり，基礎課程で一部分を省略することはできない．着実な学習を行って，将来数学が使いこなせるようになる．

　21世紀は情報の世紀であるともいわれる．コンピュータの実用化は学問の内容だけでなく，社会生活のあり方までも変えている．コンピュータがあるから数学を軽視してもよいという識者もいる．しかし，情報はその基礎となる何かがあって初めて意味をもつ．情報化時代にブラックボックスの中身を知ることは特に重要であり，数学の役割はこれまで以上に大きいと考える．

　こうした時代に，将来数学を使う可能性のある読者を対象に，必要な数学をできるだけわかりやすく学習していただけることを目標として刊行したのが本シリーズである．豊富な問題を用意し，手を動かしながら理解を進めていくというスタイルを採った．

　本シリーズは，数学を専らとする者と数学を応用する者が協同して著すという点に特色がある．数学的な内容はおろそかにせず，かつ応用を意識した内容を盛り込む．そのことによって，将来のための確固とした知識と道具を身に付ける助けとなれば編者の喜びとするところである．読者の御批判を仰ぎたい．

2004年10月

編　者

ま え が き

　この本は，微分積分およびその応用として微分方程式の基礎まで学ぼうとする人のために書かれている．最近の高等学校では，大学受験のために文系と理系に分けて指導されているところが多い．しかし，今日，微分積分や微分方程式の必要性は多岐にわたり，理系分野に限らず，経済や心理学など文系とされる分野においても広く求められるようになっている．こうした状況をふまえ，高等学校での微分積分に関する既習事項を前提とせず，微分積分を学ぼうとする人ならば誰でもわかっていただけるようにと工夫した．

　数学では，どんな小さなことでも正確に理解しておかなければ正しい結論を得ることはできない．そのために，論理を追う厳密な説明が必要とされるのである．しかし，本書では，言葉による抽象的説明よりも，例題で実際の論理の流れを見ることを重視した．そして，足りないことは図，あるいは「注意」で補足説明した．さらに，本文で盛り込むことのできなかった重要な基本事項は，付録で簡単に触れている．

　数学の知識は使ってみてはじめて生きた知識となる．本書の特色は，最初に最も素朴な形で微分積分を導入した後，関数から微分方程式に至るまで，さまざまな場面でいろいろな形で利用し，そうした繰り返しの中で，自然に微分積分を武器として体得できるように構成されている点にある．

　微分積分の基礎は実数論に始まり連続関数の性質へと続くが，この部分は第1章で必要最低限のことを直観的に述べている．そして，2次式などの簡単な多項式をもちいて，第2章で微分，第3章で偏微分を学び，第4章の積分へと進む．どの章も，まず多項式で微分と積分の本質をつかめるように配慮した．特に，本書を通して活躍する強力かつ基本的な「微積分の基本定理」をしっかり身に付けていただきたい．

　ここまでが第1段階である．以下第2段階として，第5章から第8章まで，

指数関数などさまざまな関数の性質を知るとともに，微分積分の技術を習得する．また，第6章では関数の多項式近似から始まって，関数を級数に展開することを学ぶ．級数展開によって，関数の本質や関数同士の関係がわかってくる．ひいては関数を見る目が変わってくるのである．第7章は微分法の応用がテーマである．関数の極大・極小など変化の様子を微分を用いて調べる．第8章では，多変数関数の積分すなわち重積分を導入する．ここでは，変数を増やすことによって積分そのものがもつ意味の理解を深めると同時に，重積分の応用として，立体の体積や曲面の面積を具体的に求める方法を学ぶ．なお，微分方程式へ急ぐ場合には，第7章と第8章はとばして読んでもかまわない．

　第3段階が第9章から第13章までの微分方程式である．まず，第9章で複素数を導入し，微分方程式を学ぶのに必要な複素数に関する知識を簡潔に述べている．第10章では線形微分方程式の解法をできるだけわかりやすく書くことにつとめた．第11章は求積法．ここではこれまで習得した微分積分の知識と技術を駆使して問題を解く，一問一問楽しく取り組んでいただくことを期待している．第12章では第6章で学んだ級数展開を用いて微分方程式を解く．計算は少し面倒であるが，原理はきわめて簡単かつ強力である．そして最終章で，微分方程式の解の存在や一意性について，その研究の歴史的発展から説き起こし，丁寧に述べた．本書はあくまでも入門書であるが，この章まで読んで，微分方程式に魅力を感じていただければ幸いである．

　なお，多変数関数に関する事項については，紙数の都合により十分記述することができなかった．この点は他書により補っていただきたい．

　本書の完成には大変な時間がかかったが，最後まで根気強く待って下さった裳華房編集部の細木周治氏に心から感謝する．

　2004年10月

著　者

目　次

第 1 章　極限と連続

1.1　さまざまな数 ……………………………………… 2
1.2　関数とその極限値 ………………………………… 6
1.3　無限大 ……………………………………………… 8
1.4　片側極限 …………………………………………… 10
1.5　関数の連続性 ……………………………………… 13
第 1 章 練習問題 ……………………………………… 17

第 2 章　微　分

2.1　微分係数と導関数 ………………………………… 20
2.2　合成関数の微分 …………………………………… 25
2.3　逆関数とその微分 ………………………………… 26
2.4　ロルの定理と平均値の定理 ……………………… 29
2.5　高階微分 …………………………………………… 33
第 2 章 練習問題 ……………………………………… 35

第 3 章　偏微分

3.1　偏微分 ……………………………………………… 38
3.2　2 変数関数の合成関数の微分 …………………… 40
3.3　陰関数の微分 ……………………………………… 42
3.4　全微分 ……………………………………………… 44
3.5　高階偏導関数 ……………………………………… 46
第 3 章 練習問題 ……………………………………… 48

第4章　積分

- 4.1 定積分 …… 52
- 4.2 微積分の基本定理 …… 57
- 4.3 置換積分の公式 …… 60
- 4.4 部分積分の公式 …… 61
- 第4章 練習問題 …… 62

第5章　いろいろな関数と微分・積分

- 5.1 指数関数 …… 64
- 5.2 対数関数 …… 66
- 5.3 三角関数 …… 69
- 5.4 逆三角関数 …… 73
- 5.5 対数微分法 …… 76
- 5.6 積分法のまとめ …… 78
- 5.7 有理関数の積分 …… 81
- 5.8 広義の積分 …… 85
- 第5章 練習問題 …… 86

第6章　テイラー展開

- 6.1 数列と級数 …… 90
- 6.2 べき級数 …… 96
- 6.3 関数の近似 …… 98
- 6.4 テイラーの公式 …… 101
- 6.5 テイラー展開 …… 104
- 6.6 べき級数の項別微分・項別積分 …… 109
- 6.7 無限小 …… 113
- 6.8 多変数関数のテイラー展開 …… 118

第 6 章 練習問題 …………………………………………… 121

第 7 章　微分法の応用

7.1　関数の増減 …………………………………………… 124

7.2　2 変数関数の極大・極小 …………………………… 127

7.3　条件付極値 …………………………………………… 131

7.4　極座標と座標変換 …………………………………… 134

第 7 章 練習問題 …………………………………………… 140

第 8 章　重積分

8.1　重積分 ………………………………………………… 142

8.2　重積分の計算と積分順序の変更 …………………… 145

8.3　極座標への変数変換 ………………………………… 148

8.4　一般の変数変換 ……………………………………… 151

8.5　3 重積分 ……………………………………………… 154

8.6　体積，曲線の長さ，曲面積 ………………………… 158

第 8 章 練習問題 …………………………………………… 163

第 9 章　複素数と複素平面

9.1　複素数 ………………………………………………… 166

9.2　複素平面 ……………………………………………… 167

9.3　オイラーの公式 ……………………………………… 169

9.4　複素数値関数の導関数 ……………………………… 171

第 9 章 練習問題 …………………………………………… 177

第 10 章　線形微分方程式

　10.1　微分方程式 …………………………………………… 180
　10.2　微分方程式と解 ……………………………………… 182
　10.3　1 階線形微分方程式 ………………………………… 184
　10.4　微分演算子 …………………………………………… 188
　10.5　定数係数の斉次線形微分方程式 …………………… 192
　10.6　定数係数の非斉次線形微分方程式 ………………… 195
　10.7　定数変化法と階数低下法 …………………………… 200
　第 10 章 練習問題 ………………………………………… 204

第 11 章　求積法

　11.1　線形化できる微分方程式 …………………………… 206
　11.2　変数分離形 …………………………………………… 210
　11.3　同次形 ………………………………………………… 212
　11.4　完全微分形の微分方程式 …………………………… 214
　第 11 章 練習問題 ………………………………………… 219

第 12 章　変数係数の微分方程式

　12.1　べき級数展開による解 ……………………………… 222
　12.2　2 階微分方程式のべき級数解 ……………………… 224
　12.3　確定特異点とは ……………………………………… 228
　12.4　確定特異点をもつ微分方程式 ……………………… 233
　第 12 章 練習問題 ………………………………………… 238

第 13 章　解の存在と一意性

　13.1　なぜ存在と一意性なのか？ ………………………… 240

目　次　　　　　　　　xi

13.2　解の存在とは　……………………………………　241
13.3　コーシーの折れ線法　……………………………　242
13.4　逐次近似法　………………………………………　245
13.5　リプシッツ条件　…………………………………　247
13.6　グロンウォールの不等式　………………………　253
第 13 章 練習問題　……………………………………　256

付録

A.1　上限，下限　………………………………………　257
A.2　上極限，下極限　…………………………………　260
A.3　コーシー列　………………………………………　262
A.4　絶対収束　…………………………………………　263
A.5　べき級数の微分・積分　…………………………　266
A.6　平行四辺形の面積と 2×2 の行列式　…………　270
A.7　ベクトルの内積と外積　…………………………　272
A.8　平行六面体の体積と 3×3 の行列式　…………　273

問題解答　………………………………………………　275
索引　……………………………………………………　288

第 1 章

極限と連続

　小学校から学んできた数，この数の上でいろいろなことを考え，さまざまな理論を構築していくのが数学である．そこで，これまで知っている数を見直し，これから学ぶ極限，微積分や微分方程式の展開に耐えうるものにしておこう．
　数をもとにして作られるものが関数である．例えば，時間と共に変化する事象を数学的に取り扱う際，関数は欠かすことのできないものとなる．関数の値がつながっているか，またそのときどういう性質が成り立つかなどの基本的な性質を把握するのもこの章の目的である．

1.1 さまざまな数

自然数・整数・有理数　日常，ものを数えるときなどよく使う数 $1, 2, 3, \cdots$ を**自然数**(natural number)という．自然数全体は英語の頭文字をとって N という記号で表す．

　自然数に ＋ － の符号をつけたものと 0 とを合わせて**整数**(integer)という．プラスの符号をつけた $+1, +2, +3, \cdots$ は自然数と同じものと見なし，正の整数ともいう．それに対して，マイナスの符号をつけた $-1, -2, -3, \cdots$ は負の整数である．整数全体は Z で表す．ドイツ語で数のことを Zahl という．

　ものの半分を表す $\frac{1}{2}$ や 3 つに割ったものの 2 つ分を表す $\frac{2}{3}$ のように何倍かすると整数になる数を分数あるいは**有理数**(rational number)という．有理数全体は「商」の英語 quotient の頭文字をとって Q で表す．したがって，N は Z に含まれ，さらに Z は Q に含まれている．

四則演算　有理数について四則演算，すなわち和・差・積・商を考えてみよう．2 つの有理数 p, q を $p = \frac{n}{m}$, $q = \frac{s}{r}$ のように整数 m, n, r, s を用いて表す．分母に現れる整数は 0 でないとして，四則演算は

$$p \pm q = \frac{n}{m} \pm \frac{s}{r} = \frac{nr \pm ms}{mr},$$

$$p \times q = \frac{n}{m} \times \frac{s}{r} = \frac{ns}{mr},$$

$$p \div q = \frac{n}{m} \div \frac{s}{r} = \frac{n}{m} \times \frac{r}{s} = \frac{nr}{ms}$$

であり，演算の結果はやはり有理数になる．これを有理数全体 Q は<u>四則演算に関して閉じている</u>という．しかし，整数全体 Z は四則演算に関して閉じていない．なぜならば，例えば $1, 2$ は整数であるが，$\frac{1}{2}$ は整数とならないからである．

1.1 さまざまな数

数直線　有理数の様子を見るには数直線を用意すると便利である．数直線は以下のようにして作る（図 1.1）．

まず，直線上に基準の点 O（原点）をとり，数 0 に対応させる．次に原点の右側に 1 点 P をとり，その点を 1 に対応させる．そして，0 と 1 の間の長さの 2 倍，3 倍，… となる点を直線上に目盛り，数 $2, 3, \cdots$ に対応させる．また原点の左側にも同じように点を目盛り，数 $-1, -2, -3, \cdots$ に対応させる．このようにすべての整数が目盛られている直線が**数直線**である．

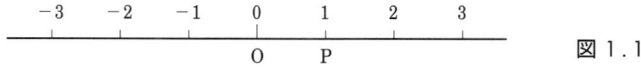

図 1.1

さらにこの数直線上で分数，例えば，$\dfrac{1}{3}, \dfrac{2}{3}$ を目盛るときは図 1.2 のように点 O を始点とする線分上に等間隔な点 A, B, C をとり，線分 CP と平行な直線を引くことによって OP の 3 等分点が得られる．こうして 2 つの点を目盛り，左側の点を有理数 $\dfrac{1}{3}$，右側の点を有理数 $\dfrac{2}{3}$ に対応させる．このような操作によりすべての有理数を数直線上の点と対応させることができる．

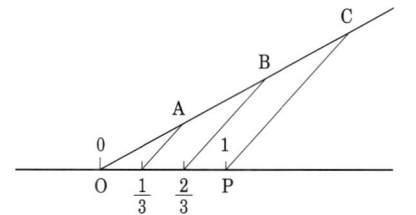

図 1.2

実数　さて，このようにしてすべての有理数を数直線上の点に対応させたとき，数直線は有理数で埋めつくされるだろうか．すなわち，数直線上の任意の点に対してこれに対応する数は有理数だけであろうか．実は，有理数だけでは足りないことが図 1.3 より容易にわかる．すなわち，原点を中心とし OA を半径とする円を描き数直線との交点を B とすれば，ピタゴラスの定理（三平方の定理）より $\mathrm{OA}(=\mathrm{OB}) = \sqrt{2}$ である．ところが $\sqrt{2}$ は有理数ではないから，数直線上の点 B に対応する数は有理数ではない．このように有

理数は無数にあるが，数直線を埋めつくすことはできないのである．

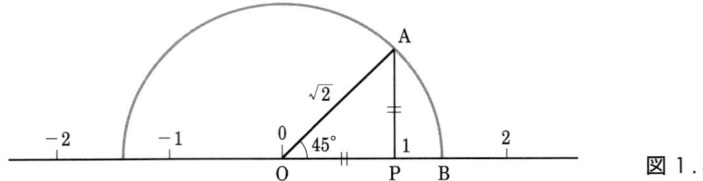

図 1.3

さらに，次の例 1 のように極限を考える際には，やはり有理数だけでは不十分であることがわかる．

例 1

規則
$$a_{n+1} = \frac{1}{2}\left(a_n + \frac{2}{a_n}\right) \quad (n = 1, 2, \cdots), \qquad a_1 = 2 \qquad (1.1)$$
で定まる数の列 $a_1, a_2, a_3, \cdots$ において，n をどんどん大きくしていったとき a_n がどのような値に近づくか調べる(6.1 節 例 2 参照)．

順次 $a_2, a_3, \cdots$ を計算していくと，$a_2 = 3/2$, $a_3 = 17/12$, $a_4 = 577/408$, $\cdots$ というように有理数の列が得られ，それぞれ数直線上の 1 点と対応させることができる．このように，n をどんどん大きくしていくと，図 1.4 のように a_n は減少しながらある値に近づいていく．その極限の値を a とすると，(1.1) より
$$a \geq 0 \quad \text{かつ} \quad a = \frac{1}{2}\left(a + \frac{2}{a}\right)$$
が成り立つ．上式は $a^2 = 2$ と書き換えられ，$a = \sqrt{2}$ あるいは $a = -\sqrt{2}$ であるが，$a \geq 0$ より極限の値は $a = \sqrt{2}$ である．◆

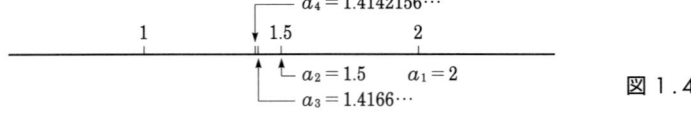

図 1.4

上の例 1 の結果は，変化する量がある値に近づくという状況を考える場合には，有理数だけの世界では不十分であることを示している．行き着く先は有理数の世界からはみ出しているのである．

有理数および有理数列の極限として得られる数を合わせたものを**実数**（real number）とよぶ．実数全体はやはり英語の頭文字をとって R と表す．以下単に「数」というときは実数を指すこととする．実数のうち有理数でないものを**無理数**（irrational number）とよぶ．例えば $\sqrt{2}$ は無理数であり，円周率 π も無理数であることが知られている．

実数は有理数と同じく四則演算に関して閉じている．すなわち，0 による割り算を除くと，四則演算を行った結果は必ず実数になるのである．2 つの実数 a, b について，数直線上の b に対応する点が a に対応する点の右側にあるとき "b は a より大きい，または a は b より小さい" といい，$a < b$ と書く．対応する点が同じ場合も含むときは $a \leq b$ と書く．特に数 0 と比較して，$0 < a$ となる数 a が正の数，$0 > a$ となる数 a が負の数である．

小数 有理数と無理数の違いは小数を用いて説明することもできる．例えば，有理数 3/4 は小数で書くと 0.75 となる．（このように有限の数からなる小数のことを**有限小数**という．）また，有理数 1/3 は小数で 0.333⋯ と表されるが，この小数は小数第 1 位から 3 が繰り返し現れており，循環する**無限小数**または**循環小数**という．これらの例のように，有理数は必ず有限小数または循環小数で表すことができる．一方，無理数は，例えば $\sqrt{2} = 1.41421356\cdots$ のようにどこまでいっても決して循環しない**無限小数**になる．

絶対値 実数 a に対して，絶対値 $|a|$ を

$$|a| = \begin{cases} a & (a \geq 0 \text{ のとき}), \\ -a & (a < 0 \text{ のとき}) \end{cases} \tag{1.2}$$

で定義する．絶対値 $|a|$ は数直線上で原点と a に対応する点の距離に相当したものである．同じように考えて，2 つの実数 a, b に対応した数直線上の点

の距離は $|a-b|$ または $|b-a|$ で表される．絶対値に対しては，
$$|ab| = |a||b| \tag{1.3}$$
$$|a+b| \leq |a| + |b| \tag{1.4}$$
が成り立つ．(1.4) より
$$|a| - |b| \leq |a-b| \tag{1.5}$$
も成り立つ．なぜなら，$|a| = |a-b+b| \leq |a-b| + |b|$ となるからである．

問題 1 $\sqrt{2}$ が有理数でないことを背理法を用いて証明せよ．

問題 2 次の不等式が成り立つことを (1.4) を用いて示せ．
 (1) $|a-b| \leq |a-c| + |c-b|$ 　　(2) $|a+b+c| \leq |a| + |b| + |c|$

1.2　関数とその極限値

これまで実数の性質について考えてきた．ここからは実数の上で定義された関数を考察することにしよう．

ある実数の集合を D とするとき，D に属する各実数 x に対してそれぞれ 1 つの実数 y を対応させるものを D で定義された**関数**(function)という．また，f を D で定義された関数とするとき，f によって D の点 x に対応する実数 y を "x における f の値" といい，$f(x)$ で表す．すなわち $y = f(x)$ である．なお，集合 D を関数 f の**定義域**といい，$f(x)$ の値全体を f の**値域**という．また，x や y を変数というが，さらに細かく，x を**独立変数**，y を**従属変数**とよぶこともある．

関数の極限　　変数 x が定値 a に限りなく近づくとき，それにともなって関数値 $f(x)$ が定値 ℓ に限りなく近づけば，"x が a に近づくときの関数 $f(x)$ の極限（値）は ℓ である" といい，関数 $f(x)$ は ℓ に**収束する**という．このことを

$$x \to a \text{ のとき} \quad f(x) \to \ell$$

または

$$\lim_{x \to a} f(x) = \ell$$

と表す.$x \to a$ とはあくまでも x が a に限りなく近づくということであり,$x = a$ の点は考えていない.つまり,a は必ずしも $f(x)$ の定義域に属さなくてもよいのである.なお,関数が定値に収束しないときは**発散する**という.

例 1

$$x \to 2 \text{ のとき} \quad x^2 \to 4$$

すなわち,

$$\lim_{x \to 2} x^2 = 4. \quad \blacklozenge$$

例 2

$$x \to -2 \text{ のとき} \quad \frac{3x^2 + x - 1}{(x+5)^2} \to 1.$$

なぜなら,

$$\frac{3(-2)^2 + (-2) - 1}{(-2+5)^2} = \frac{3 \cdot 4 - 2 - 1}{3^2} = \frac{9}{9} = 1$$

となるからである.したがって

$$\lim_{x \to -2} \frac{3x^2 + x - 1}{(x+5)^2} = 1. \quad \blacklozenge$$

以上の例では結果的に,$x = a$ における値をそのまま代入することにより極限値 ℓ が求まった.もう一つ,そうしたことができない例を見ておこう.

例 3

$$x \to 1 \text{ のとき} \quad \frac{x^2 - 1}{x - 1} \to 2.$$

なぜなら,$x \to 1$ のとき

$$\frac{x^2 - 1}{x - 1} = \frac{(x-1)(x+1)}{x-1} = x + 1 \to 2$$

となるからである．したがって
$$\lim_{x \to 1} \frac{x^2-1}{x-1} = 2. \quad \blacklozenge$$

注意 1 $x = a$ での極限を求める場合，関数に $x = a$ を直接代入して，$0/0$ や ∞/∞（∞ の意味は次の 1.3 節で述べる）となっても「関数の極限値は定まらない」とただちに断定してはならない．この段階ではまだ存在するともしないともいえないのであり，もう少し詳しく調べなければならない（6.7 節参照）．

問題 1 次の極限値を求めよ．

(1) $\displaystyle\lim_{x \to 1}(x^3 - 1)$ (2) $\displaystyle\lim_{x \to 1}\frac{x^3-1}{x-1}$

1.3 無限大

変数 x あるいは関数値 $f(x)$ が限りなく大きくなることを無限大になるといい，記号 ∞ で表す．負で絶対値が限りなく大きくなることをマイナス無限大になるといい $-\infty$ と書く．∞ や $-\infty$ は数（実数）ではない．したがって，関数 $f(x)$ の値が ∞（$-\infty$）となるときは極限が存在する，あるいは収束するとはいわない．

例 1

$x = 0$ では定義されていない関数，
$$f(x) = \frac{1}{x^2}$$
について $x \to 0$ としたときの極限値を考える．

次のページの表や図 1.5 から明らかなように，$x \to 0$ のとき $\dfrac{1}{x^2}$ は限りなく大きくなる．したがって
$$\lim_{x \to 0} \frac{1}{x^2} = \infty$$
となり，$\dfrac{1}{x^2}$ は ∞ に発散する．$\blacklozenge$

x	$1/x^2$
0.1	100
0.01	10000
0.001	1000000
0.0001	100000000
0	
-0.0001	100000000
-0.001	1000000
-0.01	10000
-0.1	100

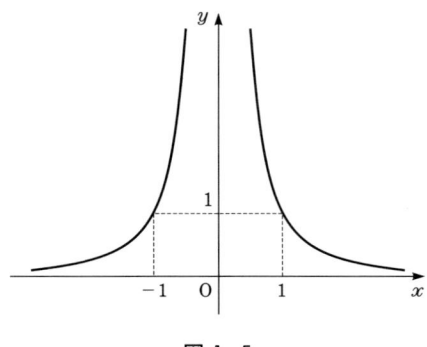

図 1.5

例 2

$f(x) = -\dfrac{1}{x^2}$ とすると，例 1 と同様，
$$\lim_{x \to 0}\left(-\frac{1}{x^2}\right) = -\infty$$
であり $-\infty$ に発散する．◆

例 3

関数 $f(x) = \dfrac{1}{x}$ について，$x \to \infty$ としたときの極限値を考える．

下の表から，$x \to \infty$ のとき，すなわち，x がどんどん大きくなるとき，$\dfrac{1}{x}$ は 0 に近づくことがわかる．よって
$$\lim_{x \to \infty}\frac{1}{x} = 0.$$

x	$1/x$
100	0.01
1000	0.001
10000	0.0001
⋮	⋮

同様にして，
$$\lim_{x \to -\infty}\frac{1}{x} = 0, \quad \lim_{x \to \infty} x^2 = \infty, \quad \lim_{x \to -\infty} x^2 = \infty$$
が得られる．◆

例題 1.1

次の極限値を求めよ．

$$\lim_{x \to \infty} \frac{2x^2+3}{x^2+1}$$

【解】 このままでは $\frac{\infty}{\infty}$ となり解が得られないので，分母と分子を x^2 で割る．

$$\lim_{x \to \infty} \frac{2x^2+3}{x^2+1} = \lim_{x \to \infty} \frac{2+\dfrac{3}{x^2}}{1+\dfrac{1}{x^2}} = \frac{2+0}{1+0} = 2. \quad \square$$

極限の公式 　　以上のような関数の極限について次の公式が成り立つ．

$\lim_{x \to a} f(x)$, $\lim_{x \to a} g(x)$ が存在するとき，

$(1) \quad \lim_{x \to a}\{kf(x)\} = k\lim_{x \to a}f(x) \quad （kは定数） \qquad (1.6)$

$(2) \quad \lim_{x \to a}\{f(x) \pm g(x)\} = \lim_{x \to a}f(x) \pm \lim_{x \to a}g(x) \qquad (1.7)$

$(3) \quad \lim_{x \to a}\{f(x)\,g(x)\} = \{\lim_{x \to a}f(x)\}\{\lim_{x \to a}g(x)\} \qquad (1.8)$

$(4) \quad \lim_{x \to a}\dfrac{f(x)}{g(x)} = \dfrac{\lim_{x \to a}f(x)}{\lim_{x \to a}g(x)} \quad （ただし，\lim_{x \to a}g(x) \neq 0） \qquad (1.9)$

問題 1 　次の極限値を求めよ．

$(1) \quad \lim_{x \to \infty}\dfrac{4x^2+3x-2}{x^2+5} \qquad (2) \quad \lim_{x \to \infty}(\sqrt{x+1} - \sqrt{x})$

1.4　片側極限

これまでの極限において，$x \to a$ は，x が a より大きい側と，小さい側の両方から近づくことを意味している．ところが場合によっては，x が a より大きい側（右側）からのみ近づくときを考察することがある．このときの極限

を**右極限**といい，
$$\lim_{x \to a+0} f(x) \quad (\text{あるいは } \lim_{x \downarrow a} f(x))$$
と書く．同様に x が a より小さい側（左側）からのみ近づくときの極限を**左極限**といい，
$$\lim_{x \to a-0} f(x) \quad (\text{あるいは } \lim_{x \uparrow a} f(x))$$
と書く．なお，$a = 0$ のときは $x \to 0+0$, $x \to 0-0$ の代わりにそれぞれ $x \to +0$, $x \to -0$ と表す．

片側極限の考えを用いると，$x \to a$ のとき $f(x)$ が収束するということは，$x = a$ における右極限，左極限が<u>ともに存在し，それらが等しい</u>ということに他ならない．

例題 1.2

次の極限を求めよ．

（1）$\displaystyle\lim_{x \to 2+0} \frac{x^2-4}{|x-2|}$　（2）$\displaystyle\lim_{x \to 2-0} \frac{x^2-4}{|x-2|}$　（3）$\displaystyle\lim_{x \to 2} \frac{x^2-4}{|x-2|}$

【解】
$$\frac{x^2-4}{|x-2|} = \frac{(x-2)(x+2)}{|x-2|}$$
$$= \begin{cases} x+2 & (x > 2), \\ -(x+2) & (x < 2) \end{cases}$$

であるから（図 1.6 参照），

（1）$\displaystyle\lim_{x \to 2+0} \frac{x^2-4}{|x-2|} = 4$

（2）$\displaystyle\lim_{x \to 2-0} \frac{x^2-4}{|x-2|} = -4$

（3）（1），（2）から右極限と左極限が等しくないので，極限は存在しない．　□

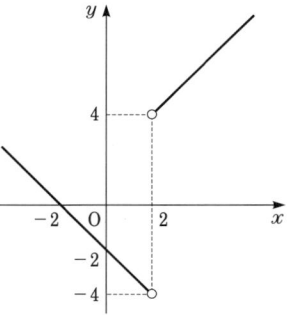

図 1.6

なお，次の例1のように発散する関数についても右極限，左極限を考えることができる．

例1

(1) $\lim_{x \downarrow 0} \dfrac{1}{x} = \infty$ (2) $\lim_{x \uparrow 0} \dfrac{1}{x} = -\infty$

(3) $\lim_{x \to 0} \dfrac{1}{x}$ は存在しない． ◆

区間 ここで，以後しばしば用いる区間の記号について説明しておこう．

2つの実数 a, b に対して，a より大きく，b より小さい，すなわち $a < x < b$ を満たす実数全体を
$$(a, b) = \{x \mid a < x < b\}$$
と書き，**開区間** (a, b) という．また，$x = a$, $x = b$ の両端点も含む，すなわち $a \leq x \leq b$ のときには
$$[a, b] = \{x \mid a \leq x \leq b\}$$
と書き，**閉区間** $[a, b]$ という．この記法では，a を含み b を含まないとき，つまり，$a \leq x < b$ を満たす実数の全体は
$$[a, b) = \{x \mid a \leq x < b\}$$
と表されることになる．

なお，a より大きい，すなわち $a < x$ を満たす実数の全体は
$$(a, \infty) = \{x \mid a < x\}$$
と書く．同様に
$[a, \infty) = \{x \mid a \leq x\}$, $(-\infty, b) = \{x \mid x < b\}$, $(-\infty, b] = \{x \mid x \leq b\}$
である．こうした表現を用いると，任意の実数が含まれる区間は $(-\infty, \infty)$ と書かれることになる．

問題 1 次の極限値を求めよ．

(1) $\lim\limits_{x \to 2+0} \dfrac{(x-2)(x-1)}{|x-2|}$ (2) $\lim\limits_{x \to 3-0} \dfrac{2x^2 - 7x + 3}{|x-3|}$

1.5 関数の連続性

関数が $x = a$ で**連続**(continuous)，すなわち，$x = a$ で関数値が切れ目なくつながっていることを，極限の概念を用いて定義しておこう．

> **定義** $x = a$ および，その近くで定義された関数 $f(x)$ が $x = a$ で**連続**であるとは，"$x \to a$ のときの $f(x)$ の極限"と"$x = a$ における関数値 $f(a)$"が等しいこと，すなわち
> $$\lim_{x \to a} f(x) = f(a) \tag{1.10}$$
> が成り立つことである．

注意 1 $\lim_{x \to a} f(x)$ が存在しなかったり，存在しても $f(a)$ と等しくなければ連続ではないのである．

なお，(1.10) は
$$\lim_{h \to 0} f(a + h) = f(a) \tag{1.11}$$
あるいは
$$\lim_{h \to 0} |f(a + h) - f(a)| = 0 \tag{1.12}$$
という形で使用されることもある．

例 1

関数 $f(x) = x^2$ は $x = 0$ で連続である．なぜなら，
$$\lim_{x \to 0} f(x) = \lim_{x \to 0} x^2 = 0 = f(0)$$
となるからである．もちろんこの関数は $x = 0$ だけでなく，すべての x についても同様に連続である．◆

例題 1.3

関数
$$f(x) = \begin{cases} \dfrac{x^2-1}{x-1} & (x \neq 1), \\ 2 & (x = 1) \end{cases}$$

は $x=1$ で連続であることを示せ．

【解】 関数 $\dfrac{x^2-1}{x-1}$ は $x=1$ で定義されていないが，1.2 節 例 3 の結果から $x \to 1$ のときの極限値が存在し，その値 2 は $f(1)$ と等しいので，$f(x)$ は $x=1$ で連続である． □

注意 2 この例題 1.3 で $x=1$ における $f(x)$ の値を 3，すなわち $f(1)=3$ とすると，$\lim\limits_{x \to 1} f(x) = 2 \neq f(1) = 3$ であるから，関数は $x=1$ で連続ではない．つまり注意 1 で述べたように，極限が存在しても，その点における関数の値と異なれば連続ではないのである．

連続性は 1 点だけでなく，ある区間全体にわたっても定義することができる．

定義 区間 I で定義された $f(x)$ が，区間 I に属するすべての点 x で連続であるとき，関数 $f(x)$ は区間 I で連続であるという．

例 2

（1） 関数 $f(x) = x^2$ は実数全体，すなわち区間 $(-\infty, \infty)$ で連続である．

（2） 関数 $f(x) = \dfrac{1}{x}$ は区間 $(-\infty, 0)$，$(0, \infty)$ で連続である．

（3） 関数 $f(x) = \dfrac{1}{1-x^2}$ は区間 $(-\infty, -1)$，$(-1, 1)$，$(1, \infty)$ で連続である（図 1.7 参照）．◆

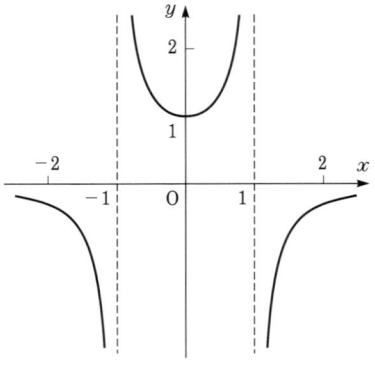

図 1.7

1.5 関数の連続性

連続関数の性質　ここでは連続関数に関する基本的で重要な定理をあげておくことにしよう．

> **定理 1.1（連続関数の基本性質）**　関数 $f(x)$ が有界閉区間 $[a, b]$ で連続であるならば，$f(x)$ はこの区間で最小値 m，最大値 M をもつ．さらに，$f(x)$ の値域は閉区間 $[m, M]$ である．すなわち，$m \leq \ell \leq M$ を満たす任意の ℓ に対して $f(c) = \ell$ となる c が閉区間 $[a, b]$ で少なくとも 1 つ存在する．

この定理は次の形でもよく利用される．

> **定理 1.2（中間値の定理）**　関数 $f(x)$ は閉区間 $[a, b]$ で連続とする．このとき，$f(a)$ と $f(b)$ の間にある任意の数 k に対して
> $$f(c) = k, \qquad a < c < b$$
> となる数 c が少なくとも 1 つある．

> **系**　関数 $f(x)$ は閉区間 $[a, b]$ で連続であり，$f(a)$ と $f(b)$ の符号が異なるとする．このとき，方程式
> $$f(x) = 0$$
> の実数解 x が a と b の間に少なくとも 1 つある．

例題 1.4

方程式 $x^4 - 5x^3 + 2x^2 + 1 = 0$ は -1 と 1 の間に少なくとも 1 つ実数解をもつことを示せ．

【解】　$f(x) = x^4 - 5x^3 + 2x^2 + 1$ とおけば，$f(x)$ は閉区間 $[-1, 1]$ で連続であり，
$$f(-1) = 9 > 0, \qquad f(1) = -1 < 0$$
である．ゆえに中間値の定理によって，方程式 $f(x) = 0$ は -1 と 1 の間に少なくとも 1 つ実数解をもつ．　□

これらの定理はグラフを描けば全くあたり前であることがわかる．しかし，証明しようとすると，実数とは何かということを厳密に議論しなければならない．そこで以下ではこれらの定理を認めて話を進めることにする．

なお，関数 $f(x)$ は閉区間 $[a,b]$ で定義されていることに注意しよう．例えば，図 1.8 のような関数は区間 $(-\infty, \infty)$ で決して最大値，最小値をもたない．また，区間 $(0,1]$ で関数

$$f(x) = \frac{1}{x}$$

を考えると，図 1.9 からわかるように最小値は存在するが，最大値は存在しないのである．

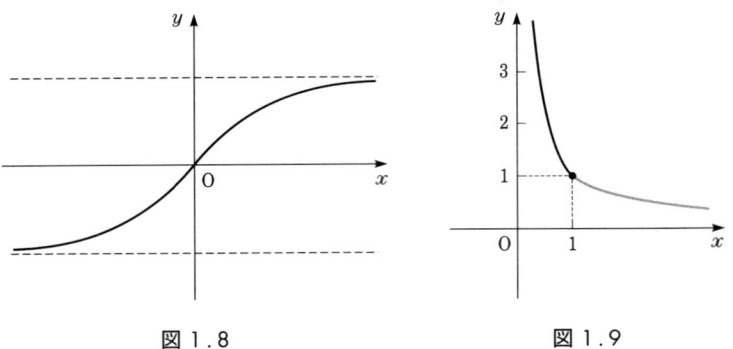

図 1.8　　　　　　図 1.9

さらに，関数 $f(x)$ が閉区間で定義されていても，連続でなければやはり上の定理は成り立たない．例えば，関数

$$f(x) = \begin{cases} x - \dfrac{x}{|x|} & (-1 \leq x \leq 1,\ x \neq 0), \\ 0 & (x = 0) \end{cases}$$

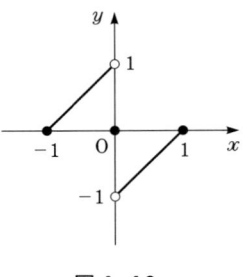

図 1.10

のグラフは図 1.10 のようになっている．図から $f(x)$ は最大値も最小値ももたないことが見てとれる．

問題 1 方程式 $x^3 - 9x - 7 = 0$ は 3 と 4 の間に実数解をもつことを示せ．

第 1 章　練習問題

1. $\sqrt{3}$ が有理数でないことを示せ．

2. 次の極限値を求めよ．

(1) $\displaystyle\lim_{x \to 2} \frac{x^2 + 3x - 4}{x^2 - 1}$ 　　(2) $\displaystyle\lim_{x \to 1} \frac{x^2 + 3x - 4}{x^2 - 1}$

(3) $\displaystyle\lim_{x \to 1} \frac{2x^2 - 5x + 3}{x^2 - 4x + 3}$ 　　(4) $\displaystyle\lim_{x \to 0} \frac{\sqrt{1+x} - 1}{x}$

(5) $\displaystyle\lim_{x \to -3} \frac{x + 3}{\sqrt{x+7} - 2}$ 　　(6) $\displaystyle\lim_{x \to 2} \frac{x - 2}{x - \sqrt{x+2}}$

3. 次の極限値を求めよ．

(1) $\displaystyle\lim_{x \to \infty} \frac{2x - 4}{x + 2}$ 　　(2) $\displaystyle\lim_{x \to \infty} \frac{3x^2 + 2x - 4}{x^2 + 1}$

(3) $\displaystyle\lim_{x \to -\infty} \frac{x^2 + 2x + 3}{x^3 + 5x}$ 　　(4) $\displaystyle\lim_{x \to -\infty} \frac{2x^2 + 3x - 2}{x^2 + 5}$

(5) $\displaystyle\lim_{x \to \infty} (\sqrt{x^2 + 1} - \sqrt{x^2 - 1})$

4. 次の極限値を求めよ．

(1) $\displaystyle\lim_{x \to 2+0} \frac{(x-2)(x-3)}{|x-2|}$ 　　(2) $\displaystyle\lim_{x \to 2-0} \frac{(x-2)(x-3)}{|x-2|}$

(3) $\displaystyle\lim_{x \to -0} \frac{x^3 + 2x}{|x|}$ 　　(4) $\displaystyle\lim_{x \to +0} \frac{x^3 + 2x}{|x|}$

(5) $\displaystyle\lim_{x \to 3-0} \frac{2x^2 - 5x - 3}{|x-3|}$ 　　(6) $\displaystyle\lim_{x \to 3+0} \frac{2x^2 - 5x - 3}{|x-3|}$

5. 次の関数は点 $x = 0$ で連続かどうか調べよ．

$$f(x) = \begin{cases} 2x & (x \geq 0), \\ 0 & (x < 0) \end{cases}$$

6. 方程式 $1 - \dfrac{x^2}{2} + \dfrac{x^4}{24} = 0$ は 0 と $\sqrt{3}$ の間に実数解をもつことを示せ．

第2章

微　　分

　　今から3世紀以上も前，ニュートンは物体の運動を定式化するために，微分の考え方を導入した．まず，運動する物体の変位の微分で速さを表す．また，速さをもう一度微分することによって物体の加速度を定義する．そして加速度と力の関係が運動の本質であると見抜いたのである．それ以降，微分は世の中の諸々の現象を数学的に記述し解き明かすための重要な鍵となっている．ここでは，微分を駆使するために必要となるさまざまな性質を見ていくことにしよう．

2.1 微分係数と導関数

これまで関数の極限や連続性について考えてきた．ここでは，さらに進んで**微分**の概念を導入する．まず，関数 $f(x)$ は点 a を含む適当な区間で定義されているとしよう．

> **定義** 図 2.1 のように x が a から $a+h$ まで変わるとき，$f(x)$ は $f(a)$ から $f(a+h)$ まで変わったとする．このときの変化の割合
> $$\frac{f(x)\text{の増分}}{x\text{の増分}} = \frac{f(a+h) - f(a)}{h}$$
> を，x が a から $a+h$ まで変わるときの関数 $f(x)$ の**平均変化率**（**差分商**）という．

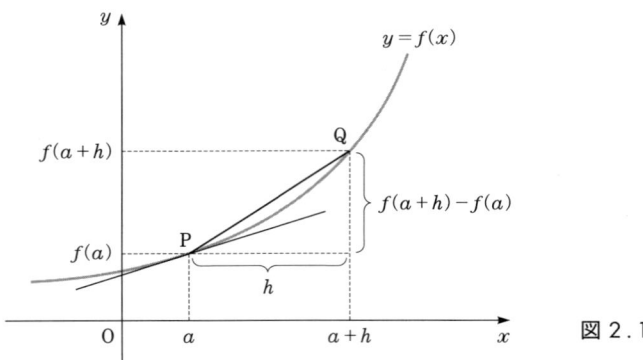

図 2.1

> **定義** 関数 $f(x)$ が $x=a$ で**微分可能**(differentiable)であるとは，極限
> $$\lim_{h \to 0} \frac{f(a+h) - f(a)}{h}$$
> が存在することをいう．この極限値を $f'(a)$ または $\dfrac{df}{dx}(a)$, $\dfrac{df(a)}{dx}$, $\dfrac{df}{dx}\bigg|_{x=a}$ と表し，関数 $f(x)$ の点 a における**微分係数**という．

例題 2.1

関数 $f(x) = x^2$ の $x = a$ における微分係数を求めよ．

【解】
$$f'(a) = \lim_{h \to 0} \frac{f(a+h) - f(a)}{h}$$
$$= \lim_{h \to 0} \frac{(a+h)^2 - a^2}{h} = \lim_{h \to 0}(2a + h) = 2a. \quad \square$$

注意 1 関数 $f(x)$ が $x = a$ で微分可能ならば，$f(x)$ は $x = a$ で連続である．なぜなら $x \to a$ のとき，

$$f(x) = f(a) + \frac{f(x) - f(a)}{x - a} \cdot (x - a) \to f(a) + f'(a) \cdot 0 = f(a)$$

すなわち，$\lim_{x \to a} f(x) = f(a)$ となるからである．

図 2.1 でグラフにおける意味を考えてみよう．曲線 $y = f(x)$ 上に 2 点 P$(a, f(a))$ および点 Q$(a+h, f(a+h))$ をとり，Q が P に近づくとき，直線 PQ の傾きが一定の値（極限値）に近づくとする．点 P を通りこの極限値と同じ傾きをもつ直線が点 P における $y = f(x)$ の**接線**である．すなわち，微分係数 $f'(a)$ は，$y = f(x)$ 上の点 P における接線の傾きになっているのである．なお，ベクトル $(1, f'(a))$ を**接ベクトル**という．

関数 $f(x)$ が，区間 I の任意の点で微分可能であるとき，関数 $f(x)$ は I で微分可能であるという．このとき，区間 I の各点 a においてそれぞれ 1 つの $f'(a)$ が決まることになる．この対応によって定義される関数を $f(x)$ の**導関数**(derivative)といい，$f'(x)$ と書く．

例えば，$f(x) = x^2$ のとき，例題 2.1 より $f'(a) = 2a$ だから，導関数 $f'(x)$ は $2x$ である．なお，関数 $f(x)$ の導関数 $f'(x)$ を求めることを $f(x)$ を**微分する**という．

これまで x の増分を h と書いてきたが Δx という記号を用いることもある．このとき $f(x)$ の増分は $\Delta f = f(x + \Delta x) - f(x)$ と書かれ，これらを用いると

$$f'(x) = \lim_{\Delta x \to 0} \frac{\Delta f}{\Delta x} = \lim_{\Delta x \to 0} \frac{f(x + \Delta x) - f(x)}{\Delta x} \tag{2.1}$$

である．微分係数と同様，導関数 $f'(x)$ は $\dfrac{df}{dx}(x)$, $\dfrac{df(x)}{dx}$ と書き表すこともある．

なお，(2.1) は Δx が十分小さいとき，

$$\Delta f \doteqdot f'(x)\,\Delta x \tag{2.2}$$

が成り立つことを表している．図形的には図 2.2 のように，x が Δx だけ増えたとき，曲線 $y = f(x)$ の増分 Δf が，接線の傾き $f'(x)$ に Δx を掛けたもので近似されることを意味している．

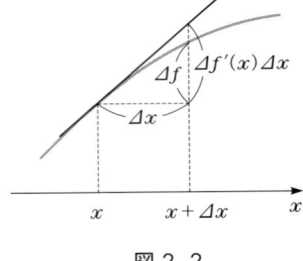

図 2.2

例題 2.2

関数 $f(x) = x^3$ を微分せよ．

【解】
$$\begin{aligned}
f'(x) &= \lim_{\Delta x \to 0} \frac{(x + \Delta x)^3 - x^3}{\Delta x} \\
&= \lim_{\Delta x \to 0} \frac{\{(x + \Delta x) - x\}\{(x + \Delta x)^2 + (x + \Delta x)x + x^2\}}{\Delta x} \\
&= \lim_{\Delta x \to 0} \{3x^2 + 3x\Delta x + (\Delta x)^2\} = 3x^2. \quad \square
\end{aligned}$$

微分の公式　　関数 $f(x)$, $g(x)$ がある区間で微分可能ならば，関数 $kf(x)$（k は定数），$f(x) + g(x)$, $f(x) - g(x)$, $f(x) \cdot g(x)$, $\dfrac{f(x)}{g(x)}$（ただし，$g(x) \neq 0$）もその区間で微分可能であり，以下の式が成り立つ．

(1)　$(kf(x))' = kf'(x)$ 　　　　　　　　　　　　　　　　(2.3)

(2)　$(f(x) + g(x))' = f'(x) + g'(x)$ 　　　　　　　　　(2.4)

　　　$(f(x) - g(x))' = f'(x) - g'(x)$ 　　　　　　　　　(2.5)

(3)　$(f(x)\,g(x))' = f'(x)\,g(x) + f(x)\,g'(x)$ 　　　　(2.6)

　　　すなわち　（前・後）′ =（前）′・後 + 前・（後）′

2.1 微分係数と導関数

(4) $\left(\dfrac{f(x)}{g(x)}\right)' = \dfrac{f'(x)\,g(x) - f(x)\,g'(x)}{\{g(x)\}^2}$ \hfill (2.7)

すなわち $\left(\dfrac{\text{分子}}{\text{分母}}\right)' = \dfrac{(\text{分子})'\,\text{分母} - \text{分子}\,(\text{分母})'}{(\text{分母})^2}$

【証明】 (2.3), (2.4), (2.5) を導くためには，極限の公式 (1.6), (1.7) を用いればよい．(2.6) は以下のように示すことができる．

$$f(x+\Delta x) = f(x) + \Delta f, \quad g(x+\Delta x) = g(x) + \Delta g$$

とおくと $f'(x) = \lim\limits_{\Delta x \to 0} \dfrac{\Delta f}{\Delta x}$, $g'(x) = \lim\limits_{\Delta x \to 0} \dfrac{\Delta g}{\Delta x}$ であるから

$$\begin{aligned}
(f(x)\,g(x))' &= \lim_{\Delta x \to 0} \frac{f(x+\Delta x)\,g(x+\Delta x) - f(x)\,g(x)}{\Delta x} \\
&= \lim_{\Delta x \to 0} \frac{(f(x)+\Delta f)\,(g(x)+\Delta g) - f(x)\,g(x)}{\Delta x} \\
&= \lim_{\Delta x \to 0} \left\{\left(\frac{\Delta f}{\Delta x}\right)g(x) + f(x)\left(\frac{\Delta g}{\Delta x}\right) + \left(\frac{\Delta f}{\Delta x}\right)\left(\frac{\Delta g}{\Delta x}\right)\Delta x\right\} \\
&= f'(x)\,g(x) + f(x)\,g'(x) + f'(x)\,g'(x) \cdot 0 \\
&= f'(x)\,g(x) + f(x)\,g'(x)
\end{aligned}$$

が得られる．

同様に (2.7) は以下のように示すことができる．

$$\begin{aligned}
\left(\frac{f(x)}{g(x)}\right)' &= \lim_{\Delta x \to 0} \frac{\dfrac{f(x+\Delta x)}{g(x+\Delta x)} - \dfrac{f(x)}{g(x)}}{\Delta x} = \lim_{\Delta x \to 0} \frac{\dfrac{f(x)+\Delta f}{g(x)+\Delta g} - \dfrac{f(x)}{g(x)}}{\Delta x} \\
&= \lim_{\Delta x \to 0} \left\{\frac{(f(x)+\Delta f)\,g(x) - f(x)\,(g(x)+\Delta g)}{\Delta x\,(g(x)+\Delta g)\,g(x)}\right\} \\
&= \lim_{\Delta x \to 0} \frac{\Delta f\,g(x) - f(x)\,\Delta g}{\Delta x\,(g(x)+\Delta g)\,g(x)} \\
&= \lim_{\Delta x \to 0} \left\{\left(\frac{\Delta f}{\Delta x}\right)g(x) - f(x)\left(\frac{\Delta g}{\Delta x}\right)\right\}\left\{\frac{1}{(g(x)+\Delta g)\,g(x)}\right\} \\
&= \frac{f'(x)\,g(x) - f(x)\,g'(x)}{\{g(x)\}^2}.
\end{aligned}$$

最後の等式では，注意 1 より $g(x)$ は連続関数であり，$\lim\limits_{\Delta x \to 0} \Delta g = 0$ となることを用いた． □

上の公式を用いて，1つの公式を導いておこう．関数 $f(x) = x$ の微分は $f'(x) = 1$ である．そこで，(2.6) を用いると，すでに例題 2.1, 2.2 で計算した x^2, x^3 の微分は次のように解釈することができる．

$$(x^2)' = (x \cdot x)' = x' \cdot x + x \cdot x' = 2x,$$
$$(x^3)' = (x \cdot x \cdot x)' = x'(x \cdot x) + x(x \cdot x)'$$
$$= x' \cdot x \cdot x + x \cdot x' \cdot x + x \cdot x \cdot x' = 3x^2$$

以下同様にして，n が自然数であるならば

$$(x^n)' = nx^{n-1}$$

が成り立つ．さらに (2.7) を用いると

$$(x^{-n})' = \left(\frac{1}{x^n}\right)' = \frac{-nx^{n-1}}{x^{2n}} = -nx^{n-1-2n} = (-n)x^{(-n)-1}$$

である．したがって，次の公式が得られる．

$$\boxed{n \text{ が整数のとき} \quad (x^n)' = nx^{n-1}} \tag{2.8}$$

また，(定数)$' = 0$ である．いくつかの計算例を見ておこう．

例 1

(1) $(x^2 + 2x + 1)' = (x^2)' + (2x)' + 1' = 2x + 2$

(2) $\left(\dfrac{7x^3 - 5}{x}\right)' = (7x^2 - 5x^{-1})' = (7x^2)' - (5x^{-1})'$
$= 14x - (-5x^{-2}) = 14x + 5x^{-2} = \dfrac{14x^3 + 5}{x^2}$

(3) $((x^2 + 1)(4x - 5))' = (x^2 + 1)'(4x - 5) + (x^2 + 1)(4x - 5)'$
$= 2x(4x - 5) + (x^2 + 1)4 = 12x^2 - 10x + 4$

(4) $\left(\dfrac{x}{x^2 + 1}\right)' = \dfrac{(x)'(x^2 + 1) - x(x^2 + 1)'}{(x^2 + 1)^2} = \dfrac{1 \cdot (x^2 + 1) - x \cdot 2x}{(x^2 + 1)^2}$
$= \dfrac{-x^2 + 1}{(x^2 + 1)^2}$ ◆

問題 1 次の関数を微分せよ．

(1) $x^3 + 3x^2 + 3x + 1$　　(2) $(x^2 + 1)(x^3 + x)$　　(3) $\dfrac{x}{x^2 + x + 1}$

2.2 合成関数の微分

合成関数　x の関数 $u(x)$ および，u の関数 $y(u)$ が与えられているとき，$u(x)$ の値域が $y(u)$ の定義域に含まれているならば，x の関数として $y(u(x))$ を考えることができる．これを $u(x)$ と $y(u)$ の合成関数という．図式化すると次のようになる．

$$x \xrightarrow{u=u(x)} u \xrightarrow{y=y(u)} y$$
$$\underline{\qquad\qquad y=y(u(x)) \qquad\qquad}$$

例えば，$u = x^2 + 1$ と $y = u^3$ の合成関数は $y = (x^2 + 1)^3$ である．逆に $y = (x^2 + 1)^3$ を "$u = x^2 + 1$ と $y = u^3$ の合成関数" と見なすこともできる．

なお，関数 $u(x)$ が $x = a$ で連続で $u(a) = b$ のとき，さらに $y(u)$ も $u = b$ で連続ならば，合成関数 $y(u(x))$ も $x = a$ で連続となる．

合成関数の微分の公式　関数 $u = u(x)$，$y = y(u)$ がともに微分可能ならば，合成関数 $y = y(u(x))$ も微分可能であり，次が成り立つ．

$$\frac{dy}{dx} = \frac{dy}{du} \cdot \frac{du}{dx} \tag{2.9}$$

この公式は次のようにして示せる．いま，x の増分 Δx に対する $u(x)$ の増分を Δu とし，u の増分 Δu に対する y の増分を Δy としよう．$\Delta x \to 0$ のとき，$\Delta u, \Delta y \to 0$ である．ところで，$u(x), y(u)$ は微分可能であるから，$\dfrac{\Delta y}{\Delta x} = \dfrac{\Delta y}{\Delta u} \cdot \dfrac{\Delta u}{\Delta x}$ において，$\Delta x \to 0$ とすると，(2.9) が得られる．

例題 2.3

関数 $y = (x^2 + 3)^5$ を微分せよ．

【解】　$u = x^2 + 3$ とおくと $y = u^5$，$\dfrac{du}{dx} = 2x$，$\dfrac{dy}{du} = 5u^4$ であるから，

$$\frac{dy}{dx} = \frac{dy}{du} \cdot \frac{du}{dx} = 5u^4 \cdot 2x = 5(x^2+3)^4 \cdot 2x = 10x(x^2+3)^4.$$

(**別解**) 合成関数の微分は次のように簡略して計算することもできる．
$$\{(x^2+3)^5\}' = 5(x^2+3)^4 \cdot (2x) = 10x(x^2+3)^4. \quad \Box$$

問題 1 次の関数を微分せよ．

（1） $(1-x^2)^5$ （2） $(2x-1)^4(x^2+1)^6$ （3） $\dfrac{x^3}{(2x+1)^3}$

2.3 逆関数とその微分

逆関数 区間 I で定義された関数 $f(x)$ について，$x_1 < x_2$ ならば $f(x_1) < f(x_2)$〔$f(x_1) > f(x_2)$〕が成り立つとき，$f(x)$ は**単調増加**〔**単調減少**〕という．

以下に，単調増加関数(図 2.3 (a))，単調減少関数(図 2.3 (b))，単調ではない関数(図 2.4)のグラフを示す．

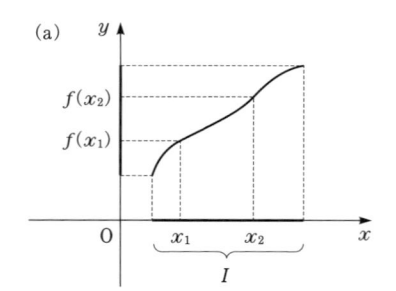

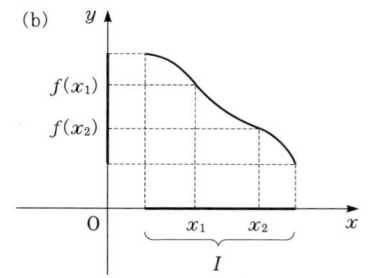

図 2.3

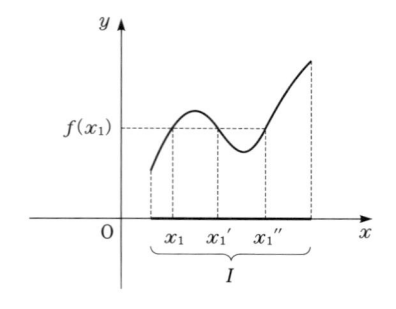

図 2.4

図 2.3 からわかるように,関数 $f(x)$ が単調ならば,値域内の任意の点 y に対して点 x がただ 1 つ決まる.このように区間 I で定義された関数 $f(x)$ について,$y = f(x)$ とおくとき,値域内の任意の y に対して各々ただ 1 つの x が決まる場合,この対応も関数を定義する.この関数を $f(x)$ の**逆関数**といい,$x = f^{-1}(y)$ と書く.記号 $f^{-1}(y)$ は $\dfrac{1}{f(y)}$ を表しているのではないことに注意しよう.なお,逆関数は x と y を入れ換えて $y = f^{-1}(x)$ と書くこともある.

関数 $f(x)$ のグラフが図 2.4 のような場合は値域内の 1 点 $f(x_1)$ に対して,x_1 だけでなく x_1',x_1'' も対応するので逆関数は存在しない.しかし,定義域を単調な区間に制限することで逆関数を考えることができる.例えば,
$$y = x^2 \quad (-\infty < x < \infty)$$
には逆関数は存在しないが,定義域を制限して
$$y = x^2 \quad (0 \leq x < \infty)$$
とすると,単調増加関数になり逆関数を考えることができる.逆関数は $x = \sqrt{y}$($0 \leq y < \infty$)である.もちろんこの関数の定義域が $0 \leq y < \infty$ であるのは,$y = x^2$ の値域が $0 \leq y < \infty$ だからである.

逆関数について,「もとの関数が連続で単調ならば,逆関数も連続で単調である」が成り立つことを注意しておこう.

逆関数の微分　　ある区間において,x の関数 y が微分可能で単調ならば,逆関数も微分可能で単調となり,
$$\frac{dx}{dy} = \frac{1}{\dfrac{dy}{dx}} \tag{2.10}$$
が成り立つ.

この結果は合成関数の微分の公式 (2.9) と同様にして示すことができる.まず関数 y は単調であるから,逆関数を考えることができることに気づく.いま,y の増分 $\varDelta y$ に対する x の増分を $\varDelta x$ とすると,$\varDelta y \to 0$ のとき $\varDelta x$

$\to 0$ である.ところで $\dfrac{\varDelta x}{\varDelta y} = \dfrac{1}{\dfrac{\varDelta y}{\varDelta x}}$ であるから,$\varDelta y \to 0$ とすれば

$$\frac{dx}{dy} = \lim_{\varDelta y \to 0} \frac{\varDelta x}{\varDelta y} = \lim_{\varDelta x \to 0} \frac{1}{\dfrac{\varDelta y}{\varDelta x}} = \frac{1}{\dfrac{dy}{dx}}$$

となるのである.

例題 2.4

$y = \sqrt[3]{x}$ を微分せよ.

【解】 定義より $y^3 = x$ である.したがって
$$\frac{dy}{dx} = \frac{1}{\dfrac{dx}{dy}} = \frac{1}{\dfrac{d(y^3)}{dy}} = \frac{1}{3y^2} = \frac{1}{3}y^{-2} = \frac{1}{3}x^{-\frac{2}{3}} = \frac{1}{3\sqrt[3]{x^2}}. \quad \square$$

なお,この例題と同様にして,$y = x^{\frac{n}{m}}$ の微分は
$$(x^{\frac{n}{m}})' = \frac{n}{m} x^{\frac{n}{m}-1}$$

で与えられることがわかる.

パラメータ表示の関数の微分

例えば $x = t+1$, $y = t^2+1$ のように変数 x, y が,パラメータ t を用いて表現されているとしよう.この式から t を消去すれば $y = (x-1)^2 + 1$ であり,$\dfrac{dy}{dx} = 2(x-1)$ となる.この例では t を簡単に消去できたが一般には必ずしも容易ではない場合がある.そこで,$\dfrac{dy}{dx}$ を $\dfrac{dx}{dt}, \dfrac{dy}{dt}$ を用いて表示することを考える.

いま,t をパラメータとして,$x = x(t)$, $y = y(t)$ とする.t が $\varDelta t$ だけ変化したとき,x が $\varDelta x$, y が $\varDelta y$ だけ変化したとしよう.このとき
$$\frac{\varDelta y}{\varDelta x} = \frac{\dfrac{\varDelta y}{\varDelta t}}{\dfrac{\varDelta x}{\varDelta t}}$$

である.ここで,$\varDelta x \to 0$ とすると $\varDelta t \to 0$ であり,$\dfrac{dx}{dt} \neq 0$ の条件下で,

$$\frac{dy}{dx} = \frac{\dfrac{dy}{dt}}{\dfrac{dx}{dt}} \qquad (2.11)$$

を得る．

例題 2.5

$x = t+1$, $y = t^2+1$ のとき，$\dfrac{dy}{dx}$ を t で表せ．

【解】 $\dfrac{dx}{dt} = 1$, $\dfrac{dy}{dt} = 2t$ であるから (2.11) より

$$\frac{dy}{dx} = \frac{2t}{1} = 2t. \qquad \square$$

（補足） 問題の式から t を消去すると $y = (x-1)^2 + 1$ となり，微分すると $\dfrac{dy}{dx} = 2(x-1)$ を得る．$t = x-1$ であるから確かに一致する．

問題 1 次の関数を微分せよ．
（1） $x^{\frac{2}{3}}$ 　　　　　　　　（2） $(x^2-1)^{\frac{1}{2}}$

問題 2 $x = 3t^2 + t$, $y = t^3 - t^2$ のとき，$\dfrac{dy}{dx}$ を t で表せ．

2.4 ロルの定理と平均値の定理

ここで，微分可能な関数に関する基本的で重要な定理を見ておこう．まず，1.5 節で述べた連続関数の基本性質に関する定理 1.1 から次のロル (Rolle) の定理を導くことができる．

定理 2.1（ロルの定理） 関数 $f(x)$ は閉区間 $[a,b]$ で連続であり，開区間 (a,b) で微分可能とする．このとき

$$f(a) = f(b) = 0$$

ならば

$$f'(c) = 0, \qquad a < c < b$$

を満たす c が存在する．

【証明】 3つの場合に分けて考える．

（ⅰ） $f(x) \equiv 0$, すなわち，すべての x に対して $f(x) = 0$ の場合，c として開区間 (a, b) のどの点をとっても条件に適する．

（ⅱ） $f(x)$ がある点で正の値をとる場合．このとき定理 1.1 より $f(x)$ は区間 (a, b) のある点 c で正の最大値 $f(c)$ をとる（図 2.5 参照）．その点 c の近くではつねに $f(c+h) - f(c) \leq 0$ が成り立つので

$$\frac{f(c+h) - f(c)}{h} \leq 0 \quad (h > 0),$$

$$\frac{f(c+h) - f(c)}{h} \geq 0 \quad (h < 0)$$

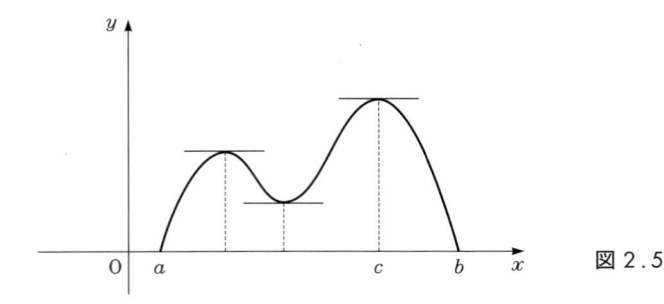

図 2.5

が得られる．$f(x)$ は微分可能だから，上の 2 式で $h \to 0$ の極限をとれば，

$$0 \leq \lim_{h \to 0} \frac{f(c+h) - f(c)}{h} \leq 0$$

すなわち $0 \leq f'(c) \leq 0$ となり，$f'(c) = 0$ となる．

（ⅲ） $f(x)$ がある点で負の値をとる場合には $f(x)$ は区間 (a, b) のある点 c で負の最小値 $f(c)$ をとる．さらに，（ⅱ）と同様に

$$\frac{f(c+h) - f(c)}{h} \geq 0 \quad (h > 0),$$

$$\frac{f(c+h) - f(c)}{h} \leq 0 \quad (h < 0)$$

が成り立つので，$h \to 0$ の極限をとって

$$0 \leq \lim_{h \to 0} \frac{f(c+h) - f(c)}{h} \leq 0,$$

すなわち $f'(c) = 0$ となる． □

注意1 c はただ 1 つとは限らない．証明からもわかるように，少なくとも $f(x)$ が最大値か最小値をとる点 c では $f'(c) = 0$ となっているのである．

なお，微分可能という条件がなければロルの定理は成り立たない．例えば関数
$$f(x) = 1 - |x| \quad (-1 \leq x \leq 1)$$
は，$(-1, 1)$ で連続であり $f(-1) = f(1) = 0$ であるが，$f'(c) = 0$ となる c ($-1 < c < 1$) は存在しない．なぜならば，
$$f'(x) = \begin{cases} -1 & (0 < x < 1), \\ \text{微分不可能} & (x = 0), \\ 1 & (-1 < x < 0) \end{cases}$$
となるからである（図 2.6 参照）．

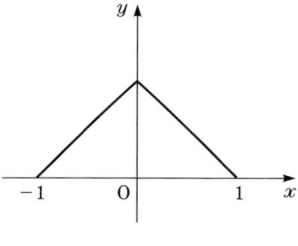

図 2.6

さて，ロルの定理で $f(a) = f(b) = 0$ という条件をはずすと，次の一般化された定理が得られる．

定理 2.2（平均値の定理） 関数 $f(x)$ は閉区間 $[a, b]$ で連続であり，開区間 (a, b) で微分可能とする．このとき
$$\frac{f(b) - f(a)}{b - a} = f'(c), \quad a < c < b \tag{2.12}$$
を満たす c が存在する．

【証明】 次のページの図 2.7 のグラフで，2 点 $(a, f(a)), (b, f(b))$ を結ぶ直線の方程式は
$$y - f(a) = \frac{f(b) - f(a)}{b - a}(x - a)$$

図 2.7

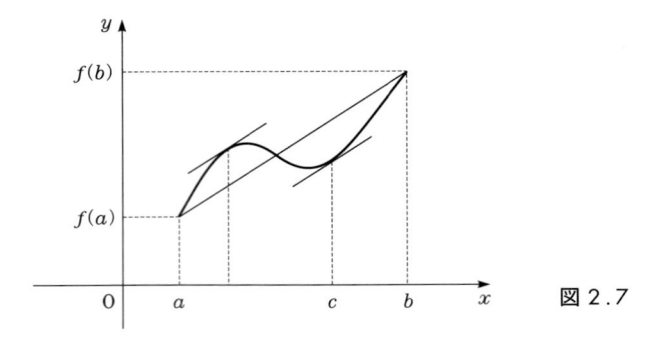

である. そこで, 関数 $F(x)$ を次のように定義する.
$$F(x) = f(x) - \left\{ f(a) + \frac{f(b)-f(a)}{b-a}(x-a) \right\}.$$
このとき $F(x)$ も $[a,b]$ において連続で, (a,b) において微分可能であり
$$F(a) = f(a) - f(a) = 0,$$
$$F(b) = f(b) - \{f(a) + (f(b)-f(a))\} = 0,$$
すなわち, $F(a) = F(b) = 0$ が成り立つ. したがって, ロルの定理より
$$F'(c) = 0, \quad a < c < b$$
を満たす c が存在する. 一方,
$$F'(x) = f'(x) - \frac{f(b)-f(a)}{b-a}$$
だから
$$f'(c) = \frac{f(b)-f(a)}{b-a}, \quad a < c < b$$
となる c が存在する. □

注意 2 上の定理は, (2.12) の分母を払って $b = a+h$ とおき, $c = a + \theta h$ ($0 < \theta < 1$) という表現を用いると,
$$f(a+h) - f(a) = hf'(a+\theta h), \quad 0 < \theta < 1 \qquad (2.13)$$
を満たす θ が存在する, と書き換えられる.

　平均値の定理は後に述べる「微積分の基本定理」を証明する際に重要な役割を果たすものである.

例 1

関数 $f(x)$ は開区間 (a, b) で微分可能であり，$f'(x) = 0$ ($a < x < b$) とする．このとき

$$f(x) = 定数 \quad (a < x < b)$$

であることを示す．

区間 (a, b) 内の任意の点 p をとる．平均値の定理より，適当な c が存在して

$$f(p) - f\left(\frac{a+b}{2}\right) = f'(c)\left(p - \frac{a+b}{2}\right)$$

が成り立つ．($p = \frac{a+b}{2}$ のときは，$c = \frac{a+b}{2}$ ととればよい．) 仮定より $f'(c) = 0$ であるから

$$f(p) - f\left(\frac{a+b}{2}\right) = 0$$

すなわち

$$f(p) = f\left(\frac{a+b}{2}\right) = 定数$$

となる．p は区間内で任意であるから，$f(x) = 定数$ ($a < x < b$) である．◆

問題 1 関数 $f(x) = -x^2 + 2x + 1$ について，平均値の定理の式 (2.12) において $a = 0$，$b = 3$ としたときの c，および (2.13) における θ の値を求めよ．

2.5 高階微分

2.1 節で定義した導関数 $f'(x)$ はやはり x の関数であり，極限

$$\lim_{\Delta x \to 0} \frac{f'(x + \Delta x) - f'(x)}{\Delta x}$$

が存在すれば，さらに新しい関数を定義することができる．この関数は $f(x)$ を 2 回微分したものであり，**2 階導関数**といい，$f''(x), \frac{d^2f}{dx^2}(x), \frac{d^2f(x)}{dx^2}$ などと書く．なお，$\frac{d^2f(x)}{dx^2} = \frac{d}{dx}\left(\frac{df(x)}{dx}\right)$ である．さらに，関数 $f(x)$ を n 回微分した関数を $f(x)$ の **n 階導関数**といい，$f^{(n)}(x)$, $\frac{d^nf}{dx^n}(x), \frac{d^nf(x)}{dx^n}$ などと表す．n 階導関数と $n-1$ 階導関数の間には

$$f^{(n)}(x) = \frac{d}{dx}(f^{(n-1)}(x))$$

の関係が成り立つ．

例 1　　関数 $f(x) = x^n$ に対して $f'(x) = nx^{n-1}$ であった ((2.8)式)．もう 1 回微分すると $f''(x) = n(n-1)x^{n-2}$ を得る．以下同様に

$$f'''(x) = n(n-1)(n-2)x^{n-3}, \quad \cdots$$
$$f^{(n)}(x) = n(n-1)(n-2)\cdots 2\cdot 1 = n!$$

となり，$f^{(n)}(x)$ は定数であるから $f^{(n+1)}(x) = f^{(n+2)}(x) = \cdots = 0$ となる．　◆

ライプニッツ (Leibniz) の公式　　積の微分公式 (2.6) をさらに繰り返し微分すると，

$$\begin{aligned}(fg)' &= f'g + fg' \\ (fg)'' &= f''g + 2f'g' + fg'' \\ (fg)''' &= f'''g + 3f''g' + 3f'g'' + fg''' \\ &\vdots\end{aligned}$$

となる．ただし $f(x), g(x)$ を簡単に f, g と書いている．こうしてみると，右辺の係数はそれぞれ $(f+g)$, $(f+g)^2$, $(f+g)^3$ を展開した係数に等しいことがわかる．したがって n 階微分は

$$(fg)^{(n)} = f^{(n)}g + nf^{(n-1)}g' + \cdots + \binom{n}{k}f^{(n-k)}g^{(k)} + \cdots + fg^{(n)} \quad (2.14)$$

となる．ただし $\binom{n}{k}$ は

$$\binom{n}{k} = \frac{n(n-1)(n-2)\cdots(n-k+1)}{k!} \quad (2.15)$$

で定義される整数で**二項係数**という．また，(2.14) を**ライプニッツの公式**という．

問題 1　次の関数の 3 階導関数を求めよ．

　(1)　x^4　　　　(2)　$(2x-1)^5$　　　　(3)　$(2x-1)^5 x$

第2章 練習問題

1. 次の関数を微分せよ．

(1) $3x^2 + 2x^{\frac{1}{2}}$

(2) $\dfrac{2}{x} - \dfrac{1}{x^2}$

(3) $\sqrt{x} + \dfrac{1}{\sqrt{x}}$

(4) $3x^2 + \sqrt[3]{x^2} + \dfrac{1}{x}$

2. 次の関数を微分せよ．

(1) $(2x^3 + 1)^5$

(2) $(x^2 + x + 1)^3$

(3) $(4x^3 + 3)^{\frac{1}{2}}$

(4) $(1 - x^2)^{\frac{3}{2}}$

(5) $\sqrt{1 + x^2}$

(6) $\sqrt[3]{4x^3 - x^2 + 1}$

(7) $\dfrac{2}{\sqrt{3x^2 + 2}}$

(8) $\sqrt[3]{\dfrac{x}{x+1}}$

3. 次の関数を微分せよ．

(1) $(3x^2 + 1)(x^2 + x + 1)$

(2) $(x-1)(x-2)(x-3)$

(3) $(2x+1)(x^2+2)^4$

(4) $\dfrac{x^3}{x^2 + 1}$

(5) $x\sqrt{(1+x^2)^3}$

(6) $\dfrac{\sqrt{x}+1}{\sqrt{x}-1}$

4. 次の関数の 2 階および 3 階導関数を求めよ．

(1) $1 + x + x^2 + x^3$

(2) $(x-3)^5$

(3) $(x^2+1)^3$

(4) $(2x+1)(x^2+2)^2$

(5) $\dfrac{1}{1-x}$

(6) $\sqrt{x+1}$

5. 次のパラメータ表示の関数について，$\dfrac{dy}{dx}$ を t の関数として求めよ．

(1) $\begin{cases} x = 2t + 1 \\ y = 2t - t^2 \end{cases}$

(2) $\begin{cases} x = \sqrt{t+1} \\ y = t^2 - 2 \end{cases}$

6. 関数 $f(x) = x^2 + 2x + 3$ について，次の等式を満たす θ の値を求めよ．

$$f(a+h) = f(a) + f'(a + \theta h)h \quad (\text{ただし } h \neq 0)$$

7. すべての x について $f'(x) = c$（c は定数）であるような関数 $f(x)$ は $cx + c_1$（c_1 は定数）の形でなければならないことを示せ．

第3章

偏微分

　例えば，煙突からでる煙の拡がりかたを調べるときのように，ある事象の時間的変化だけでなく空間的変化も同時に考察するような際には，2つ以上の変数の関数，すなわち多変数関数を対象とする必要が生じる．その場合，微分についてもそれぞれの変数に対するものを考えなければならない．それが偏微分である．計算手法としては，やはり1変数の微分が基本になる．他の変数は定数とみなし，1つの変数だけを動かせばよいのである．

3.1 偏微分

これまで独立変数が1つだけの関数を考えてきた．ここでは，独立変数が2つある関数，すなわち2変数関数の微分について考えていくことにしよう．

2つの独立変数を x, y として，各変数の組 (x, y) に対して2変数関数 $f(x, y)$ が対応しているものとする．例としては，地面の上にテントを張ったときの地面の各点 (x, y) に対応するテント面上の点の高さ $f(x, y)$ を考えればよい．

関数 $f(x, y)$ を，座標系 x, y, z（空間の直交座標系）を用いて図示すると図3.1 (a) のような曲面 $z = f(x, y)$ になる．

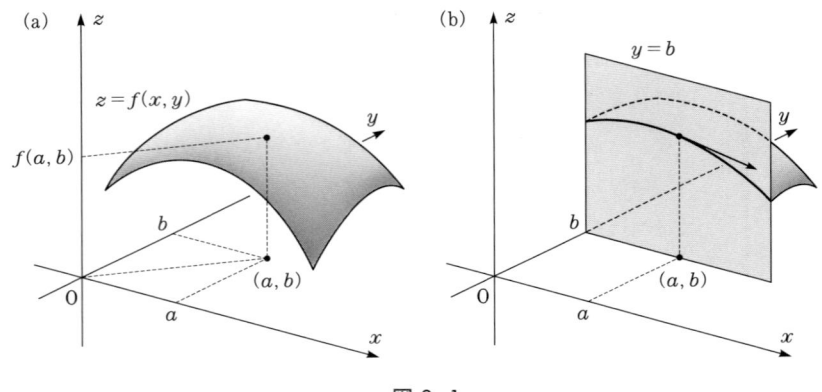

図 3.1

この曲面を平面 $y = b$ で切ったとすると，その切り口は曲線になる（図3.1 (b)）．この曲線の方程式は

$$z = f(x, b)$$

である．b は固定しておいて，変化するのは x のみとするとき，この曲線上の点 $\mathrm{P}(x, b, f(x, b))$ における接線の傾きは

$$\lim_{\Delta x \to 0} \frac{f(x + \Delta x, b) - f(x, b)}{\Delta x}$$

で与えられる．この極限が存在するとき，その値を点 (x, b) における関数 $f(x, y)$ の x に関する**偏微分係数**といい，$\dfrac{\partial f}{\partial x}(x, b)$，$\dfrac{\partial f(x, b)}{\partial x}$，$f_x(x, b)$ などで表す．すなわち

$$\frac{\partial f}{\partial x}(x, b) = \lim_{\Delta x \to 0} \frac{f(x + \Delta x, b) - f(x, b)}{\Delta x} \tag{3.1}$$

である．実際に微分するときは，b は定数であるので，1 変数関数 $f(x, b)$ を x で微分するだけでよい．記号 ∂ は d を丸っこくしたもので，やはり "ディー" と読む．この記号を用いるのは，2 変数関数の 1 つの変数について微分することを強調するためである．なお，$\dfrac{\partial f}{\partial x}$ は "ディーエフ，ディーエックス" と読めばよい．

例題 3.1

$f(x, y) = x^2 + xy + 3y^2$ のとき $\dfrac{\partial f}{\partial x}(x, 4)$ を求めよ．

【解】 関数 $f(x, y)$ の中に $y = 4$ を代入すると，
$$f(x, 4) = x^2 + 4x + 48.$$
これは x だけの関数であるから x で微分して，
$$\frac{\partial f}{\partial x}(x, 4) = 2x + 4. \quad \square$$

同様に，x を固定（$x = a$ とする）して，

$$\frac{\partial f}{\partial y}(a, y) = \lim_{\Delta y \to 0} \frac{f(a, y + \Delta y) - f(a, y)}{\Delta y} \tag{3.2}$$

により，y に関する偏微分係数が定義できる．

例題 3.2

$f(x, y) = x^2 + 2xy + 3y^2$ のとき $\dfrac{\partial f}{\partial x}(x, b)$，$\dfrac{\partial f}{\partial y}(a, y)$ を求めよ．

【解】 $f(x, b) = x^2 + 2bx + 3b^2$, $f(a, y) = a^2 + 2ay + 3y^2$ より
$$\frac{\partial f}{\partial x}(x, b) = 2x + 2b, \quad \frac{\partial f}{\partial y}(a, y) = 2a + 6y. \quad \square$$

例題 3.3

$f(x,y) = x^2 + 2xy + 3y^2$ のとき $\dfrac{\partial f}{\partial x}(x,y)$, $\dfrac{\partial f}{\partial y}(x,y)$ を求めよ.

【解】 $\dfrac{\partial f}{\partial x}$ を求めるには, y を定数と見なして, x について微分すればよいから,

$$\frac{\partial f}{\partial x}(x,y) = 2x + 2y.$$

$\dfrac{\partial f}{\partial y}$ を求めるには, x を定数と見なして, y について微分すればよいから,

$$\frac{\partial f}{\partial y}(x,y) = 2x + 6y. \quad \square$$

一般に, 関数 $f(x,y)$ が与えられたとき,

$$\frac{\partial f}{\partial x}(x,y), \quad \frac{\partial f}{\partial y}(x,y)$$

により, 新たに2変数関数が定義される. これらを, それぞれ $f(x,y)$ の **x に関する偏導関数**, **y に関する偏導関数**という.

偏導関数がいずれも連続であるとき, 関数 $f(x,y)$ は**なめらか**であるという.

また, $\dfrac{\partial f}{\partial x}(x,y)$ を求めることを, $f(x,y)$ を **x で偏微分する**という. 同様に $\dfrac{\partial f}{\partial y}(x,y)$ を求めることを $f(x,y)$ を **y で偏微分する**という.

問題1 関数 $f(x,y) = x^3 + 3xy + y^3$ を x および y で偏微分せよ.

3.2 2変数関数の合成関数の微分

2変数関数 $f(x,y)$ が与えられたとき, x が t の関数 $x(t)$, y も t の関数 $y(t)$ であるとして, $f(x(t), y(t))$ という独立変数を t とする関数を定義することができる. ここではこうした関数を t で微分するとどうなるか考えよう.

例題 3.4

関数 $f(x, y)$ がなめらかであり，$x(t), y(t)$ が t について，それぞれ微分可能であるとき，微分の定義に基づいて計算して，次の式が成り立つことを示せ．

$$\frac{df}{dt}(x(t), y(t)) = \frac{\partial f}{\partial x}(x(t), y(t))\frac{dx(t)}{dt} + \frac{\partial f}{\partial y}(x(t), y(t))\frac{dy(t)}{dt}. \tag{3.3}$$

【解】 微分の定義より

$$\frac{df}{dt}(x(t), y(t)) = \lim_{\Delta t \to 0} \frac{f(x(t+\Delta t), y(t+\Delta t)) - f(x(t), y(t))}{\Delta t}$$

である．記号を見やすくするために，$x = x(t)$, $y = y(t)$, $\Delta x = x(t+\Delta t) - x(t)$, $\Delta y = y(t+\Delta t) - y(t)$ とおく．このとき上式右辺の極限の中身は

$$\frac{f(x+\Delta x, y+\Delta y) - f(x, y)}{\Delta t}$$

$$= \frac{f(x+\Delta x, y+\Delta y) - f(x, y+\Delta y)}{\Delta x} \cdot \frac{\Delta x}{\Delta t} + \frac{f(x, y+\Delta y) - f(x, y)}{\Delta y} \cdot \frac{\Delta y}{\Delta t} \tag{3.4}$$

と書き換えられる．ここで $\Delta t \to 0$ のとき，$\Delta x \to 0$, $\Delta y \to 0$ となるから，上式は Δt が十分小さいとき，

$$\frac{\partial f}{\partial x}(x, y+\Delta y)\frac{dx}{dt} + \frac{\partial f}{\partial y}(x, y)\frac{dy}{dt}$$

に十分近くなる．さらに，$\Delta t \to 0$ のとき $\frac{\partial f}{\partial x}(x, y+\Delta y) \to \frac{\partial f}{\partial x}(x, y)$ となるから，極限をとることによって (3.4) は (3.3) の右辺に収束することがわかる． □

例題の (3.3) が，**2 変数関数の合成関数の微分公式**である．簡略化して，

$$\frac{df}{dt} = \frac{\partial f}{\partial x}\frac{dx}{dt} + \frac{\partial f}{\partial y}\frac{dy}{dt} \tag{3.5}$$

と書くことも多い．念のため以下のことを注意しておこう．(3.3) における $\frac{\partial f}{\partial x}(x(t), y(t))$ は $\frac{\partial f}{\partial x}(x, y)$ を求めた後，その結果に $x = x(t)$, $y = y(t)$ を代入することを意味する．$\frac{\partial f}{\partial y}$ についても全く同様である．

例題 3.5

関数 $f(x,y) = x^2 + xy + y^2$ において $x = t^3 + 1$, $y = t^2 + 1$ のとき, $\dfrac{df}{dt}(x,y)$ を求めよ.

【解】 $\dfrac{\partial f}{\partial x}(x,y) = 2x + y$, $\dfrac{\partial f}{\partial y}(x,y) = x + 2y$, $\dfrac{dx}{dt} = 3t^2$, $\dfrac{dy}{dt} = 2t$

であるから (3.5) を用いて,

$$\begin{aligned}\frac{df}{dt}(x,y) &= \frac{\partial f}{\partial x}(x,y)\frac{dx}{dt} + \frac{\partial f}{\partial y}(x,y)\frac{dy}{dt} \\ &= (2x+y)\cdot 3t^2 + (x+2y)\cdot 2t \\ &= (2t^3 + t^2 + 3)3t^2 + (t^3 + 2t^2 + 3)2t \\ &= 6t^5 + 5t^4 + 4t^3 + 9t^2 + 6t. \quad \square\end{aligned}$$

例題 3.6

関数 $f(x,y)$ において $y = y(x)$ のとき, 次式が成り立つことを示せ.

$$\frac{d}{dx}f(x,y(x)) = \frac{\partial f}{\partial x}(x,y(x)) + \frac{\partial f}{\partial y}(x,y(x))\frac{dy(x)}{dx} \tag{3.6}$$

【解】 合成関数の微分公式 (3.3) で $x(t) = t$ とおけばよい. すなわち,

$$\begin{aligned}\frac{d}{dt}f(t,y(t)) &= \frac{\partial f}{\partial x}(x,y)\frac{dt}{dt} + \frac{\partial f}{\partial y}(x,y)\frac{dy(t)}{dt} \\ &= \frac{\partial f}{\partial x}(x,y) + \frac{\partial f}{\partial y}(x,y)\frac{dy(t)}{dt}\end{aligned}$$

となり, t を x に戻せば与式が得られる. $\square$

問題 1 関数 $f(x,y) = x^5 + y^4$ において $x = t^3 + 1$, $y = t^2 + 1$ のとき, $\dfrac{df}{dt}(x,y)$ を求めよ.

3.3 陰関数の微分

一般に方程式 $F(x,y) = C$ (C は定数) によって定義された x の関数 y を**陰関数**という. 例えば, $x^2 + y^2 = 1$ は陰関数であり, $y = \sqrt{1-x^2}$ や $y = -\sqrt{1-x^2}$ はこの陰関数を陽に表したものである. ここでは陰関数の微

分の仕方を例で見ておこう．

例題 3.7

$x^2 + y^2 = 25$ のとき，$(x, y) = (3, -4)$ における $\dfrac{dy}{dx}$ の値を求めよ．

【解】 $x^2 + y^2 = 25$ の両辺を x で微分する．すなわち，$y = y(x)$ と見なして計算を行う．そのためには例題 3.6 の結果を用いればよい．(3.6) より

$$2x + 2y\frac{dy}{dx} = 0 \qquad \text{したがって，} \qquad \frac{dy}{dx} = -\frac{x}{y} \quad (\text{ただし，} y \neq 0)$$

となり，$(x, y) = (3, -4)$ を代入して $\dfrac{dy}{dx} = \dfrac{3}{4}$ である．□

この解と同様に陰関数 $F(x, y) = C$ の両辺を x で微分すると

$$F_x(x, y) + F_y(x, y)\frac{dy}{dx} = 0 \tag{3.7}$$

となり，$F_y(x, y) \neq 0$ のときは

$$\frac{dy}{dx} = -\frac{F_x(x, y)}{F_y(x, y)} \tag{3.8}$$

が成り立つ．

さて，(3.7) はベクトルの内積を用いて

$$(F_x, F_y) \cdot \left(1, \frac{dy}{dx}\right) = 0$$

と書き直すことができる．したがって，ベクトル (F_x, F_y) は接ベクトル $\left(1, \dfrac{dy}{dx}\right)$ と垂直である．このようなベクトルを**法線ベクトル**という．

例題 3.8

$x^2 + xy + y^2 = 6$ のとき，$(2x + y) + (x + 2y)\dfrac{dy}{dx} = 0$ を示せ．

【解】 $F(x, y) = x^2 + xy + y^2 - 6$ とおくと，
$$F_x(x, y) = 2x + y, \qquad F_y(x, y) = x + 2y$$
である．したがって，(3.7) より求める式が成り立つ．□

問題 1 次の陰関数で表された関数について $\dfrac{dy}{dx}$ を求めよ．
（1） $x^2 + xy + y^2 = 1$ （2） $x^3 - 3xy + y^3 = 0$

3.4 全微分

合成関数の微分公式 (3.5) において，形式的に dt を省略し，

$$df = \frac{\partial f}{\partial x}dx + \frac{\partial f}{\partial y}dy \tag{3.9}$$

と書くこともある．これを関数 f の**全微分**という．

例 1

$f(x,y) = x^2y + xy^2$ の全微分を求める．

$$\frac{\partial f}{\partial x} = 2xy + y^2, \qquad \frac{\partial f}{\partial y} = x^2 + 2xy$$

であるから

$$df = y(2x+y)dx + x(x+2y)dy$$

となる．◆

ここで，全微分の意味を考えてみよう．いま，$\Delta f = f(a + \Delta x, b + \Delta y) - f(a,b)$ とおくと

$$\Delta f = f(a+\Delta x, b+\Delta y) - f(a, b+\Delta y) + f(a, b+\Delta y) - f(a,b)$$
$$= \frac{f(a+\Delta x, b+\Delta y) - f(a, b+\Delta y)}{\Delta x}\Delta x$$
$$+ \frac{f(a, b+\Delta y) - f(a,b)}{\Delta y}\Delta y$$

が成り立つ．したがって，$\Delta x, \Delta y$ が十分小さいとき

$$\frac{f(a+\Delta x, b+\Delta y) - f(a, b+\Delta y)}{\Delta x} \fallingdotseq \frac{\partial f(a,b)}{\partial x},$$
$$\frac{f(a, b+\Delta y) - f(a,b)}{\Delta y} \fallingdotseq \frac{\partial f(a,b)}{\partial y}$$

と近似すると

$$\Delta f \fallingdotseq \frac{\partial f(a,b)}{\partial x}\Delta x + \frac{\partial f(a,b)}{\partial y}\Delta y \tag{3.10}$$

となる．上式の右辺で $\Delta x, \Delta y$ をそれぞれ形式的に dx, dy と書いたものが全微分 df なのである．

3.4 全微分

式 (3.10) は図形的には次のように解釈することができる．図 3.2 のような $z = f(x, y)$ で与えられる曲面を考え，座標 $(a, b, f(a, b))$ で表される曲面上の点を A，座標 $(a + \Delta x, b + \Delta y, f(a + \Delta x, b + \Delta y))$ で表される曲面上の点を S とする．このときベクトル $\overrightarrow{AS}$ は

$$\overrightarrow{AS} = (\Delta x, \Delta y, f(a + \Delta x, b + \Delta y) - f(a, b)) = (\Delta x, \Delta y, \Delta f)$$

と書ける．一方，点 A における xz 平面に平行な接線上の点 $X = (a + \Delta x, b, f(a, b) + \frac{\partial f(a, b)}{\partial x} \Delta x)$，$yz$ 平面に平行な接線上の点 $Y = (a, b + \Delta y, f(a, b) + \frac{\partial f(a, b)}{\partial y} \Delta y)$ を考える．いま，ベクトル $\overrightarrow{AX}, \overrightarrow{AY}$ によってできる平行四辺形を □AXPY とすると $\overrightarrow{AP} = \overrightarrow{AX} + \overrightarrow{AY}$ である．ところで，

$$\overrightarrow{AX} = (\Delta x, 0, \frac{\partial f(a, b)}{\partial x} \Delta x), \qquad \overrightarrow{AY} = (0, \Delta y, \frac{\partial f(a, b)}{\partial y} \Delta y)$$

であるから

$$\overrightarrow{AP} = (\Delta x, \Delta y, \frac{\partial f(a, b)}{\partial x} \Delta x + \frac{\partial f(a, b)}{\partial y} \Delta y)$$

となる．ベクトル $\overrightarrow{AS}$ と $\overrightarrow{AP}$ を比較することにより，(3.10) は $\overrightarrow{AS} \fallingdotseq \overrightarrow{AP}$ を表していることがわかる．

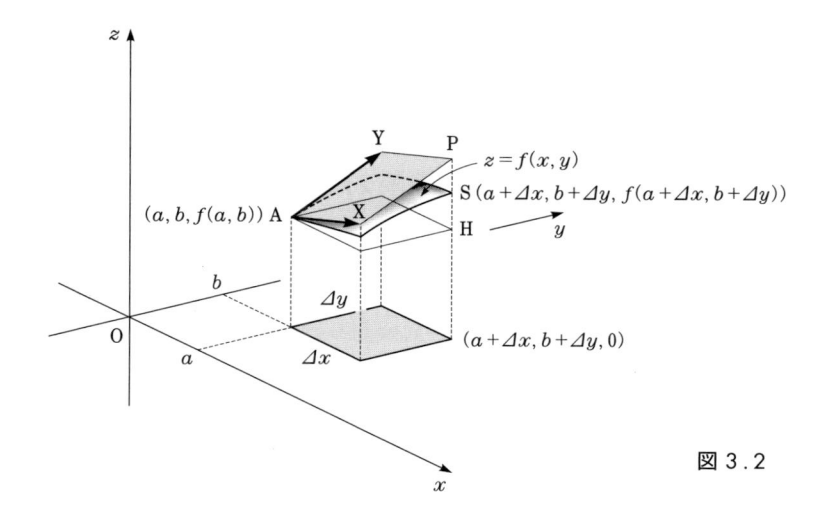

図 3.2

もっと直接的には，図のような点 $H = (a + \Delta x, b + \Delta y, f(a, b))$ をとったとき，HS を HP で近似していると言い換えることもできる．

上で考えたベクトル $\overrightarrow{AX}, \overrightarrow{AY}$ を曲面の**接ベクトル**といい，接ベクトルによってできる平行四辺形 □AXPY を含む平面を曲面の点 A における**接平面**という．点 A, X, Y の座標を考えることにより，接平面の方程式は

$$z - f(a, b) = \frac{\partial f(a, b)}{\partial x}(x - a) + \frac{\partial f(a, b)}{\partial y}(y - b) \qquad (3.11)$$

で表されることがわかる．この式は (3.9) において，df を $z - f(a, b)$，dx を $x - a$，dy を $y - b$ に置き換えたものと見なすことができる．すなわち，全微分の式は接平面の方程式を簡潔に表したものであるということもできる．

接平面の方程式 (3.11) を，

$$\{-f_x(a, b)\}(x - a) + \{-f_y(a, b)\}(y - b) + 1 \cdot (z - f(a, b)) = 0$$

と整理し，ベクトルの内積の形で書き直すと

$$(-f_x(a, b), -f_y(a, b), 1) \cdot (x - a, y - b, z - f(a, b)) = 0$$

となる．この式はベクトル $(-f_x(a, b), -f_y(a, b), 1)$ がベクトル $\overrightarrow{AP} = (x - a, y - b, z - f(a, b))$ と直交していることを表している．すなわち，ベクトル $(-f_x(a, b), -f_y(a, b), 1)$ は接平面に垂直なベクトルである．よって，このベクトルは法線ベクトルである．

問題 1 関数 $f(x, y) = x^2 + xy + y^2$ の全微分を求めよ．
問題 2 曲面 $z = x^2 + y^2$ 上の点 $(1, 1, 2)$ における接平面の方程式と法線ベクトルを求めよ．

3.5 高階偏導関数

関数 $z = f(x, y)$ が x に関して偏微分可能で偏導関数 $\frac{\partial z}{\partial x} = f_x(x, y)$ が x あるいは y について偏微分可能ならば，$f_x(x, y)$ を x あるいは y について偏微分して

3.5 高階偏導関数

$$\frac{\partial}{\partial x}\left(\frac{\partial z}{\partial x}\right) = \frac{\partial^2 z}{\partial x^2} = f_{xx}(x,y) \qquad \text{あるいは} \qquad \frac{\partial}{\partial y}\left(\frac{\partial z}{\partial x}\right) = \frac{\partial^2 z}{\partial y \partial x} = f_{xy}(x,y)$$

が得られる．同様にして

$$\frac{\partial}{\partial x}\left(\frac{\partial z}{\partial y}\right) = \frac{\partial^2 z}{\partial x \partial y} = f_{yx}(x,y), \qquad \frac{\partial}{\partial y}\left(\frac{\partial z}{\partial y}\right) = \frac{\partial^2 z}{\partial y^2} = f_{yy}(x,y)$$

が得られる．これらを **2 階偏導関数** という．3 階以上の場合も同様に定義され，まとめて **高階偏導関数** という．

関数 $f(x,y)$ が連続で，n 階までの偏導関数がすべて連続であるとき，f は **n 階連続微分可能** または **C^n 級の関数** であるという．特に $n=1$ のときは単に **連続微分可能** という．

さて，上に定義した高階偏導関数について $f_{xy} = f_{yx}$ が成り立つだろうか．これは通常成り立つと思ってよい．次の例題で1つの十分条件を示しておくが，成り立たない病的な例については，練習問題の7で取りあげることにする．

例題 3.9

関数 $f(x,y)$ が2回連続微分可能ならば $f_{xy}(x,y) = f_{yx}(x,y)$ が成り立つことを示せ．

【解】 任意の点 (a,b) で成り立つことを示す．点 (a,b) とこれを頂点とする長方形 (a,b), $(a+h,b)$, $(a,b+k)$, $(a+h,b+k)$ を考え，

$$A = f(a+h,b+k) - f(a+h,b) - f(a,b+k) + f(a,b)$$

とおく．また，関数 $\varphi(x), \psi(y)$ を

$$\varphi(x) = f(x,b+k) - f(x,b), \qquad \psi(y) = f(a+h,y) - f(a,y)$$

とおくと，

$$A = \varphi(a+h) - \varphi(a) = \psi(b+k) - \psi(b) \qquad (3.12)$$

であることに注意しよう．それぞれの式に平均値の定理 (2.12) を2回用いると

$$\begin{aligned}
\varphi(a+h) - \varphi(a) &= h\varphi'(a+\theta_1 h) & (0 < \theta_1 < 1) \\
&= h\{f_x(a+\theta_1 h, b+k) - f_x(a+\theta_1 h, b)\} \\
&= hk f_{xy}(a+\theta_1 h, b+\theta_2 k) & (0 < \theta_2 < 1)
\end{aligned}$$

が成り立つ．同様にして
$$\phi(b+k) - \phi(b) = khf_{yx}(a+\theta_2'h, b+\theta_1'k) \qquad (0 < \theta_2', \theta_1' < 1)$$
が成り立つ．これらを (3.12) に代入して，hk で割ると
$$f_{xy}(a+\theta_1 h, b+\theta_2 k) = f_{yx}(a+\theta_2'h, b+\theta_1'k)$$
であり，条件より f_{xy}, f_{yx} は連続であるから，$h \to 0$, $k \to 0$ とすると
$$f_{xy}(a, b) = f_{yx}(a, b)$$
が得られる．□

問題 1 関数 $f(x, y) = x^3 + 2xy + y^3$ について $f_{xy} = f_{yx}$ が成り立つことを確かめよ．

第 3 章　練習問題

1. 次の関数を偏微分せよ．

（1）$x^3 + 2x^2 y + 2xy^2 + y^3$　　（2）$(x+y)(x^2 + xy + y^2)$

（3）$\dfrac{y}{x} + \dfrac{x}{y}$　　（4）$\dfrac{1}{x^2 + y^2}$

（5）$\dfrac{x+y}{x^2 + y^2}$　　（6）$\sqrt{x^2 + y^2}$

（7）$\sqrt[3]{1 - x^2 - y^2}$　　（8）$\sqrt[5]{x^3 + y^3}$

2. 次の合成関数の $\dfrac{dz}{dt}$ を公式 (3.5) を用いて計算せよ．

（1）$z = x^2 + xy + y^2$, 　$x = t+1$, 　$y = t^2 + t$

（2）$z = \dfrac{x}{y}$, 　$x = 1 - 2t$, 　$y = 1 + t^2$

3. 次の方程式で表された陰関数 $y = f(x)$ について，$\dfrac{dy}{dx}$ を求めよ．

（1）$x^2 - 2xy + y^2 = 0$　　（2）$(x+y) + \sqrt{x^2 + y^2} + 1 = 0$

4. 次の関数の全微分を求めよ．

（1）$z = 3x^3 - 2x^2 y + y^2 + 3$　　（2）$z = (x + 2y + 3)^2$

5. 球面 $x^2 + y^2 + z^2 = 4$ 上の点 $(1, 1, \sqrt{2})$ における接平面の方程式を求めよ．

6. 次の関数の2階偏導関数を求めよ．

（1） $z = x^2 y - 4xy^2 + 2y^3$ （2） $z = \dfrac{x}{x^2 + y^2}$

（3） $z = \sqrt{x^2 + y^2}$

7. 次の関数

$$z = f(x, y) = \begin{cases} \dfrac{xy(x^2 - y^2)}{x^2 + y^2} & ((x, y) \neq (0, 0) \text{ のとき}), \\ 0 & ((x, y) = (0, 0) \text{ のとき}) \end{cases}$$

は，原点 $(0, 0)$ において f_{xy} と f_{yx} は一致しないことを示せ．

第4章

積　　分

　　四角い図形の面積を求めるには，縦かける横とすればよい．それでは曲線で囲まれた図形のときはどうすればよいか．小学校の頃，円の面積をどのように求めたか思い出していただきたい．何らかの方法で切り刻むという作業をしたに違いない．極限の操作を行っていたのである．本章では，長方形の面積をもとにし，極限の概念を用いて，一般の関数のグラフで囲まれる図形の面積を求めることを定式化する．これを定積分という．ところが，この積分が微分の逆演算になっていることが「微積分の基本定理」によって明らかになる．微積分の基本定理はこの本の基調をなすものである．

4.1 定積分

面積の計算　三角形や台形など直線で囲まれた図形の面積は，長方形の面積を基本として求められてきた．同じように曲線で囲まれた図形の面積も，やはり長方形の面積を基本に，極限を用いて求める．これが定積分の基本的アイデアである．

例1

放物線 $y = x^2$ と x 軸および直線 $x = 1$ で囲まれる図形の面積を求める．

（1）区間 $[0, 1]$ を n 等分し，各分点の間を底辺，その分点における関数値を高さとする長方形を作る（図 4.1）．

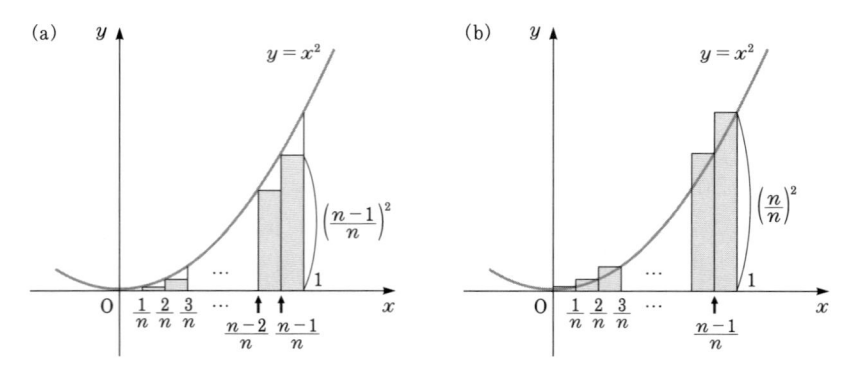

図 4.1

図 (a) の陰影を施した長方形の面積の和を s_n とおくと，

$$s_n = \frac{1}{n}\left(\frac{1}{n}\right)^2 + \frac{1}{n}\left(\frac{2}{n}\right)^2 + \frac{1}{n}\left(\frac{3}{n}\right)^2 + \cdots + \frac{1}{n}\left(\frac{n-1}{n}\right)^2$$

となる．さらに，公式

$$1^2 + 2^2 + \cdots + n^2 = \frac{n(n+1)(2n+1)}{6}$$

を用いて整理すると

$$s_n = \frac{1}{n} \cdot \frac{1}{n^2}\{1^2 + 2^2 + \cdots + (n-1)^2\} = \frac{1}{n^3} \cdot \frac{(n-1)n(2n-1)}{6}$$
$$= \frac{\left(1 - \frac{1}{n}\right) \cdot 1 \cdot \left(2 - \frac{1}{n}\right)}{6}$$

が得られる．ここで分割を細かくする，すなわち，$n \to \infty$ とすると

$$\lim_{n \to \infty} s_n = \lim_{n \to \infty} \frac{\left(1 - \frac{1}{n}\right) \cdot 1 \cdot \left(2 - \frac{1}{n}\right)}{6} = \frac{1 \cdot 1 \cdot 2}{6} = \frac{1}{3}$$

となる．これが求める面積である．

（2） (1) では，分割された区間の左端の値における関数値を高さにとったが，区間の右端の値をとったらどうなるか計算してみよう．図(b)の陰影を施した長方形の面積の総和を $\hat{s}_n$ とおくと

$$\hat{s}_n = \frac{1}{n}\left(\frac{1}{n}\right)^2 + \frac{1}{n}\left(\frac{2}{n}\right)^2 + \cdots + \frac{1}{n}\left(\frac{n-1}{n}\right)^2 + \frac{1}{n} \cdot 1^2$$

である．(1) と同様に計算すると

$$\hat{s}_n = \frac{1}{n} \cdot \frac{1}{n^2}\{1^2 + 2^2 + \cdots + n^2\} = \frac{1}{n^3} \cdot \frac{n(n+1)(2n+1)}{6}$$

となる．したがって，$n \to \infty$ とすると

$$\lim_{n \to \infty} \hat{s}_n = \lim_{n \to \infty} \frac{1 \cdot \left(1 + \frac{1}{n}\right)\left(2 + \frac{1}{n}\right)}{6} = \frac{1}{3}$$

が得られ，極限値は高さをどちらにとっても変わらないことがわかる．　◆

こうした考えをもっと一般的な関数に適用したものが定積分である．

定積分の定義　まず，区間 $[a, b]$ 上で連続な関数 $f(x)$ について考えよう．区間 $[a, b]$ を，必ずしも等分でない n 個の小区間に

$$\Delta: a = x_0 < x_1 < x_2 < \cdots < x_{n-1} < x_n = b$$

と分割する．Δ を**分割**といい，分割する点を**分点**という．

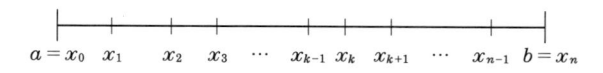

図 4.2

小区間の長さの最大値，つまり $x_1 - x_0, x_2 - x_1, \cdots, x_n - x_{n-1}$ の最大値を $|\Delta|$ で表す．これらの小区間ごとに任意に，$\xi_1 \in [x_0, x_1]$，$\xi_2 \in [x_1, x_2]$，$\cdots, \xi_n \in [x_{n-1}, x_n]$ を選び，和

$$S(\Delta : \{\xi_1, \xi_2, \cdots, \xi_n\})$$
$$= f(\xi_1)(x_1 - x_0) + f(\xi_2)(x_2 - x_1) + \cdots + f(\xi_n)(x_n - x_{n-1})$$
$$= \sum_{k=1}^{n} f(\xi_k) \Delta x_k \tag{4.1}$$

を考える．ただし，$\Delta x_k = x_k - x_{k-1}$ である．

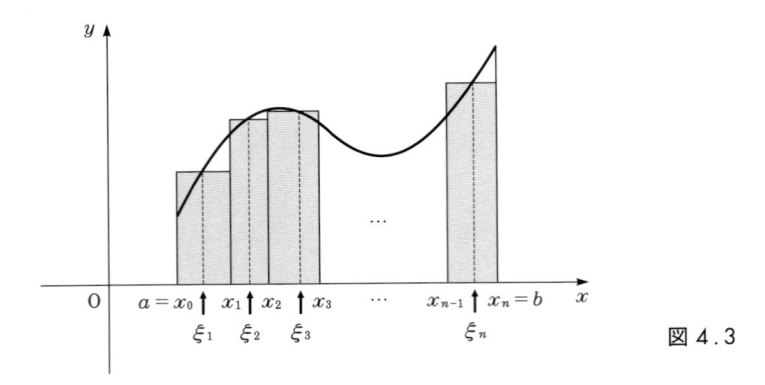

図 4.3

いま $|\Delta| \to 0$ となるように，分割数 n を限りなく大きくするとき，和 $S(\Delta : \{\xi_1, \xi_2, \cdots, \xi_n\})$ が，分割の方法にも $\{\xi_1, \xi_2, \cdots, \xi_n\}$ のとり方にもよらずに一定の極限値に収束する場合，**リーマン(Riemann)積分可能**という．また，その極限値を $f(x)$ の a から b までの**定積分**とよび，

$$\int_a^b f(x)\, dx$$

と表す．

注意 1 上の定義より，

$$\int_a^b f(x)\, dx = \lim_{n \to \infty} \sum_{k=1}^{n} f(\xi_k) \Delta x_k \tag{4.2}$$

と書くことができる．ただし，$n \to \infty$ は同時に $|\Delta| \to 0$ となることも含んでいる．なお，Δ が等分割のとき，$n \to \infty$ は自動的に $|\Delta| \to 0$ となっている．

定義からわかるように，$\int_a^b f(x)\,dx$ は長方形の面積 $f(x)\,\Delta x$ の $x=a$ から $x=b$ までの"和の極限"という意味である．記号 $\int$ は，インテグラルとよび，ラテン語の総和（Summa）の頭文字「S」の変形である（この記号を最初に使ったのはライプニッツである）．積分という言葉は「部分を集めて全体を積み上げる」という意味で用いられている．

リーマン積分可能性に関して次の定理の成り立つことがわかっている．

定理 4.1 閉区間 $[a,b]$ 上で有界で，有限個の点を除いて連続な関数は（図 4.4 参照），リーマン積分可能である．

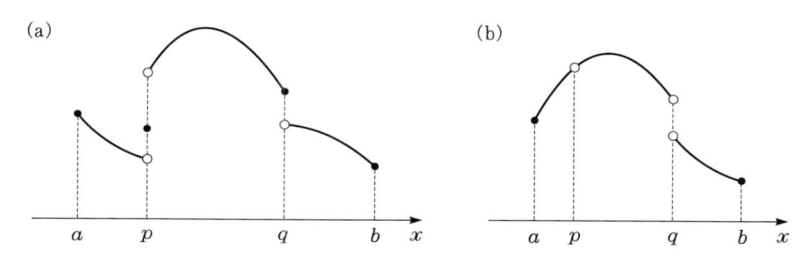

図 4.4 (a)：点 p,q で不連続であるが閉区間 $[a,b]$ になっている．
(b)：点 p,q で定義されていないため，3 つの開区間の集合になっている．

上の定理で，「区間 I で定義された関数 $f(x)$ が**有界**である」とは，ある実数 M が存在して，すべての I の点 x に対して，
$$|f(x)| \leq M$$
が成り立つことをいう．

閉区間 $[a,b]$ 上の連続関数は，1.5 節の定理 1.1（連続関数の基本性質）により $[a,b]$ において最大値および最小値をとるから有界である．よって当然のことながら，閉区間 $[a,b]$ 上で連続な関数は，リーマン積分可能である．

例 2

関数 $\dfrac{1}{x}$ は，閉区間 $[1,2]$ で有界である．しかし，開区間 $(0,1]$ では有界でない（図 4.5 参照）． ◆

(a) (b)

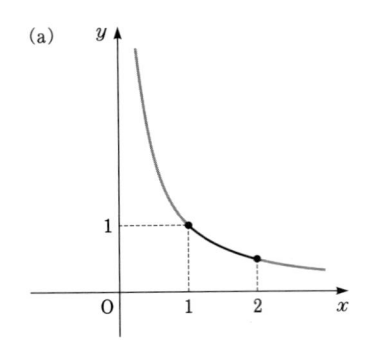

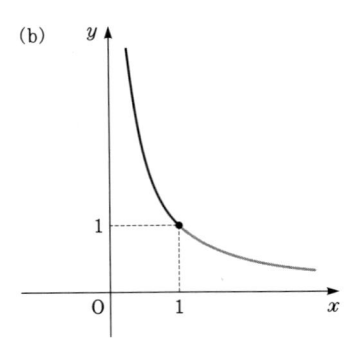

図 4.5

注意 2 $\int_a^b f(x)\,dx$ における変数 x を**積分変数**という．定積分の値は積分変数の文字には関係しない．例えば

$$\int_a^b f(x)\,dx = \int_a^b f(t)\,dt$$

である．積分変数として x をとろうが，t をとろうが結果に変わりはない．

定積分の性質 関数 $f(x), g(x)$ は考えている区間でリーマン積分可能とする．このとき，以下の式が成り立つ．

(1) $\displaystyle\int_a^b kf(x)\,dx = k\int_a^b f(x)\,dx$ （ただし，k は定数） (4.3)

(2) $\displaystyle\int_a^b \{f(x) + g(x)\}\,dx = \int_a^b f(x)\,dx + \int_a^b g(x)\,dx$ (4.4)

(3) $\displaystyle\int_a^b \{f(x) - g(x)\}\,dx = \int_a^b f(x)\,dx - \int_a^b g(x)\,dx$ (4.5)

(4) $\displaystyle\int_a^b f(x)\,dx = \int_a^c f(x)\,dx + \int_c^b f(x)\,dx$ (4.6)

(5) $f(x) \leq g(x),\ a < b \implies \displaystyle\int_a^b f(x)\,dx \leq \int_a^b g(x)\,dx$

(4.7)

(6) $\left|\displaystyle\int_a^b f(x)\,dx\right| \leq \int_a^b |f(x)|\,dx$ (4.8)

なお，
$$\int_a^a f(x)\,dx = 0, \qquad \int_b^a f(x)\,dx = -\int_a^b f(x)\,dx$$
とする．上に述べた定積分の性質は a, b, c の大小に関わりなく成り立つ．

問題 1 例 1 にならって次の定積分の値を求めよ．
$$\int_0^1 x^3\,dx$$

4.2 微積分の基本定理

定積分の値を求めるには，いちいち定義に戻って計算したのでは大変である．定積分を微分と関連づける次の定理は，微積分において基本的かつ強力である．これはニュートン(Newton)およびライプニッツの偉大な発見である．

定理 4.2 (微積分の基本定理) 閉区間 $[a, b]$ で $f'(x)$ が連続ならば
$$\int_a^b f'(x)\,dx = f(b) - f(a) \tag{4.9}$$
が成り立つ．

【証明】 閉区間 $[a, b]$ の分割
$$\Delta:\ a = x_0 < x_1 < x_2 < \cdots < x_{n-1} < x_n = b$$
を考える．
$$\begin{aligned}
f(b) - f(a) &= f(x_n) - f(x_0) \\
&= f(x_n) - f(x_{n-1}) + f(x_{n-1}) - \cdots - f(x_1) + f(x_1) - f(x_0) \\
&= \sum_{k=1}^n \frac{f(x_k) - f(x_{k-1})}{\Delta x_k} \Delta x_k \quad (\text{ただし}, \Delta x_k = x_k - x_{k-1}).
\end{aligned}$$
ここで，2.4 節の平均値の定理を用いると
$$f(b) - f(a) = \sum_{k=1}^n f'(\xi_k)\,\Delta x_k \quad (\text{ただし}, \xi_k \in [x_{k-1}, x_k])$$

となる．上式の右辺において $n \to \infty$ とすると，連続の条件より $f'(x)$ は $[a,b]$ でリーマン積分可能だから
$$f(b) - f(a) = \int_a^b f'(x)\,dx. \quad \square$$

　この定理を用いて定積分の値を計算する例を見ておこう．4.1 節 例 1 の場合は (4.9) で $a = 0$, $b = 1$, $f(x) = \dfrac{x^3}{3}$ とすればよい．すなわち，
$$\int_0^1 x^2\,dx = \int_0^1 \left(\frac{x^3}{3}\right)'\,dx = \frac{1}{3} - \frac{0}{3} = \frac{1}{3}$$
となり，同じ結果が得られる．

原始関数　　ある関数 $G(x)$ を微分して $g(x)$ になったとする．すなわち
$$G'(x) = g(x) \tag{4.10}$$
であるとする．このとき微積分の基本定理 (4.9) を用いると，
$$\int_a^b g(x)\,dx = \Big[G(x)\Big]_a^b \tag{4.11}$$
となる．ただし，$\Big[G(x)\Big]_a^b = G(b) - G(a)$ である．

　(4.10) を満たす $G(x)$ を $g(x)$ の**原始関数**という．例えば，$G(x) = \dfrac{x^3}{3}$ は $g(x) = x^2$ の原始関数となる．特に，$g(x) = 0$ のときは $G(x) = $ 定数 であることを注意しておこう (2.4 節 例 1 参照)．

　一般に，関数 $g(x)$ が与えられたとき，その原始関数は定数の差を無視すればただ 1 つに定まる．実際 $G_1(x)$ と $G_2(x)$ を $g(x)$ の原始関数とする，すなわち，$G_1'(x) = g(x)$, $G_2'(x) = g(x)$ とすると，$G_1'(x) - G_2'(x) = 0$ である．微分の公式 (2.4) より
$$(G_1(x) - G_2(x))' = 0$$
となるから，$G_1(x) - G_2(x) \equiv $ 定数 が得られるというわけである．

例 1
　　x^2 の原始関数全体は $\dfrac{x^3}{3} + C$ （ただし，C は任意定数）である．　◆

4.2 微積分の基本定理

不定積分　関数 $g(x)$ の原始関数全体を $g(x)$ の**不定積分**といい

$$\int g(x)\,dx$$

と書く．

例 2

$\int x^2\,dx = \dfrac{x^3}{3} + C$ （C は任意定数）．　◆

実際の計算を行う際には，次の事実が重要となる．

定理 4.3　$g(x)$ を連続関数とする．このとき

$$\frac{d}{dx}\Big\{\int_a^x g(t)\,dt\Big\} = g(x) \tag{4.12}$$

が成り立つ．

【証明】

$$\left|\frac{\int_a^{x+\Delta x} g(t)\,dt - \int_a^x g(t)\,dt}{\Delta x} - g(x)\right| = \left|\frac{1}{\Delta x}\int_x^{x+\Delta x} g(t)\,dt - \frac{g(x)\,\Delta x}{\Delta x}\right|$$

$$= \left|\frac{1}{\Delta x}\Big\{\int_x^{x+\Delta x} g(t)\,dt - g(x)\int_x^{x+\Delta x} dt\Big\}\right| = \left|\frac{1}{\Delta x}\int_x^{x+\Delta x}\{g(t)-g(x)\}\,dt\right|$$

$$\leq \left|\frac{1}{\Delta x}\int_x^{x+\Delta x}|g(t)-g(x)|\,dt\right| \leq \left|\frac{1}{\Delta x}\int_x^{x+\Delta x} M\,dt\right| = M$$

となる．ただし，M は

$$M = \max_{x \leq t \leq x+\Delta x}|g(t)-g(x)|$$

で定まる数である．関数 $g(x)$ は点 x で連続であるから，$\Delta x \to 0$ のとき $M \to 0$ となる．すなわち

$$\left|\frac{d}{dx}\int_a^x g(t)\,dt - g(x)\right| = 0.\quad \square$$

問題 1　次の不定積分を求めよ．

（1）$\int 1\,dx$　　（2）$\int 2x\,dx$　　（3）$\int (1+x+x^2)\,dx$

4.3 置換積分の公式

変換 $x = x(t)$ によって，変数を x から t に変えることを考える．t が α から β まで変わるとき，x が a から b まで変わるならば，

$$\int_a^b f(x)\,dx = \int_\alpha^\beta f(x(t))\,\frac{d\,x(t)}{dt}\,dt \tag{4.13}$$

が成り立つ．これを**置換積分の公式**という．

この公式を示すためには，積分の定義に戻って考えればよい．いま，

$$\sum_{k=1}^n f(x_k)\,\Delta x_k = \sum_{k=1}^n f(x(t_k))\,\frac{\Delta x_k}{\Delta t_k}\Delta t_k$$

であることに気づこう．ただし，

$\alpha =$	t_0	$<$	t_1	$<\cdots<$	t_{k-1}	$<$	t_k	$<\cdots<$	t_n	$= \beta$
$\vdots$	$\vdots$		$\vdots$		$\vdots$		$\vdots$		$\vdots$	$\vdots$
a	x_0		x_1		x_{k-1}		x_k		x_n	b
	∥		∥		∥		∥		∥	
	$x(t_0)$		$x(t_1)$		$x(t_{k-1})$		$x(t_k)$		$x(t_n)$	

および，$\Delta t_k = t_k - t_{k-1}$, $\Delta x_k = x_k - x_{k-1}$ である．上式で $n \to \infty$ とすると，定積分および微分の定義より，(4.13) がただちに得られる．

注意 1 形式的には $dx = \dfrac{dx}{dt}dt$ と思えばよい．

例題 4.1

定積分 $\displaystyle\int_0^1 (x-1)^4 x\,dx$ を計算せよ．

【解】 $t = x - 1$ とおくと $x = t + 1$ より $\dfrac{dx}{dt} = \dfrac{d}{dt}(t+1) = 1$ となる．また，$x = 0$ のとき $t = -1$ であり，$x = 1$ のとき $t = 0$ であるから，次のように計算できる．

$$\int_0^1 (x-1)^4 x\,dx = \int_{-1}^0 t^4(t+1)\cdot 1\cdot dt = \int_{-1}^0 (t^5 + t^4)\,dt$$

$$= \left[\frac{t^6}{6} + \frac{t^5}{5}\right]_{-1}^0 = -\left(\frac{1}{6} + \frac{-1}{5}\right) = \frac{1}{30}. \quad \square$$

例題 4.2

定積分 $\displaystyle\int_0^1 (x^2-1)^3 2x\, dx$ を計算せよ．

【解】 $t = x^2 - 1$ とおくと $\dfrac{dt}{dx} = \dfrac{d}{dx}(x^2 - 1) = 2x$ であるから $dt = 2x\, dx$．また，$x = 0$ のとき $t = -1$ であり，$x = 1$ のとき $t = 0$ であるから，置換積分の公式より，次のように計算できる．

$$\int_0^1 (x^2-1)^3 2x\, dx = \int_{-1}^0 t^3\, dt$$
$$= \left[\frac{t^4}{4}\right]_{-1}^0 = \frac{0}{4} - \frac{(-1)^4}{4} = -\frac{1}{4}. \quad \square$$

問題 1 次の定積分を計算せよ．

（1） $\displaystyle\int_0^1 (x+1)^3\, dx$ （2） $\displaystyle\int_0^1 4(2x+1)^3\, dx$ （3） $\displaystyle\int_0^1 6(x^2+1)^3 x\, dx$

4.4　部分積分の公式

関数の積の微分公式 (2.5) より
$$(f(x)\, g(x))' = f'(x)\, g(x) + f(x)\, g'(x)$$
である．移項して，
$$f'(x)\, g(x) = (f(x)\, g(x))' - f(x)\, g'(x)$$
とし，両辺を $[a, b]$ 上で積分すると，
$$\int_a^b f'(x)\, g(x)\, dx = \Big[f(x)\, g(x)\Big]_a^b - \int_a^b f(x)\, g'(x)\, dx \tag{4.14}$$
が得られる．これを**部分積分の公式**という．

注意 1 (4.14) の公式は

$$\int_a^b \underbrace{f'(x)}_{} g(x)\, dx = \underbrace{\Big[f(x)\, g(x)\Big]_a^b}_{\text{余り}} \overbrace{- \int_a^b f(x)\, g'(x)\, dx}^{\text{責任転嫁}}_{\text{罰}},$$

すなわち，「"微分"の責任を相手に転嫁したため罰を受け，なお余りがある」と理解しておくとよい．

例 1

$$\int_0^1 (x-1)^4 x \, dx = \int_0^1 \left(\frac{(x-1)^5}{5}\right)' x \, dx$$

$$= \left[\frac{(x-1)^5}{5} \cdot x\right]_0^1 - \int_0^1 \frac{(x-1)^5}{5}(x)' \, dx \quad (\text{部分積分})$$

$$= \frac{(1-1)^5}{5} \cdot 1 - \frac{(0-1)^5}{5} \cdot 0 - \int_0^1 \frac{(x-1)^5}{5} \, dx$$

$$= -\left[\frac{(x-1)^6}{5 \cdot 6}\right]_0^1 = -\left\{\frac{(1-1)^6}{5 \cdot 6} - \frac{(0-1)^6}{5 \cdot 6}\right\} = \frac{1}{30}. \quad \blacklozenge$$

問題 1 次の定積分を部分積分を用いて計算せよ．

(1) $\displaystyle\int_0^1 x(x-1)^3 \, dx$ (2) $\displaystyle\int_0^1 8x(2x-3)^3 \, dx$ (3) $\displaystyle\int_0^1 6x^2(x-1)^5 \, dx$

第 4 章 練習問題

1. 次の定積分を求めよ．

(1) $\displaystyle\int_0^1 3x^2 \, dx$ (2) $\displaystyle\int_0^1 (x^3 + 2x) \, dx$ (3) $\displaystyle\int_1^2 \frac{2}{x^2} \, dx$

(4) $\displaystyle\int_1^2 \frac{1}{x^3} \, dx$ (5) $\displaystyle\int_0^1 \sqrt{x} \, dx$ (6) $\displaystyle\int_0^1 \sqrt[3]{x^2} \, dx$

2. 次の定積分を計算せよ（置換積分）．

(1) $\displaystyle\int_0^1 (x+1)^5 \, dx$ (2) $\displaystyle\int_0^1 x(2x^2+1)^3 \, dx$

(3) $\displaystyle\int_0^1 (2x+1)(x^2+x-1)^2 \, dx$ (4) $\displaystyle\int_0^1 3x^2(x^3-1)^4 \, dx$

(5) $\displaystyle\int_0^1 \frac{x}{(x-2)^3} \, dx$ (6) $\displaystyle\int_0^1 x\sqrt{x+3} \, dx$

3. 次の定積分を計算せよ（部分積分）．

(1) $\displaystyle\int_0^1 x(x+1)^2 \, dx$ (2) $\displaystyle\int_0^1 x(2x+1)^3 \, dx$

(3) $\displaystyle\int_\alpha^\beta (x-\alpha)(x-\beta) \, dx$ (4) $\displaystyle\int_{-1}^0 x^2(x+1)^3 \, dx$

第 5 章

いろいろな関数と微分・積分

　これまで，多項式に限って微分積分の考え方や計算手法の原理を理解してきた．しかし，理工学ではもっと広いクラスの関数が用いられている．例えば，指数関数，三角関数，またそれらの逆関数である対数関数，逆三角関数などである．世の中のさまざまな事象を解析するには，こうした関数の導入が不可欠なのである．ここでは，そうした関数がどのような性質を持っているか，またどのように微分積分を行えばよいかについて調べていくことにする．

5.1 指数関数

正の数 a に対して，m, n が正の整数ならば，

(1) $\quad a^{\frac{m}{n}} = \sqrt[n]{a^m}, \quad a^{-\frac{m}{n}} = \dfrac{1}{\sqrt[n]{a^m}}, \quad a^0 = 1$

である．このことから有理数 r に対し a^r を対応させる関数を定義することができる．a^r は次の性質をもつ．

(2) $\quad a^{r+r'} = a^r \cdot a^{r'}$,

(3) $\quad a > 1$ のとき $\quad r < r' \implies a^r < a^{r'}$,

$\quad\quad 0 < a < 1$ のとき $\quad r < r' \implies a^r > a^{r'}$.

性質 (1), (2), (3) を保持して，定義域を実数に拡張した関数を，a を底とする**指数関数**といい

$$f(x) = a^x$$

と書く．

注意 1 指数関数の厳密な定義は，任意の実数 x に対して x に収束する有理数の列 $\{r_n\}$ を用い，有理数の指数から実数の指数へ拡張することによってなされる．なお，このように定義された指数関数は連続であり，$a > 1$ のとき単調増加，$0 < a < 1$ のとき単調減少であることがわかる．指数関数のグラフは以下のようになる．

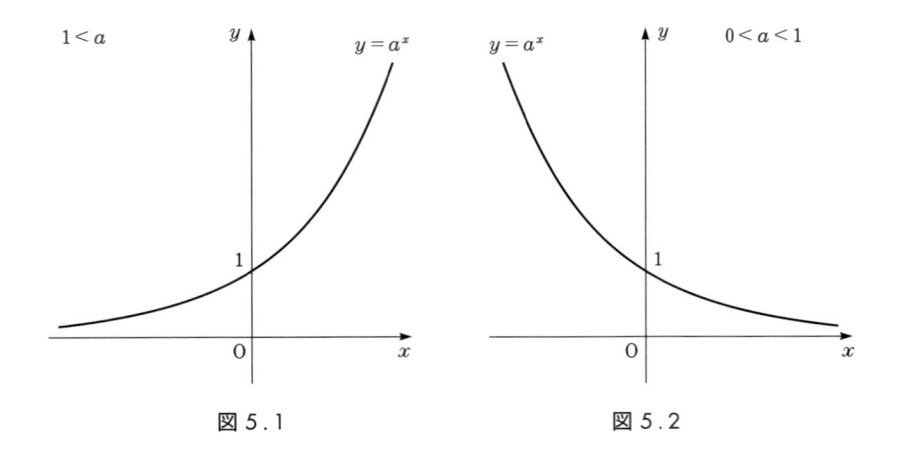

図 5.1

図 5.2

5.1 指数関数

指数関数のグラフは，単調であり，a が何であっても y 軸上の 1 で交わり，x 軸とは決して交わらない，すなわち $-\infty < x < \infty$ に対して $a^x > 0$ である．さらに

$$a > 1 \text{ ならば} \quad \lim_{x \to \infty} a^x = +\infty, \quad \lim_{x \to -\infty} a^x = 0,$$
$$0 < a < 1 \text{ ならば} \quad \lim_{x \to \infty} a^x = 0, \quad \lim_{x \to -\infty} a^x = +\infty$$

が成り立つ．

また，指数の法則

$$a^{x+x'} = a^x \cdot a^{x'}, \qquad a^{xx'} = (a^x)^{x'}, \qquad a^{-x} = \frac{1}{a^x}$$

が成り立つ．

自然対数の底 e　　ここで，指数関数の微分積分で重要な働きをする底 e を定めよう．

まず，a を底とする指数関数 $f(x) = a^x$ の微分を考える．指数の法則を用いると

$$\begin{aligned}
f'(x) &= \lim_{h \to 0} \frac{f(x+h) - f(x)}{h} \\
&= \lim_{h \to 0} \frac{a^{x+h} - a^x}{h} = \lim_{h \to 0} \frac{a^x(a^h - 1)}{h} \\
&= a^x \lim_{h \to 0} \left\{ \frac{a^{0+h} - a^0}{h} \right\} = f(x) \cdot f'(0) \qquad (5.1)
\end{aligned}$$

が成り立つ．したがって，$f'(x)$ は定数 $f'(0)$ の値によって決まることがわかる．

ところで曲線 $y = f(x)$ を考えると，$f'(0)$ は曲線と y 軸（$x = 0$）との交点における接線の傾きである．傾きは a の値によって変わるが，ちょうど〔接線の傾き〕$= 1$ になるような底 a の値があり（図 5.3 参照），この値を**自然対数の底**といい e で表す．すなわち

$$\lim_{h \to 0} \frac{e^h - 1}{h} = 1 \qquad \text{（定義）} \qquad (5.2)$$

とする．

図 5.3

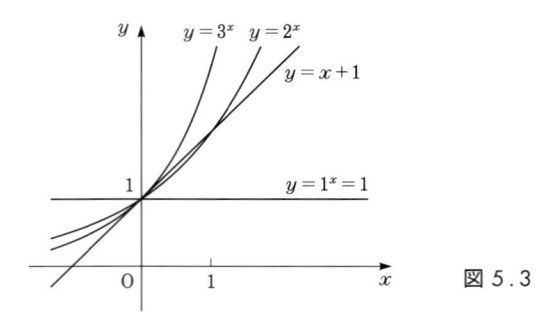

注意 2 図 5.3 より e は 2 と 3 の間にあることが予想できる．具体的な値は後で述べる．

一般に指数関数というときは e を底とする**指数関数** e^x を指し，$\exp x$ と書くこともある．

指数関数の微分　　自然対数の底の定義から指数関数 $f(x) = e^x$ は $f'(0) = 1$ を満たしているので，(5.1) から
$$f'(x) = f(x)$$
が成り立つ．すなわち
$$\frac{d}{dx} e^x = e^x$$
であり，指数関数 e^x は微分しても変わらない関数であることがわかる．なお，a を底とする指数関数 a^x の微分については，5.5 節 例題 5.2 で扱う．

問題 1 次の関数を微分せよ．
 (1) e^{2x} 　　　　 (2) e^{x^2} 　　　　 (3) e^{2x+x^2}

5.2　対数関数

前節で述べたように，指数関数 a^x は単調な関数であるから逆関数が存在する．それを a を底とする**対数関数**といい，$y = \log_a x$ と表す．すなわち
$$y = \log_a x \iff a^y = x$$
である．

5.2 対数関数

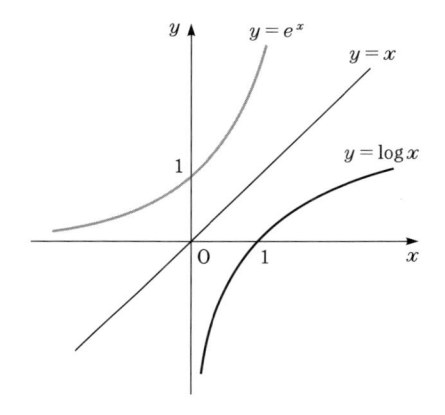

図 5.4

対数関数 $y = \log_a x$ のグラフは $x = a^y$ のグラフと同じである．ところで，$x = a^y$ は $y = a^x$ において x と y を入れ換えたものである．したがって $y = a^x$ のグラフと $x = a^y$ のグラフは $y = x$ に関して対称となる．すなわち，$y = a^x$ と $y = \log_a x$ のグラフは $y = x$ に関して対称である．

対数関数だけでなく，一般に逆関数 $y = f^{-1}(x)$ のグラフは，もとの関数 $y = f(x)$ のグラフと $y = x$ に関して対称となっている．

指数関数 a^x に関する基本性質から，対数関数 $\log_a x$ に対して以下の性質が得られる．

(1) $\log_a a = 1$　　($a^1 = a$)，
(2) $\log_a(xx') = \log_a x + \log_a x'$，
(3) $1 < a$ のとき　　$0 < x < x' \Rightarrow \log_a x < \log_a x'$，
　　$0 < a < 1$ のとき　$0 < x < x' \Rightarrow \log_a x > \log_a x'$．

また，$\log_a 1 = 0$ である．

対数関数 $\log_a x$ において，特に $a = e$ のとき，すなわち，自然対数の底 e を底とする対数関数

$$\log_e x \quad (\text{ただし，} x > 0)$$

を**自然対数**といい，底を省略して単に $\log x$ と書く．また，$\log_{10} x$ を**常用対数**という．

注意 1 定義より
$$x = e^{\log x} \quad (x > 0), \qquad もっと一般に \quad f(x) = e^{\log f(x)} \quad (f(x) > 0)$$
が成り立つ．

対数関数の微分

逆関数の微分の公式 (2.9) より，
$$\frac{d}{dx}\log x = \frac{1}{x} \quad (ただし，x > 0) \tag{5.3}$$

となる．なぜならば，$y = \log_e x$ とおくと $e^y = x$ であり，逆関数の微分公式より

$$\frac{dy}{dx} = \frac{1}{\dfrac{dx}{dy}} = \frac{1}{\dfrac{d\,e^y}{dy}} = \frac{1}{e^y} = \frac{1}{x}$$

が得られるからである．

注意 2 前節で定義した自然対数の底 e の値は，対数関数の微分を用いて求めることができる．すなわち (5.3) より
$$\left.\frac{d\log x}{dx}\right|_{x=1} = 1$$
である．したがって
$$1 = \lim_{h \to 0}\frac{\log(1+h) - \log 1}{h} = \lim_{h \to 0}\frac{1}{h}\log(1+h) = \lim_{h \to 0}\log(1+h)^{\frac{1}{h}}$$
となる．$1 = \log_e e$ であるから
$$\lim_{h \to 0}(1+h)^{\frac{1}{h}} = e \tag{5.4}$$
が得られることになる．なお，自然対数の底 e を定義する式として
$$\lim_{n \to \infty}\left(1 + \frac{1}{n}\right)^n = e \tag{5.5}$$
を用いることもある．(5.5) を用いて e の値を計算すると
$$e = 2.718281828459045 \cdots$$
となることがわかる．自然対数の底 e は，円周率 π などと同じような無理数であることが知られている．

問題 1 次の関数を微分せよ．
 (1) $\log(1+2x)$ (2) $\log(1+x^2)$ (3) $(\log x)^2$

5.3 三角関数

図5.5のような半径1の円(**単位円**という)を用いて，角 ∠AOB を弧 AB の長さで表そう．これを**弧度法**といい，その単位を**ラジアン**という．単位円の円周は 2π だから，ラジアンと度の関係は次のようになる．

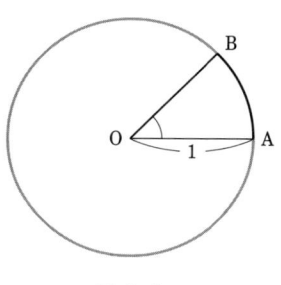

2π ラジアン $= 360°$， π ラジアン $= 180°$，

$\dfrac{\pi}{2}$ ラジアン $= 90°$， $\dfrac{\pi}{3}$ ラジアン $= 60°$，

$\dfrac{\pi}{4}$ ラジアン $= 45°$， $\dfrac{\pi}{6}$ ラジアン $= 30°$．

図 5.5

π は円周率 $3.14\cdots$ であるから，弧度法を用いると角の大きさを座標軸上の点と対応させることができ，すべての実数に対して**三角関数**を定義することができる．

図5.6において ∠POQ $= x$ とすると

$$\sin x = \frac{\mathrm{PQ}}{\mathrm{OP}} = \mathrm{PQ},$$

$$\cos x = \frac{\mathrm{OQ}}{\mathrm{OP}} = \mathrm{OQ},$$

$$\tan x = \frac{\sin x}{\cos x}$$

である．すなわち，単位円周上の点 P の座標が $(\cos x, \sin x)$ であると考えればよい．また，これらの三角関数に対して

図 5.6

$$\cos^2 x + \sin^2 x = 1, \tag{5.6}$$

$$\sin(x + y) = \sin x \cos y + \cos x \sin y, \tag{5.7}$$

$$\cos(x + y) = \cos x \cos y - \sin x \sin y \tag{5.8}$$

の成り立つことがわかる．なお，図5.7は $y = \sin x$，$y = \cos x$，$y = \tan x$ のグラフを描いたものである．

図 5.7

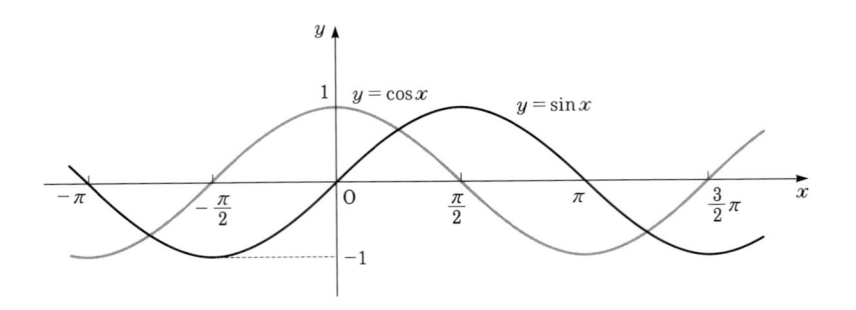

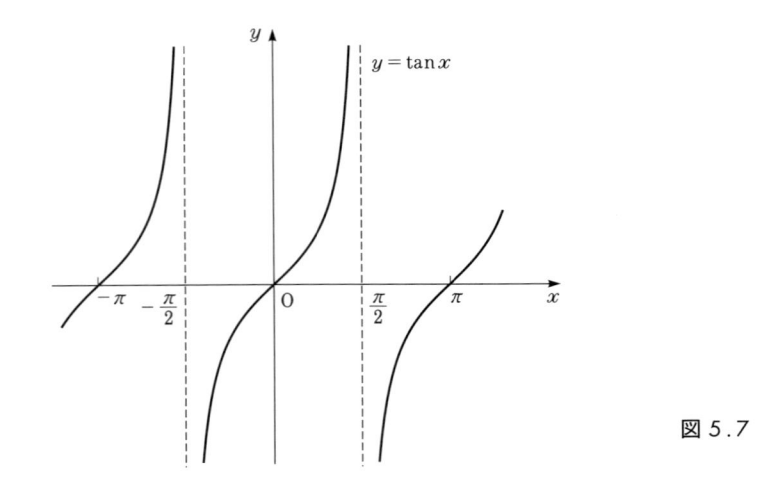

三角関数 $\sin x$ の性質

$$\lim_{x \to 0} \frac{\sin x}{x} = 1 \tag{5.9}$$

は三角関数の微分を考えるとき基本的なものである．

注意1 $x > 0$ のとき，図 5.8 の記号を用いると

$$\frac{\sin x}{x} = \frac{2\sin x}{2x} = \frac{\text{弦 AA}'}{\text{弧 AA}'}$$

であるので，$x \to 0$ のとき，$\dfrac{\text{弦 AA}'}{\text{弧 AA}'} \to 1$ というのがこの式の意味である．

5.3 三角関数

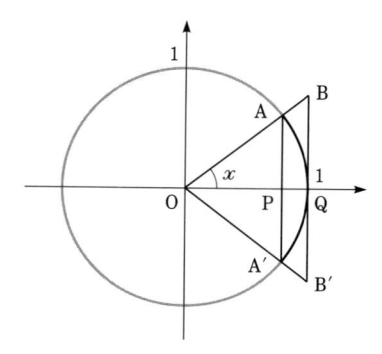

図 5.8

(5.9) 式が成り立つことは面積の比較を行うことによっても説明できる．まず，不等式

$$\frac{1}{\cos x} > \frac{\sin x}{x} > \cos x \tag{5.10}$$

を示そう．

いま $x > 0$ として，図 5.8 における，$\triangle \mathrm{OAA'}$，扇形 $\mathrm{OAA'}$，$\triangle \mathrm{OBB'}$ の面積をそれぞれ S_1, S_2, S_3 とおくと

$$S_1 < S_2 < S_3$$

が成り立つ．また，$\mathrm{AA'} = 2\sin x$，$\mathrm{OP} = \cos x$，弧 $\mathrm{AA'} = 2x$，$\mathrm{OQ} = 1$，$\mathrm{BB'} = 2\tan x$ であるから，これらを上式に代入すれば

$$\frac{1}{2}(2\sin x \cdot \cos x) < \frac{1}{2}(2x \cdot 1^2) < \frac{1}{2}(2\tan x \cdot 1)$$

である．両辺を $\sin x$ で割ると

$$\cos x < \frac{x}{\sin x} < \frac{1}{\cos x}$$

となり，逆数をとると (5.10) を得る．ここで $x \to 0$ とすると，$\cos x \to 1$ であるから (5.9) が得られる．なお，$x < 0$ のときは，$-x > 0$ であるから

$$\frac{\sin x}{x} = \frac{-\sin x}{-x} = \frac{\sin(-x)}{(-x)} \to 1 \quad (x \to 0)$$

となり，やはり (5.9) が成り立つ．

例題 5.1

次の極限を求めよ．
$$\lim_{x \to 0} \frac{\cos x - 1}{x}$$

【解】 まず，極限が確定する形に変形する．
$$\frac{\cos x - 1}{x} = \frac{(\cos x - 1)(\cos x + 1)}{x(\cos x + 1)} = \frac{-\sin^2 x}{x(\cos x + 1)}$$
$$= -\sin x \cdot \frac{\sin x}{x} \cdot \frac{1}{\cos x + 1}$$

であるから，
$$\sin x \to 0, \quad \frac{\sin x}{x} \to 1, \quad \cos x + 1 \to 2 \qquad (x \to 0)$$

を用いると
$$\lim_{x \to 0} \frac{\cos x - 1}{x} = 0$$

が得られる． □

三角関数の微分

$\sin x$ の微分は，公式 (5.9) を用いると
$$\frac{d}{dx}\sin x = \cos x \tag{5.11}$$

で与えられる．

なぜなら
$$\frac{\sin(x+h) - \sin x}{h} = \frac{\sin x \cos h + \cos x \sin h - \sin x}{h}$$
$$= \frac{\sin x (\cos h - 1) + \cos x \sin h}{h}$$
$$= \sin x \cdot \frac{\cos h - 1}{h} + \cos x \cdot \frac{\sin h}{h}$$

であり，例題 5.1 と (5.9) を用いると
$$\lim_{h \to 0} \frac{\sin(x+h) - \sin x}{h} = \cos x$$

となるからである．

$\cos x$ の微分については，関係式 $\cos x = \sin\left(\dfrac{\pi}{2} - x\right)$ に (5.11) および合成関数の微分を適用することによって

$$\frac{d}{dx}\cos x = -\sin x \tag{5.12}$$

が得られる．

$\tan x$ の微分については，$\tan x = \dfrac{\sin x}{\cos x}$ であることを用いると，分数関数の微分公式 (2.6) より

$$\frac{d}{dx}\tan x = \frac{(\sin x)'\cos x - \sin x\,(\cos x)'}{\cos^2 x} = \frac{1}{\cos^2 x} = 1 + \tan^2 x \tag{5.13}$$

となる．

問題 1 次の関数を微分せよ．
（1） $\sin 2x$ 　　　　（2） $\cos^2 x$ 　　　　（3） $\tan(1+x^2)$

5.4 逆三角関数

関数 $f(x) = \sin x$ は区間 $-\infty < x < \infty$ では単調でないが，定義域を $-\dfrac{\pi}{2} \leq x \leq \dfrac{\pi}{2}$ に制限すると，$-1 \leq f(x) \leq 1$ の単調増加関数となり逆関数をもつ．この逆関数を**アークサインエックス**といい $\mathrm{Sin}^{-1} x$ あるいは $\mathrm{Arcsin}\, x$ と書く（図 5.9 参照）．

> **定義**　　$y = \mathrm{Sin}^{-1} x \iff \sin y = x, \quad -\dfrac{\pi}{2} \leq y \leq \dfrac{\pi}{2}$

関数 $f(x) = \cos x$ についても，定義域を $0 \leq x \leq \pi$ に制限すると，単調減少関数となり逆関数をもつ．これを**アークコサインエックス**といい $\mathrm{Cos}^{-1} x$ あるいは $\mathrm{Arccos}\, x$ と書く（図 5.10 参照）．

> **定義**　　$y = \mathrm{Cos}^{-1} x \iff \cos y = x, \quad 0 \leq y \leq \pi$

図 5.9　　　　　　　　　　　図 5.10

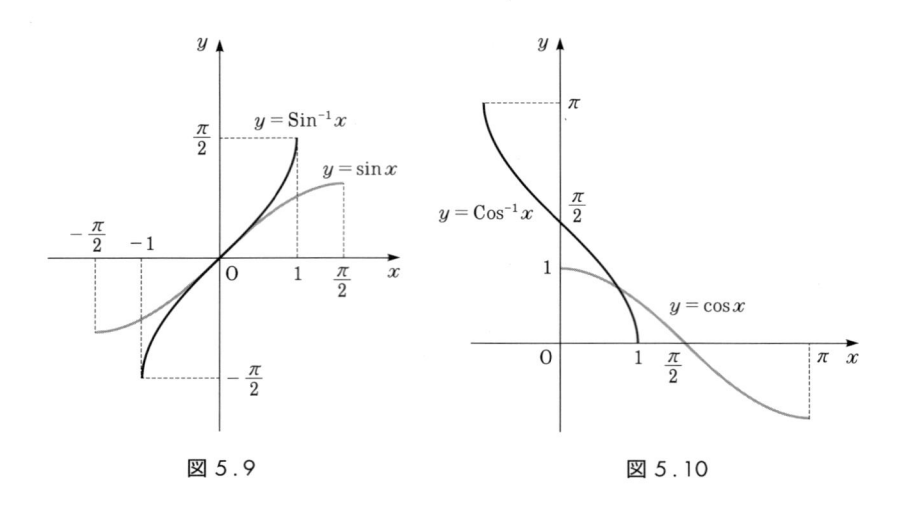

関数 $\mathrm{Sin}^{-1}x$ と $\mathrm{Cos}^{-1}x$ の間には関係式

$$\mathrm{Cos}^{-1}x = \frac{\pi}{2} - \mathrm{Sin}^{-1}x \quad (-1 \leq x \leq 1) \tag{5.14}$$

が成り立つ．なぜならば，$y = \mathrm{Sin}^{-1}x$ とおくと

$$x = \sin y = \cos\left(\frac{\pi}{2} - y\right) \quad \left(-\frac{\pi}{2} \leq y \leq \frac{\pi}{2}\right)$$

であり，$0 \leq \frac{\pi}{2} - y \leq \pi$ に注意すると

$$\mathrm{Cos}^{-1}x = \frac{\pi}{2} - y$$

となるからである．

関数 $f(x) = \tan x$ についても同様に $-\frac{\pi}{2} < x < \frac{\pi}{2}$ に制限すると，単調増加関数となり逆関数をもつ．これを**アークタンジェントエックス**といい $\mathrm{Tan}^{-1}x$ あるいは $\mathrm{Arctan}\,x$ と書く（図 5.11 参照）．

定義　　$y = \mathrm{Tan}^{-1}x \iff \tan y = x, \quad -\frac{\pi}{2} < y < \frac{\pi}{2}$

5.4 逆三角関数

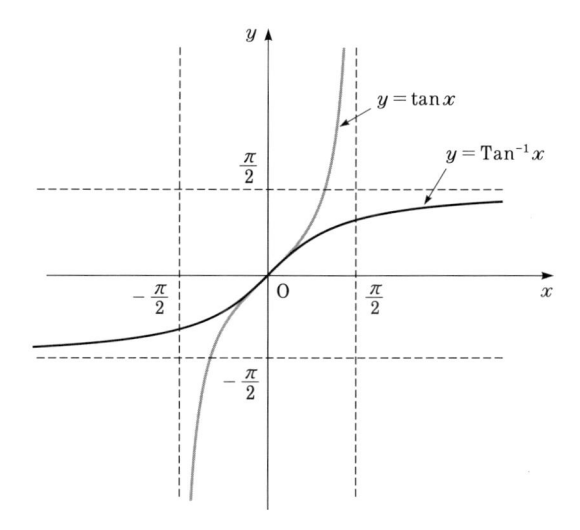

図 5.11

逆三角関数の微分　$\mathrm{Sin}^{-1} x$ の微分は,

$$\frac{d}{dx} \mathrm{Sin}^{-1} x = \frac{1}{\sqrt{1-x^2}} \qquad (-1 < x < 1) \qquad (5.15)$$

で与えられる.

なぜならば, $y = \mathrm{Sin}^{-1} x$ とおくと, $\sin y = x$ （ただし, $-\frac{\pi}{2} < y < \frac{\pi}{2}$）であり, $\cos y > 0$ に注意すると

$$\frac{dy}{dx} = \frac{1}{\frac{dx}{dy}} = \frac{1}{\frac{d \sin y}{dy}} = \frac{1}{\cos y} = \frac{1}{\sqrt{1-\sin^2 y}} = \frac{1}{\sqrt{1-x^2}}$$

となるからである.

関数 $\mathrm{Cos}^{-1} x$ の微分については, (5.14) の両辺を微分し (5.15) を用いることにより

$$\frac{d}{dx} \mathrm{Cos}^{-1} x = -\frac{1}{\sqrt{1-x^2}} \qquad (-1 < x < 1) \qquad (5.16)$$

が成り立つ.

$\text{Tan}^{-1} x$ の微分については，公式

$$\frac{d}{dx} \text{Tan}^{-1} x = \frac{1}{1+x^2} \tag{5.17}$$

が成り立つ．なぜならば $y = \text{Tan}^{-1} x$ とおくと $\tan y = x$ であり，

$$\frac{dy}{dx} = \frac{1}{\frac{dx}{dy}} = \frac{1}{\frac{d\tan y}{dy}} = \frac{1}{1+\tan^2 y} = \frac{1}{1+x^2}$$

となるからである．

問題 1 次の関数を微分せよ．

（1） $\text{Sin}^{-1} \dfrac{x}{2}$ （2） $\text{Cos}^{-1} x^2$ （3） $\text{Tan}^{-1} \dfrac{x}{2}$

5.5 対数微分法

関数 $y = f(x)$ が微分可能とする．このとき $z = \log y$ とおくと，合成関数の微分の公式 (2.8) より

$$\frac{dz}{dx} = \frac{dz}{dy}\frac{dy}{dx} = \frac{1}{y} \cdot \frac{dy}{dx}$$

となるから，次の公式が成り立つ．

$$(\log y)' = \frac{y'}{y}.$$

与えられた関数の対数をとり，この公式を用いて微分 y' を求める方法を**対数微分法**という．

例 1

対数微分法を用いて，α が有理数のときはすでに証明済みの公式

$$\frac{d}{dx} x^\alpha = \alpha x^{\alpha-1} \quad (x > 0) \tag{5.18}$$

が任意の実数 α についても成り立つことを確認しよう．

$y = x^\alpha$ とおき，両辺の対数をとると $\log y = \alpha \log x$．両辺を x で微分すると

$$\frac{y'}{y} = \alpha \frac{1}{x}, \quad \text{すなわち} \quad y' = \alpha x^{-1} y = \alpha x^{-1} \cdot x^\alpha = \alpha x^{\alpha-1}. \quad \blacklozenge$$

例題 5.2

正の数 a を底とする指数関数 a^x を微分せよ．

【解】 $y = a^x$ とおき，両辺の対数をとると，
$$\log y = x \log a$$
となる．ここで両辺を x で微分すると，
$$\frac{y'}{y} = \log a, \quad \text{すなわち} \quad y' = (\log a) y$$
が得られ，
$$\frac{dy}{dx} = (\log a) a^x$$
となる．

（別解） $\quad y = a^x = e^{\log a^x} = e^{x \log a}$

であるから，合成関数の微分の公式を用いると，
$$y' = (x \log a)' e^{x \log a} = (\log a) e^{x \log a} = (\log a) a^x$$
が得られる． □

2 変数関数の微分についても，対数微分法を用いることができる．

例題 5.3

関数 $f(t, \lambda) = t^\lambda$ について $\dfrac{\partial f}{\partial \lambda}(t, \lambda)$ を求めよ．

【解】 対数微分法を用いると，
$$\frac{\partial}{\partial \lambda}(t^\lambda) = \left(\frac{\partial}{\partial \lambda} \log t^\lambda\right) t^\lambda = \left(\frac{\partial}{\partial \lambda} \lambda \log t\right) t^\lambda = (\log t) t^\lambda.$$

（別解） $t^\lambda = e^{\lambda \log t}$ であるから，これに合成関数の微分の公式を用いると，
$$\frac{\partial}{\partial \lambda}(t^\lambda) = \frac{\partial}{\partial \lambda}(e^{\lambda \log t}) = \left(\frac{\partial}{\partial \lambda} \lambda \log t\right) e^{\lambda \log t} = (\log t) e^{\lambda \log t} = (\log t) t^\lambda. \quad \square$$

問題 1 次の関数を微分せよ．
（1） $x^x \quad (x > 0)$ （2） 2^{x^2} （3） $2^x \log x$

問題 2 次の関数を，x および y について偏微分せよ．
（1） e^{xy} （2） $x^y \quad (x > 0)$

5.6 積分法のまとめ

これまでいろいろな関数の定義とその微分法について考えてきた．これらをもとにして，いろいろな関数を含む不定積分を公式としてまとめておくことにしよう．

基本的な不定積分の公式 I

(1) $\displaystyle\int kf(x)\,dx = k\int f(x)\,dx$ （ k ：定数 ）

(2) $\displaystyle\int \{f(x) \pm g(x)\}\,dx = \int f(x)\,dx \pm \int g(x)\,dx$

(3) $\displaystyle\int f(x)\,dx = \int f(x(t))\frac{dx}{dt}\,dt$ （ 置換積分法 ）

(4) $\displaystyle\int f'(x)\,g(x)\,dx = f(x)\,g(x) - \int f(x)\,g'(x)\,dx$

（ 部分積分法 ）

具体的な関数の不定積分の公式 II　（ C は積分定数 ）

(1) $\displaystyle\int a\,dx = ax + C$

$\displaystyle\int x^m\,dx = \frac{1}{m+1}x^{m+1} + C$ （ $m \neq -1$ ）

(2) $\displaystyle\int \frac{1}{x}\,dx = \log|x| + C$

$\displaystyle\int \frac{dx}{x+a} = \log|x+a| + C$

$\displaystyle\int \frac{dx}{x^2-a^2} = \frac{1}{2a}\log\left|\frac{x-a}{x+a}\right| + C$

(3) $\displaystyle\int e^{mx}\,dx = \frac{1}{m}e^{mx} + C$ （ $m \neq 0$ ）

$\displaystyle\int a^{mx}\,dx = \frac{1}{m\log a}a^{mx} + C$ $\begin{pmatrix} m \neq 0, \\ a > 0,\ a \neq 1 \end{pmatrix}$

(4) $\displaystyle\int \sin mx\, dx = -\frac{1}{m}\cos mx + C$ $\qquad (m \neq 0)$

$\displaystyle\int \cos mx\, dx = \frac{1}{m}\sin mx + C$ $\qquad (m \neq 0)$

$\displaystyle\int \sec^2 mx\, dx = \frac{1}{m}\tan mx + C$ $\qquad (m \neq 0)$

$\displaystyle\int \mathrm{cosec}^2 mx\, dx = -\frac{1}{m}\cot mx + C$ $\qquad (m \neq 0)$

ただし，$\mathrm{cosec}\, x = \dfrac{1}{\sin x}$，$\sec x = \dfrac{1}{\cos x}$，$\cot x = \dfrac{1}{\tan x}$ である[*]．

(5) $\displaystyle\int \frac{dx}{\sqrt{a^2 - x^2}} = \mathrm{Sin}^{-1}\frac{x}{a} + C$ $\qquad (a > 0)$

$\displaystyle\int \frac{dx}{x^2 + a^2} = \frac{1}{a}\mathrm{Tan}^{-1}\frac{x}{a} + C$ $\qquad (a > 0)$

(6) $\displaystyle\int \frac{dx}{\sqrt{x^2 + k}} = \log|x + \sqrt{x^2 + k}| + C$

例題 5.4

積分 $\displaystyle\int \frac{1}{e^x + 1}\, dx$ を計算せよ．

【解】 $t = e^x$ とおき，両辺を x で微分すると $\dfrac{dt}{dx} = e^x$ であるから，$dx = \dfrac{1}{t}dt$ である．したがって

$\displaystyle [\text{与式}] = \int \frac{1}{t+1}\cdot\frac{1}{t}\, dt \qquad (\text{置換積分})$

$\displaystyle \phantom{[\text{与式}]} = \int \left\{\frac{1}{t} - \frac{1}{t+1}\right\} dt$

$\displaystyle \phantom{[\text{与式}]} = \log|t| - \log|t+1| + C = \log\left|\frac{t}{t+1}\right| + C$

$\displaystyle \phantom{[\text{与式}]} = \log \frac{e^x}{e^x + 1} + C. \quad \square$

---

[*] 関数 cosec はコセカント，sec はセカント，cot はコタンゼントと読む．

例題 5.5

積分 $\displaystyle\int x \log x \, dx$ を計算せよ.

【解】
$$\text{[与式]} = \int \left(\frac{x^2}{2}\right)' \log x \, dx$$
$$= \frac{x^2}{2} \log x - \int \frac{x^2}{2} (\log x)' \, dx \quad (\text{部分積分})$$
$$= \frac{x^2}{2} \log x - \int \frac{x^2}{2} \cdot \frac{1}{x} \, dx$$
$$= \frac{1}{2} x^2 \log x - \frac{1}{4} x^2 + C. \quad \square$$

例題 5.6

積分 $\displaystyle\int \mathrm{Sin}^{-1} x \, dx$ を計算せよ.

【解】 $1 = (x)'$ であることを利用して部分積分を用いる.
$$\text{[与式]} = \int x' \, \mathrm{Sin}^{-1} x \, dx$$
$$= x \, \mathrm{Sin}^{-1} x - \int x \frac{1}{\sqrt{1-x^2}} \, dx$$
$$= x \, \mathrm{Sin}^{-1} x + \sqrt{1-x^2} + C. \quad \square$$

例題 5.7

積分 $\displaystyle\int \sin^2 x \cos^3 x \, dx$ を計算せよ.

【解】 $t = \sin x$ とおき, 両辺を x で微分すると $\dfrac{dt}{dx} = \cos x$ であるから, $\cos x \, dx = dt$ である. したがって
$$\text{[与式]} = \int \sin^2 x \, (1 - \sin^2 x) \cos x \, dx = \int t^2 (1 - t^2) \, dt$$
$$= \int (t^2 - t^4) \, dt = \frac{1}{3} t^3 - \frac{1}{5} t^5 + C$$
$$= \frac{1}{3} \sin^3 x - \frac{1}{5} \sin^5 x + C. \quad \square$$

問題 1 次の関数の不定積分を求めよ.

(1) $x e^x$ (2) $x^2 \log x$ (3) $\mathrm{Tan}^{-1} x$

5.7 有理関数の積分

2つの整式 $f(x)$, $g(x)$ ($g(x) \neq 0$) の商 $\dfrac{f(x)}{g(x)}$ (分数関数) で表される関数を**有理関数**という．ここでは有理関数の積分について考えよう．分子の次数が分母より高いときは割り算を行うことにし，ここでは分子の次数が分母の次数より低い場合について考える．

このとき，有理関数の積分は，被積分関数を**部分分数分解**し，分解した各項を積分することによって求めることができる．

部分分数分解とは，次の例題5.8のように有理関数を簡単な分数式

$$\frac{A}{x-a}, \quad \frac{B}{(x-a)^2}, \quad \cdots, \quad \frac{Px+Q}{x^2+bx+c}, \quad \frac{Rx+S}{(x^2+bx+c)^2}, \quad \cdots$$

などの和に直すことをいう．

例題 5.8

次の分数関数を部分分数に分解せよ．

(1) $\dfrac{x+7}{x^2+2x-3}$ (2) $\dfrac{x^2-2}{(x-1)^3}$ (3) $\dfrac{x^2+x+1}{(x^2+1)^2}$

【解】(1) $\dfrac{x+7}{x^2+2x-3} = \dfrac{x+7}{(x-1)(x+3)} = \dfrac{A}{x-1} + \dfrac{B}{x+3}$

とおいて A, B を決める．両辺の分母を払うと

$$x+7 = A(x+3) + B(x-1)$$

となる．この式で，$x=1$ とおいて $A=2$，また，$x=-3$ とおいて $B=-1$ が得られる．したがって

$$\frac{x+7}{x^2+2x-3} = \frac{2}{x-1} - \frac{1}{x+3}.$$

(2) $\dfrac{x^2-2}{(x-1)^3} = \dfrac{A}{x-1} + \dfrac{B}{(x-1)^2} + \dfrac{C}{(x-1)^3}$

とおいて A, B, C を決める．すなわち，

$$x^2 - 2 = A(x-1)^2 + B(x-1) + C$$

であるから，(1)と同様にして $A=1$, $B=2$, $C=-1$ が得られる．したがって

$$\frac{x^2-2}{(x-1)^3} = \frac{1}{x-1} + \frac{2}{(x-1)^2} - \frac{1}{(x-1)^3}.$$

（3）
$$\frac{x^2+x+1}{(x^2+1)^2} = \frac{Ax+B}{x^2+1} + \frac{Cx+D}{(x^2+1)^2}$$

とおいて A, B, C, D を決める．すなわち，
$$x^2 + x + 1 = (Ax+B)(x^2+1) + (Cx+D)$$
$$= Ax^3 + Bx^2 + (A+C)x + B + D$$

であるから，$A=0$, $B=1$, $C=1$, $D=0$ が得られる．したがって，
$$\frac{x^2+x+1}{(x^2+1)^2} = \frac{1}{x^2+1} + \frac{x}{(x^2+1)^2}. \quad \square$$

注意 1 例題 5.8 の (1), (2) のように分母が 1 次式で因数分解されるときは，分子は定数となる．(3) のように，分母が実数の範囲では 2 次式までしか因数分解されないときは，分子は高々 1 次式（定数または 1 次式）の部分分数に分解される．したがって，有理関数の積分は次の 3 つのタイプの積分で求めることができる（ただし $a \neq 0$ であり，積分定数は省略する）．

（ⅰ） $\displaystyle \int \frac{1}{(x-a)^n} \, dx = \begin{cases} \log|x-a| & (n=1), \\ \dfrac{1}{(1-n)(x-a)^{n-1}} & (n \neq 1). \end{cases}$

（ⅱ） $\displaystyle \int \frac{x}{(x^2+a^2)^n} \, dx = \begin{cases} \dfrac{1}{2}\log(x^2+a^2) & (n=1), \\ \dfrac{1}{2(1-n)(x^2+a^2)^{n-1}} & (n \neq 1). \end{cases}$

（ⅲ） $\displaystyle \int \frac{1}{(x^2+a^2)^n} \, dx = \begin{cases} \dfrac{1}{a} \operatorname{Tan}^{-1} \dfrac{x}{a} & (n=1), \\ \text{漸化式} & (n \geq 2). \end{cases}$

（ⅰ）の結果は $n \neq 1$ のとき，「具体的な関数の不定積分の公式Ⅱ」の (1) を用いればよい．また $n=1$ のときは (2) を用いれば得られる．（ⅱ）を示すには $t = x^2 + a^2$ とおいて置換積分の公式を用いる．（ⅲ）の結果のうち，$n=1$ の場合は不定積分の公式Ⅱの (5) を用いればよい．$n \geq 2$ の場合は
$$I_n = \int \frac{1}{(x^2+a^2)^n} \, dx$$

として部分積分を用いると，次の漸化式が得られる．
$$I_n = \frac{1}{a^2} \left\{ \frac{x}{2(n-1)(x^2+a^2)^{n-1}} + \frac{2n-3}{2n-2} I_{n-1} \right\} \quad (n \geq 2). \tag{5.19}$$

例題 5.9

次の有理関数の不定積分を求めよ.

（1） $\dfrac{x+7}{x^2+2x-3}$ 　（2） $\dfrac{x^2-2}{(x-1)^3}$ 　（3） $\dfrac{x^2+x+1}{(x^2+1)^2}$

【解】 例題 5.8 と上で述べた注意の（ⅰ），（ⅱ），（ⅲ）を用いると以下のようになる．

（1） $\displaystyle\int \dfrac{x+7}{x^2+2x-3}\,dx = \int \dfrac{2}{x-1}\,dx - \int \dfrac{1}{x+3}\,dx$

$$= 2\log|x-1| - \log|x+3| = \log\left|\dfrac{(x-1)^2}{x+3}\right| + C$$

（2） $\displaystyle\int \dfrac{x^2-2}{(x-1)^3}\,dx = \int \dfrac{1}{x-1}\,dx + \int \dfrac{2}{(x-1)^2}\,dx - \int \dfrac{1}{(x-1)^3}\,dx$

$$= \log|x-1| - \dfrac{2}{x-1} + \dfrac{1}{2(x-1)^2} + C$$

（3） $\displaystyle\int \dfrac{x^2+x+1}{(x^2+1)^2}\,dx = \int \dfrac{1}{x^2+1}\,dx + \int \dfrac{x}{(x^2+1)^2}\,dx$

$$= \mathrm{Tan}^{-1}x - \dfrac{1}{2(x^2+1)} + C. \quad \square$$

例題 5.10

積分 $\displaystyle\int \dfrac{1}{(x^2+1)^2}\,dx$ を計算せよ.

【解】 $I_2 = \displaystyle\int \dfrac{dx}{(x^2+1)^2}$ とおくと，漸化式 (5.19) ($n=2$, $a=1$) より

$$I_2 = \dfrac{1}{2(2-1)} \cdot \dfrac{x}{(x^2+1)^{2-1}} + \dfrac{2\cdot 2 - 3}{2\cdot 2 - 2} I_{2-1}$$

$$= \dfrac{x}{2(x^2+1)} + \dfrac{1}{2}\mathrm{Tan}^{-1}x + C. \quad \square$$

注意 2 これまで分母が因数分解できない例として x^2+1 を取り扱ったが，一般の x^2+px+q の場合は，2 次式を置換によって X^2+a^2 の形に変形すればよい．例えば

$$\int \dfrac{1}{x^2+2x+5}\,dx = \int \dfrac{1}{(x+1)^2+2^2}\,dx$$

とし，$X = x+1$ とおけば公式（ⅲ）が使えるわけである．

注意 3 有理関数はいつでも不定積分を求めることができる．しかし，無理関数などの積分は一般には求められない．ただし，変数変換などにより有理関数に帰着できる場合は，本節の結果を用いて求めることができる．

例えば，三角関数から有理関数へ変換する式として
$$t = \tan \frac{x}{2}$$
がよく用いられる．この式の逆変換は，
$$\frac{x}{2} = \text{Tan}^{-1} t \quad \text{より} \qquad x = 2 \text{Tan}^{-1} t$$
であるから，公式 (5.17) より
$$\frac{dx}{dt} = \frac{2}{1+t^2}$$
となる．また，$\sin x$, $\cos x$ については，加法定理 (5.7), (5.8) および
$$\cos^2 \frac{x}{2} + \sin^2 \frac{x}{2} = 1$$
を用いて
$$\sin x = \sin\left(\frac{x}{2} + \frac{x}{2}\right) = \frac{2 \sin \frac{x}{2} \cos \frac{x}{2}}{\cos^2 \frac{x}{2} + \sin^2 \frac{x}{2}} = \frac{2 \tan \frac{x}{2}}{1 + \tan^2 \frac{x}{2}} = \frac{2t}{1+t^2},$$
$$\cos x = \cos\left(\frac{x}{2} + \frac{x}{2}\right) = \frac{\cos^2 \frac{x}{2} - \sin^2 \frac{x}{2}}{\cos^2 \frac{x}{2} + \sin^2 \frac{x}{2}} = \frac{1 - \tan^2 \frac{x}{2}}{1 + \tan^2 \frac{x}{2}} = \frac{1-t^2}{1+t^2}$$
が得られる．

例 1

$$\int \frac{dx}{\sin x} = \int \frac{1+t^2}{2t} \cdot \frac{2\,dt}{1+t^2} = \int \frac{dt}{t} = \log |t| = \log \left| \tan \frac{x}{2} \right|. \qquad \blacklozenge$$

問題 1 次の関数の不定積分を求めよ．

(1) $\dfrac{x-1}{(x-3)(x+2)}$ (2) $\dfrac{2x+3}{x^2+3x+2}$ (3) $\dfrac{1}{(x-1)^2(x-2)}$

(4) $\dfrac{1}{x^3+1}$ (5) $\dfrac{2x+1}{x^2+2x+2}$ (6) $\dfrac{2x}{(x+1)(x^2+1)}$

問題 2 次の関数の不定積分を求めよ．

(1) $\dfrac{1}{\cos x}$ (2) $\dfrac{1}{2+\sin x}$

5.8 広義の積分

積分区間で有界でない関数の定積分　有界でない関数，例えば $\dfrac{1}{\sqrt{x}}$ を 0 から 1 まで積分したいとき，積分を次のように定義する．

$$\int_0^1 \frac{1}{\sqrt{x}}\,dx := \lim_{\epsilon \to +0} \int_\epsilon^1 \frac{1}{\sqrt{x}}\,dx. \qquad (5.20)$$

このような積分を**広義の積分**（**特異積分**）という．右辺の極限が存在するとき，広義の積分は収束するという．

なお，記号 $:=$ は定義式であることを明示するために用いる．

例 1

（1）$\displaystyle\int_0^1 \frac{1}{\sqrt{x}}\,dx = \lim_{\epsilon \to +0} \int_\epsilon^1 \frac{1}{\sqrt{x}}\,dx = \lim_{\epsilon \to +0}\Big[2\sqrt{x}\,\Big]_\epsilon^1 = \lim_{\epsilon \to +0}(2 - 2\sqrt{\epsilon}) = 2.$

（2）$\displaystyle\int_0^1 \frac{1}{x}\,dx = \lim_{\epsilon \to +0}\int_\epsilon^1 \frac{1}{x}\,dx = \lim_{\epsilon \to +0}\Big[\log x\Big]_\epsilon^1 = \lim_{\epsilon \to +0}(-\log \epsilon) = \infty.$

ゆえに $\displaystyle\int_0^1 \frac{1}{x}\,dx$ は存在しない．◆

積分区間が無限区間の場合の定積分　積分を無限区間で行うとき，例えば $\dfrac{1}{x^2}$ を 1 から ∞ まで積分したいときは次のように定義する．

$$\int_1^\infty \frac{1}{x^2}\,dx := \lim_{R \to \infty} \int_1^R \frac{1}{x^2}\,dx. \qquad (5.21)$$

このような積分も**広義の積分**（**無限積分**）という．右辺の極限が存在するとき，広義の積分は収束するという．

例 2

（1）$\displaystyle\int_1^\infty \frac{1}{x^2}\,dx = \lim_{R \to \infty}\int_1^R \frac{1}{x^2}\,dx = \lim_{R \to \infty}\Big[-\frac{1}{x}\Big]_1^R = \lim_{R \to \infty}\Big(-\frac{1}{R} + 1\Big) = 1.$

（2）$\displaystyle\int_1^\infty \frac{1}{x}\,dx = \lim_{R \to \infty}\int_1^R \frac{1}{x}\,dx = \lim_{R \to \infty}\Big[\log x\Big]_1^R = \lim_{R \to \infty}(\log R) = \infty.$

ゆえに $\displaystyle\int_1^\infty \frac{1}{x}\,dx$ は存在しない．◆

注意 1 積分区間で有限でない関数の定積分 (5.20) と積分区間が無限区間の場合の定積分 (5.21) は本質的に同じものであることに注意しよう．例えば，例 1 (1) の積分で $x = \dfrac{1}{t^2}$ とすると

$$\int_0^1 \frac{1}{\sqrt{x}}\,dx = \int_\infty^1 t\cdot\left(-\frac{2}{t^3}\right)dt = \int_1^\infty \frac{2}{t^2}\,dt$$

となるからである．

問題 1 次の広義の積分の結果を確認せよ．

（1） $\displaystyle\int_0^1 \frac{dx}{x^a} = \begin{cases} \dfrac{1}{1-a} & (0<a<1), \\ \text{存在しない} & (a\geq 1) \end{cases}$

（2） $\displaystyle\int_1^\infty \frac{dx}{x^a} = \begin{cases} \text{存在しない} & (0<a\leq 1), \\ \dfrac{1}{a-1} & (a>1) \end{cases}$

問題 2 次の広義の積分を計算せよ．

（1） $\displaystyle\int_0^\infty e^{-x}\,dx$ 　　（2） $\displaystyle\int_0^\infty x e^{-x}\,dx$ 　　（3） $\displaystyle\int_{-\infty}^\infty \frac{1}{1+x^2}\,dx$

第 5 章　練習問題

1. 次の関数を微分せよ．

（1）　$y = \sqrt{x} + \dfrac{1}{\sqrt{x}}$　　（2）　$y = \sqrt{x^3 - x}$　　（3）　$y = e^{-(x-a)^2}$

（4）　$y = x\log x - x$　　（5）　$y = x e^{ax^2+b}$　　（6）　$y = \log\dfrac{a+x}{a-x}$

（7）　$y = \sin(x^3 + 2x^2)$　　（8）　$y = \cos(x^3 - x)$　　（9）　$y = \tan(x^2)$

（10）　$y = \mathrm{Sin}^{-1}(1-x)$　　（11）　$y = \mathrm{Cos}^{-1}\dfrac{x}{a}$　　（12）　$y = \mathrm{Tan}^{-1}\dfrac{x}{a}$

（13）　$y = (x^3 + x)^5$　　（14）　$y = x\sqrt{a^2 - x^2}$　　（15）　$y = (\sin x)^n$

（16）　$y = \log\left|\dfrac{1+\sqrt{x}}{1-\sqrt{x}}\right|$　　（17）　$y = (\tan x)^x$　　（18）　$y = (\log x)^x$

2. 次の関数を積分せよ．（$a > 0$：定数）

（1）　$(x+1)^3$　　（2）　$x(x^2+1)^2$　　（3）　$x e^x$

（4） $x^2 e^x$ （5） $x e^{-x^2}$ （6） $\dfrac{\log x}{x}$

（7） $\dfrac{(\log x)^2}{x}$ （8） $\dfrac{\log x}{x^2}$ （9） $x \log(x^2+3)$

（10） $\log(x^2+1)$ （11） $x \sin x$ （12） $x \sin 2x$

（13） $x \cos 3x$ （14） $x \sec^2 x$ （15） $x^2 \sin x$

（16） $\sin^3 x$ （17） $\cos^4 x$ （18） $\sin^4 x \cos^3 x$

（19） $\tan x$ （20） $\cot x$ （21） $\dfrac{1}{1-\cos x}$

（22） $\dfrac{1}{\sin x}$ （23） $\mathrm{Tan}^{-1} x$ （24） $x \mathrm{Tan}^{-1} x$

（25） $\sin 5x \cos x$ （26） $\sinh \dfrac{x}{a}$ （27） $\cosh \dfrac{x}{a}$

ただし，$\sinh x = \dfrac{e^x - e^{-x}}{2}$, $\cosh x = \dfrac{e^x + e^{-x}}{2}$ である[*]．

3. 次の関数を積分せよ．（$a, b > 0$：定数）

（1） $\dfrac{1}{x^2-4}$ （2） $\dfrac{1}{x^2+3}$ （3） $\dfrac{x}{x^4+1}$

（4） $\dfrac{1}{x^2+2x+2}$ （5） $\dfrac{3}{x^2+x+1}$ （6） $\dfrac{x^2}{x^2+4}$

（7） $\dfrac{1}{\sqrt{9-x^2}}$ （8） $\dfrac{1}{\sqrt{x^2+2}}$ （9） $\dfrac{x}{\sqrt{1+x}}$

（10） $\sqrt{5x+4}$ （11） $x\sqrt{x-5}$ （12） $x\sqrt{a^2-x^2}$

（13） $\dfrac{x}{\sqrt{a^2-x^2}}$ （14） $\dfrac{1}{\sqrt{x(1-x)}}$ （15） $\sqrt{x^2+a^2}$

（16） $x \log(x+\sqrt{1+x^2})$ （17） $\dfrac{x^2+5x+4}{(x+2)(x^2+2x+2)}$

（18） $\dfrac{1}{x\sqrt{x-1}}$ （19） $\dfrac{e^x}{e^{2x}-3e^x+2}$

（20） $\dfrac{\cos x}{\sin^2 x + 3\sin x}$ （21） $\dfrac{1}{a^2 \cos^2 x + b^2 \sin^2 x}$

---

[*] このような関数を双曲線関数といい，例えば sinh はハイパボリックサインと読む．

第6章

テイラー展開

　応用上しばしば，関数を多項式で近似することが必要となる．近似することにより，おおざっぱな値を得ようとするのである．数学的には，本章の主題であるテイラー展開を行っていることに他ならない．テイラー展開は，関数がまとっているベールを一つ一つ剥がし，その本質を見るような操作であるといってもよい．実際，いろいろな関数を多項式で近似すると，それぞれの関数がもつ特徴や関数同士のつながりが，より鮮明に浮かび上がってくる．

6.1 数列と級数

数列　自然数 $1, 2, \cdots, n, \cdots$ に対応して数(実数)を並べた

$$a_1, \quad a_2, \quad \cdots, \quad a_n, \quad \cdots$$

を**数列**といい $\{a_n\}$ で表す．

n が限りなく大きくなるとき，a_n が限りなく a に近づくならば，a_n は a に**収束する**という．このとき a を $\{a_n\}$ の極限値といい

$$\lim_{n \to \infty} a_n = a$$

と書く．このことは

$$n \to \infty \quad \text{ならば} \quad |a_n - a| \to 0$$

と表現することもできる．

例 1

数列 $\left\{\left(\dfrac{1}{2}\right)^n\right\}$ は

$$\frac{1}{2}, \ \frac{1}{4}, \ \frac{1}{8}, \ \frac{1}{16}, \ \frac{1}{32}, \ \cdots$$

であるから，0 に収束する．すなわち

$$\lim_{n \to \infty} \left(\frac{1}{2}\right)^n = 0$$

である．一般に

$$|r| < 1 \quad \text{ならば} \quad \lim_{n \to \infty} r^n = 0 \tag{6.1}$$

である．◆

数列が収束しないとき**発散する**という．例えば，数列 $\{(-1)^n\}$ は有限の値 -1 と 1 を交互にとり振動していて収束しない．したがって，この数列 $\{(-1)^n\}$ は発散している．

特に，1.3 節で述べたのと同様，どんなに大きな数をもってきてもそれを乗り越えて限りなく大きくなることを無限大に発散するといい，負の値を取りながらその絶対値が限りなく大きくなることをマイナス無限大に発散する

という．例えば

$$\lim_{n\to\infty} 2^n = \infty$$

である．一般に

$$r > 1 \quad \text{ならば} \quad \lim_{n\to\infty} r^n = \infty \tag{6.2}$$

である．

有界な数列と単調な数列については次のように定義する．

有界な数列　数列 $\{a_n\}$ が**上に有界**であるとは，ある実数 b があって，すべての n に対して $a_n \leq b$ となることである．b を**上界**という．上界とは，集合 $\{a_1, a_2, a_3, \cdots\}$ より"上の世界"（値が大きい数の集合）を意味する．b は"上の世界"のメンバーの一員であるので b を上界とよぶ．"上の世界"があるということを**上に有界**という．同様に，ある実数 c があって，すべての n に対して $c \leq a_n$ となるとき，数列 $\{a_n\}$ は**下に有界**であるといい，c を**下界**という．上に有界かつ下に有界のとき単に**有界**という．すなわち，実数 b, c があって，すべての n に対して $c \leq a_n \leq b$ となるとき，数列 $\{a_n\}$ は単に有界であるという．

単調な数列　数列 $\{a_n\}$ が，すべての n について $a_n \leq a_{n+1}$ すなわち $a_1 \leq a_2 \leq a_3 \leq \cdots$ を満たすとき**単調増加数列**，一方，$a_n \geq a_{n+1}$ すなわち $a_1 \geq a_2 \geq a_3 \geq \cdots$ を満たすとき**単調減少数列**であるという．

実数の数列が単調増加で上に有界（あるいは単調減少で下に有界）ならば数列が収束するというのは納得しやすいことと思う．実際，実数の数列を考える場合，次の事実が基本となる．

基本性質（有界な単調数列の収束）　上に〔下に〕有界な単調増加〔減少〕数列は収束する．

この基本性質から極限値を求める例を考えよう．

例 2

1.1 節の例 1 で扱った数列

$$a_{n+1} = \frac{1}{2}\left(a_n + \frac{2}{a_n}\right) \quad (n = 1, 2, \cdots), \qquad a_1 = 2 \qquad (6.3)$$

の収束について考えてみよう．相加平均と相乗平均の関係を用いると

$$a_{n+1} = \frac{1}{2}\left(a_n + \frac{2}{a_n}\right) \geq \sqrt{a_n \cdot \frac{2}{a_n}} = \sqrt{2}$$

であるから，すべての n について $a_n \geq \sqrt{2}$，すなわち下に有界である．また，

$$a_{n+1} - a_n = -\frac{1}{2}\left(a_n - \frac{2}{a_n}\right) = -\frac{1}{2}\left(\frac{a_n^2 - 2}{a_n}\right) \leq 0$$

であるから $a_n \geq a_{n+1}$ ($n = 1, 2, \cdots$) すなわち単調減少である．したがって，この数列は下に有界であり単調減少であるから収束する．いま，その極限値を α と書くと，$\alpha \geq \sqrt{2}$ である．また，(6.3) において $n \to \infty$ とすると

$$\alpha = \frac{1}{2}\left(\alpha + \frac{2}{\alpha}\right)$$

となる．これより $\alpha^2 = 2$ が得られ，$\alpha \geq 2$ だから，$\alpha = \sqrt{2}$ となる． ◆

級数　　数列 $a_0, a_1, a_2, \cdots, a_n, \cdots$ に対して各項の形式的な和をとったもの

$$a_0 + a_1 + a_2 + \cdots + a_n + \cdots$$

を**無限級数**または単に**級数**といい

$$\sum_{k=0}^{\infty} a_k$$

と書く．第 n 項までの**部分和**

$$S_n = \sum_{k=0}^{n} a_k = a_0 + a_1 + a_2 + \cdots + a_n$$

を考え，数列 $\{S_n\}$ が収束するとき，すなわち

$$\lim_{n \to \infty} S_n = S \quad \left(= \sum_{k=0}^{\infty} a_n\right)$$

が存在するとき，級数は**収束**し，和は S であるという．また，極限値が存在しないとき，すなわち，収束しないとき，級数は**発散**するという．

例題 6.1

次の級数は収束するかどうか調べよ．

$$\sum_{k=0}^{\infty}\left(\frac{1}{2}\right)^k = 1 + \frac{1}{2} + \frac{1}{2^2} + \cdots + \frac{1}{2^n} + \cdots$$

【解】 これは等比級数である．次の例題の解にもあるように，部分和は

$$S_n = 1 + \frac{1}{2} + \frac{1}{2^2} + \cdots + \frac{1}{2^n} = \frac{1 - \left(\frac{1}{2}\right)^{n+1}}{1 - \frac{1}{2}} = 2\left\{1 - \left(\frac{1}{2}\right)^{n+1}\right\}$$

であり

$$\lim_{n \to \infty} S_n = 2$$

となるから収束する． □

例題 6.2

級数（初項 1，公比 r の等比級数）

$$\sum_{k=0}^{\infty} r^k = 1 + r + r^2 + \cdots + r^n + \cdots$$

の収束，発散について調べ，収束するときはその和を求めよ．

【解】 部分和を S_n とおくと

$$S_n - rS_n = 1 - r^{n+1}$$

であるから

$$S_n = \begin{cases} 1 + r + r^2 + \cdots + r^n = \dfrac{1 - r^{n+1}}{1 - r} & (r \neq 1), \\ 1 + 1 + 1 + \cdots + 1 = n & (r = 1) \end{cases}$$

である．したがって，$|r| < 1$ のとき

$$\lim_{n \to \infty} S_n = \lim_{n \to \infty} \frac{1 - r^{n+1}}{1 - r} = \frac{1}{1 - r}$$

であるから級数は収束し，

$$1 + r + r^2 + \cdots + r^n + \cdots = \frac{1}{1 - r}$$

となる．また，$|r| \geq 1$ のとき級数は発散する． □

注意 1 上の 2 つの例題からもわかるように，

「 級数 $\sum_{k=0}^{\infty} a_n$ が収束するならば $\lim_{n \to \infty} a_n = 0$ である．」

なぜなら，部分和を S_n とし，$\lim_{n \to \infty} S_n = S$ とおくと $a_n = S_n - S_{n-1}$ であるから

$$\lim_{n \to \infty} a_n = \lim_{n \to \infty} (S_n - S_{n-1}) = \lim_{n \to \infty} S_n - \lim_{n \to \infty} S_{n-1} = S - S = 0$$

となるからである．なお，この命題の逆は必ずしも成り立たない．すなわち，$\lim_{n \to \infty} a_n = 0$ であっても $\sum_{k=0}^{\infty} a_n$ が収束するとは限らない．例を一つあげておこう．

例題 6.3

級数

$$1 + \frac{1}{2} + \frac{1}{3} + \cdots + \frac{1}{n} + \cdots$$

の収束発散を調べよ．

【解】 第 n 項までの部分和を S_n とすると

$$S_n = 1 + \frac{1}{2} + \frac{1}{3} + \cdots + \frac{1}{n}$$

である．ところが，図 6.1 からわかるように関数 $y = \dfrac{1}{x}$ は各区間 $[k, k+1]$（$k = 1, 2, 3, \cdots$）で単調減少だから

$$\frac{1}{k} \geq \int_k^{k+1} \frac{1}{x} \, dx$$

である．したがって

$$S_n \geq \int_1^2 \frac{1}{x} \, dx + \int_2^3 \frac{1}{x} \, dx + \cdots + \int_n^{n+1} \frac{1}{x} \, dx$$

$$= \int_1^{n+1} \frac{1}{x} \, dx = \Big[\log x\Big]_1^{n+1} = \log(n+1)$$

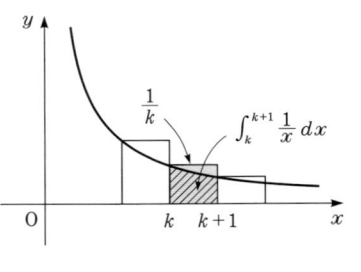

図 6.1

となる．一方，$\lim_{n \to \infty} \log(n+1) = \infty$ であるから

$$\lim_{n \to \infty} S_n = \infty$$

である． □

例題 6.3 の級数を**調和級数**という．

注意 2 例題 6.1 や例題 6.3 の級数のように各項が負でない ($a_n \geq 0$, $n = 1, 2, \cdots$) 級数を **正項級数**という．正項級数の部分和の数列 $\{S_n\}$ は単調増加であるから，上に有界ならば収束する．逆に収束する正項級数は上に有界である．したがって，2 つの正項級数 (A)：$\sum_{k=0}^{\infty} a_n$ と (B)：$\sum_{k=0}^{\infty} b_n$ があって，ある番号から先すべての項が

$$a_n \leq K b_n \quad (K: 正の定数)$$

を満たすとき，(B) が収束するならば (A) も収束し，(A) が発散するならば (B) も発散することがわかる．

ここで正項級数の収束判定によく使われるダランベール (d'Alembert) の判定法をあげておこう．

定理 6.1（**ダランベールの判定法**） 正項級数 $\sum_{k=0}^{\infty} a_k$ について，$\lim_{n \to \infty} \frac{a_{n+1}}{a_n} = r$ が存在するとき，

（1） $0 \leq r < 1$ ならば $\sum_{k=0}^{\infty} a_k$ は収束する．

（2） $1 < r \leq \infty$ ならば $\sum_{k=0}^{\infty} a_k$ は発散する．

【証明】 （1） まず，$r < 1$ であるから $r < R < 1$ を満たす R が存在する：例えば $R = \dfrac{r+1}{2}$ とすればよい．条件より

$$\lim_{n \to \infty} \frac{a_{n+1}}{a_n} = r < R$$

であるから十分大きな N で，

$$n > N \quad ならば \quad \frac{a_{n+1}}{a_n} < R$$

となるようなものが存在する．したがって

$$a_{N+m} = \underbrace{\frac{a_{N+m}}{a_{N+m-1}} \cdot \frac{a_{N+m-1}}{a_{N+m-2}} \cdots \frac{a_{N+1}}{a_N}}_{m \text{ 項}} \cdot a_N < R^m a_N$$

となるから

$$a_{N+m} < R^m a_N$$

が得られる．$0 < R < 1$ だから $\sum_{m=0}^{\infty} R^m a_N = a_N \sum_{m=0}^{\infty} R^m$ は収束する．よって $\sum_{m=0}^{\infty} a_{N+m} = \sum_{k=N}^{\infty} a_k$ も収束する．したがって，$\sum_{k=0}^{\infty} a_k = \sum_{k=0}^{N-1} a_k + \sum_{k=N}^{\infty} a_k$ は収束する．

(2) $r > 1$ ならば，十分大きな N を選ぶと

$$n > N \quad \text{ならば} \quad \frac{a_{n+1}}{a_n} > 1$$

が成り立つ．すなわち，$a_n < a_{n+1}$ であり，a_n は増加列なので $\lim_{n \to \infty} a_n = 0$ とはならず 94 ページの注意 1 から，級数は発散する．□

例題 6.4

級数 $\sum_{n=0}^{\infty} \frac{1}{n!}$ は収束することをダランベールの判定法を用いて示せ．

【解】
$$\frac{a_{n+1}}{a_n} = \frac{\frac{1}{(n+1)!}}{\frac{1}{n!}} = \frac{1}{n+1} \to 0 \quad (n \to \infty)$$

であるから，この級数は収束する．□

問題 1 級数 $\sum_{n=1}^{\infty} \frac{n}{2^n}$ の収束発散を調べよ．

6.2 べき級数

関数の列 $f_0(x), f_1(x), f_2(x), \cdots, f_n(x), \cdots$ を各項とする級数 $\sum_{k=0}^{\infty} f_k(x)$ に対しても，その部分和

$$S_n(x) = \sum_{k=0}^{n} f_k(x) = f_0(x) + f_1(x) + f_2(x) + \cdots + f_n(x)$$

が

$$\lim_{n \to \infty} S_n(x) = S(x) \quad \left(= \sum_{k=0}^{\infty} f_k(x) \right)$$

となるとき，級数は収束し，和は $S(x)$ であるという．また，極限が存在しないとき，級数は発散するという．

応用上重要な級数は $f_k(x)$ が<u>変数 x のべき</u>で与えられる

$$\sum_{k=0}^{\infty} a_k x^k = a_0 + a_1 x + a_2 x^2 + \cdots + a_n x^n + \cdots$$

という形のもので，x の**べき級数** (power series) または**整級数**という．

例題 6.5

べき級数

$$\sum_{k=0}^{\infty} x^k = 1 + x + x^2 + \cdots + x^n + \cdots$$

は収束するかどうか調べ，収束するときはその和を求めよ．

【解】 公比 x の等比級数であるから，例題 6.2 と同様にして

$$S_n(x) = \begin{cases} 1 + x + x^2 + \cdots + x^n = \dfrac{1 - x^{n+1}}{1 - x} & (x \neq 1), \\ 1 + 1 + 1 + \cdots + 1 = n & (x = 1) \end{cases} \tag{6.4}$$

が得られる．したがって，$|x| \geq 1$ のとき級数は発散する．また，$|x| < 1$ のとき級数は収束し，

$$1 + x + x^2 + \cdots + x^n + \cdots = \frac{1}{1 - x} \tag{6.5}$$

となる． □

この例題のように，べき級数は x の値によって収束したり，発散したりすることに注意しよう．なお，例題 6.5 の各項の絶対値をとった級数

$$\sum_{k=0}^{\infty} |x|^k = 1 + |x| + |x|^2 + \cdots + |x|^n + \cdots$$

も $|x| < 1$ のとき収束する．このように各項の絶対値をとっても収束するとき，もとの級数は**絶対収束**するという．また，与えられた級数の各項の絶対値をとると正項級数となり，先に述べたダランベールの判定法を適用できる．いまの場合

$$\lim_{n \to \infty} \frac{|x|^{n+1}}{|x|^n} = |x|$$

であるから，$|x| < 1$ のとき収束（絶対収束）することがわかる．

さて，例題 6.5 の結果は，見方をかえると，関数 $\dfrac{1}{1-x}$ が $|x| < 1$ のとき，$1 + x + x^2 + \cdots$ というべき級数で表されることを意味している．以下では，いろいろな関数をべき級数で表すことの意味，および与えられた関数のべき級数の求め方について調べていくことにする．

6.3 関数の近似

多項式 $(1+x)^3$ を展開すると
$$(1+x)^3 = 1 + 3x + 3x^2 + x^3$$
である．この展開式で x が非常に小さい値のときを考えてみよう．例えば，$x = 0.01$ として左辺の値を計算すると，$(1+0.01)^3 = 1.030301$ となる．一方，右辺の第2項までの値は $1 + 3 \times 0.01 = 1.03$ である．両者の差は 0.000301 ときわめて小さい．すなわち，$(1+x)^3$ を展開して x の2次以上の項を無視することによって生じる誤差はわずかであり，x が小さいときには，
$$(1+x)^3 \fallingdotseq 1 + 3x$$
という近似式が成り立つといってよいであろう．

もちろん，より高次の近似式も考えることができる．例えば
$$(1+x)^3 \fallingdotseq 1 + 3x + 3x^2$$
のように x の2次の項まで使った2次式で近似してもよい．この場合，近似したことによる誤差はさらに小さくなる．

同様の考え方で，n が自然数のときの $(1+x)^n$ の近似式を求めることができる．それでは $(1+x)^{-n}$ のような場合はどうであろうか．

例題 6.6

関数 $\dfrac{1}{1+x}$ に対して x の2次までの近似式を求めよ．

【解】 6.2 節の例題 6.5 の結果がそのまま使える．(6.5) で x の代わりに $-x$ とすると
$$\frac{1}{1+x} = 1 - x + x^2 - \cdots + (-1)^n x^n + \cdots, \qquad \text{ただし } |x| < 1 \qquad (6.6)$$
である．したがって，x の2次までの近似式は
$$\frac{1}{1+x} \fallingdotseq 1 - x + x^2$$
となる． □

6.3 関数の近似

ある関数 $f(x)$ が与えられたとき，$x=0$ の近くで
$$f(x) \fallingdotseq a_0 + a_1 x + a_2 x^2 + \cdots + a_n x^n \tag{6.7}$$
と近似したとする．未知数 $a_0, a_1, a_2, \cdots, a_n$ を関数 f とその導関数の $x=0$ における値を用いて決めてみよう．ただし，f は $x=0$ で必要なだけ微分できるとしておく．

まず (6.7) で $x=0$ とすると，$a_0 = f(0)$ ととればよいことがわかる．次に (6.7) を微分してみると
$$f'(x) \fallingdotseq a_1 + 2a_2 x + \cdots + n a_n x^{n-1}$$
が得られる．ここで $x=0$ とすると $a_1 = f'(0)$ となる．さらに微分すると
$$f''(x) \fallingdotseq 2 \cdot 1 a_2 + 3 \cdot 2 a_3 x + \cdots + n(n-1) a_n x^{n-2}$$
が得られるが，これから $a_2 = \dfrac{1}{2!} f''(0)$ となる．同様にして
$$a_3 = \frac{1}{3!} f'''(0), \quad a_4 = \frac{1}{4!} f^{(4)}(0), \quad \cdots, \quad a_n = \frac{1}{n!} f^{(n)}(0)$$
とすべて決めることができる．すなわち近似式は
$$f(x) \fallingdotseq f(0) + f'(0) x + \frac{1}{2!} f''(0) x^2 + \cdots + \frac{1}{n!} f^{(n)}(0) x^n \tag{6.8}$$
で与えられると予想される．

例題 6.7

(6.8) を用いて，関数 $\dfrac{1}{1+x}$ に対して x の n 次までの近似式を求めよ．ただし，$x \neq -1$ とする．

【解】 $f(x) = \dfrac{1}{1+x} = (1+x)^{-1}, \quad f'(x) = -(1+x)^{-2},$

$\qquad f''(x) = 2!(1+x)^{-3}, \quad \cdots, \quad f^{(n)}(x) = (-1)^n n! (1+x)^{-(n+1)}$

となる．したがって
$$f(0) = 1, \quad f'(0) = -1, \quad f''(0) = 2!, \quad \cdots, \quad f^{(n)}(0) = (-1)^n n!$$
である．これらを (6.8) に代入して
$$\frac{1}{1+x} \fallingdotseq 1 - x + x^2 - \cdots + (-1)^n x^n$$
を得る． □

ところでこのようにして得られた近似式は確かに妥当なものであるか．また近似式の次数をどんどん上げていったとき，もとの関数 $f(x)$ をますますよく近似していくであろうか．例題 6.7 について近似したことによる誤差

$$R_{n+1}(x) = \frac{1}{1+x} - \{1 - x + x^2 - \cdots + (-1)^n x^n\}$$

を調べてみよう．この誤差 $R_{n+1}(x)$ は展開式の余りと考えて，**剰余項**ともよばれる．(6.4) の最初の式で x を $-x$ に置き換えると等式

$$1 - x + x^2 - \cdots + (-1)^n x^n = \frac{1-(-x)^{n+1}}{1+x} \quad (x \neq -1)$$

が得られるので，

$$R_{n+1}(x) = \frac{(-x)^{n+1}}{1+x}, \qquad \text{ただし } x \neq -1$$

となる．誤差の大きさ $|R_{n+1}(x)|$ について，$n \to \infty$ の極限をとってみると

$$\lim_{n \to \infty} |R_{n+1}(x)| = \begin{cases} 発散 & (|x| > 1 \text{ のとき}), \\ 0 & (|x| < 1 \text{ のとき}) \end{cases}$$

である．前に展開式 (6.6) で "$|x| < 1$" をつけた．それは，この範囲の x に対してのみ $n \to \infty$ の極限で誤差が 0 となり，6.2 節で述べたように (6.6) の右辺の各項の形式的な和が存在して級数としての意味をもっているからである．また，その和は左辺の値と一致している．一方 $|x| > 1$ の場合は無限級数が発散しており，近似式は意味をなさなくなるのである．

注意 1 上の例題 6.7 において $|x| = 1$ はべき級数が収束するかどうかの境目である．このような境目の数をべき級数の**収束半径**という．いまは x が実数である場合を考えているが，べき級数はむしろ 9 章で導入する複素数まで拡張して考える方が数学的には自然であることがわかっている．上の例題において，x を複素数 z に置き換えると，べき級数が収束するかどうかの境目は $|z| = 1$ となる．複素平面では，$|z| = 1$ は半径 1 の円を表しているので収束半径という言葉がぴったりである．

このように展開式を書く際には，誤差すなわち剰余項がどのように与えられるか知っておく必要がある．そこで次節では，$R_{n+1}(x)$ も含む展開式を一般の関数に対して導くことにする．

6.4 テイラーの公式

いま関数 $f(x)$ は $x=0$ のまわりで定義されていて何回でも微分できるものとする．まず，4.2 節の微積分の基本定理から，

$$f(x) = f(0) + \int_0^x f'(t)\,dt$$

と書けることに注意しよう．ただし，$f'(t)$ は $\dfrac{df(t)}{dt}$ を表す．上式の右辺の積分に部分積分を用いると，

$$\begin{aligned}
f(x) &= f(0) + \int_0^x \{-(x-t)\}' f'(t)\,dt \\
&= f(0) + \Big[-(x-t)f'(t)\Big]_{t=0}^{t=x} - \int_0^x \{-(x-t)\} f''(t)\,dt \\
&= f(0) + xf'(0) + \int_0^x (x-t)f''(t)\,dt
\end{aligned}$$

が得られる．さらに右辺の積分に部分積分の公式を用いると，

$$\begin{aligned}
f(x) &= f(0) + xf'(0) + \int_0^x \left\{-\frac{(x-t)^2}{2!}\right\}' f''(t)\,dt \\
&= f(0) + xf'(0) + \left[-\frac{(x-t)^2}{2!} f''(t)\right]_{t=0}^{t=x} \\
&\qquad\qquad - \int_0^x \left\{-\frac{(x-t)^2}{2!}\right\} f'''(t)\,dt \\
&= f(0) + xf'(0) + \frac{1}{2!}x^2 f''(0) + \int_0^x \frac{(x-t)^2}{2!} f'''(t)\,dt
\end{aligned}$$

となる．同様に部分積分を繰り返していくと

$$\begin{cases}
f(x) = f(0) + f'(0)x + \dfrac{f''(0)}{2!}x^2 + \cdots + \dfrac{f^{(n)}(0)}{n!}x^n + R_{n+1}(x), \\
R_{n+1}(x) = \dfrac{1}{n!}\displaystyle\int_0^x (x-t)^n f^{(n+1)}(t)\,dt
\end{cases}$$

(6.9)

が得られる．

(6.9) 式を $x=0$ におけるテイラー（Taylor）の公式，あるいは，マクローリン（Maclaurin）の公式という．

(6.9) では剰余項が正確に積分の形で表現されている．しかし，$n+1$ 階導関数が連続のときは積分を使わずに表現することもできる．すなわち，

$$\begin{cases} f(x) = f(0) + f'(0)\,x + \dfrac{f''(0)}{2!}x^2 + \cdots + \dfrac{f^{(n)}(0)}{n!}x^n + R_{n+1}(x), \\ \qquad R_{n+1}(x) = \dfrac{1}{(n+1)!}f^{(n+1)}(\theta x)\,x^{n+1} \end{cases}$$

(6.10)

ただし，θ は $0 < \theta < 1$ を満たす数と書いてもよい．この表現で用いた θ は x に依存して決まる数で，"○○の値をとる"とはっきりとはいえない曖昧なものである．ただ，確かなのは $0 < \theta < 1$ ということである．

では (6.10) を示そう．ここでは $x > 0$ のときを考えるが，$x < 0$ のときも同様に示すことができる．まず，区間 $[0, x]$ における t の関数 $f^{(n+1)}(t)$ の最小値を m，最大値を M とすると

$$m \leq f^{(n+1)}(t) \leq M \qquad (0 \leq t \leq x)$$

である．各辺に $(x-t)^n$ を掛けて 0 から x まで積分すると

$$\int_0^x m(x-t)^n\,dt \leq \int_0^x (x-t)^n f^{(n+1)}(t)\,dt \leq \int_0^x M(x-t)^n\,dt,$$

$$m \leq \frac{\int_0^x (x-t)^n f^{(n+1)}(t)\,dt}{\int_0^x (x-t)^n\,dt} \leq M$$

となる．ここで連続関数の基本性質に関する定理 1.1 を用いると，適当な $\theta\,(0<\theta<1)$ に対して，

$$f^{(x+1)}(\theta x) = \frac{\int_0^x (x-t)^n f^{(n+1)}(t)\,dt}{\int_0^x (x-t)^n\,dt}$$

となる．この式を (6.9) の $R_{n+1}(x)$ に代入すると次の式が得られる．

$$R_{n+1}(x) = \frac{1}{n!}\int_0^x (x-t)^n f^{(n+1)}(t)\,dt = \frac{1}{n!}f^{(n+1)}(\theta x)\int_0^x (x-t)^n\,dt$$
$$= \frac{1}{n!}f^{(n+1)}(\theta x)\cdot\left[-\frac{(x-t)^{n+1}}{n+1}\right]_{t=0}^{t=x} = \frac{1}{(n+1)!}f^{(n+1)}(\theta x)\,x^{n+1}.$$

例題 6.8

指数関数 e^x について

$$\begin{cases} e^x = 1 + x + \dfrac{x^2}{2!} + \cdots + \dfrac{x^n}{n!} + R_{n+1}(x), \\ \quad R_{n+1}(x) = \dfrac{x^{n+1}}{(n+1)!} e^{\theta x} \quad (0 < \theta < 1) \end{cases} \quad (6.11)$$

と書けることを示せ．

【解】 (6.10) を用いればよい．$f(x) = e^x$ に対しては
$$f'(x) = f''(x) = \cdots = f^{(n+1)}(x) = e^x$$
であるから
$$f(0) = f'(0) = f''(0) = \cdots = f^{(n)}(0) = 1$$
となる．これらを (6.10) に代入して (6.11) が得られる． □

図 6.2 に指数関数 e^x と (6.11) の右辺で x の 1 次，2 次，3 次の項までとった近似式のグラフを示した．近似の次数を上げるにつれて，$x = 0$ の近くだけでなく離れた点でも e^x と近似式のグラフが近くなることがわかる．

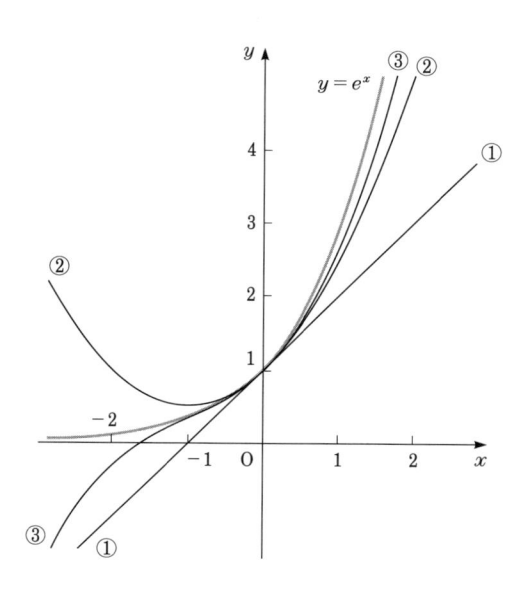

①：$y = 1 + x$
②：$y = 1 + x + \dfrac{x^2}{2}$
③：$y = 1 + x + \dfrac{x^2}{2} + \dfrac{x^3}{6}$

図 6.2 e^x とその 1 次，2 次，3 次のマクローリンの公式による近似．

6.5 テイラー展開

先に述べたように，剰余項 $R_{n+1}(x)$ が $n \to \infty$ の極限で 0 になるとき，無限級数が意味をもち，(6.9) は

$$f(x) = f(0) + f'(0)\,x + \frac{f''(0)}{2!}x^2 + \cdots + \frac{f^{(n)}(0)}{n!}x^n + \cdots$$
(6.12)

と書くことができる．(6.12) を $f(x)$ の $\boldsymbol{x=0}$ におけるテイラー展開，あるいは単にマクローリン展開という．

式 (6.9) が (6.12) のように書けるかどうかを知るためには $R_{n+1}(x) \to 0$ ($n \to \infty$) となることを調べればよい．

具体例で計算のやり方を見ておこう．

例題 6.9

次の極限を証明せよ．

（1） $\displaystyle\lim_{n \to \infty} \frac{3^n}{n!} = 0$

（2） x を任意の数とするとき，$\displaystyle\lim_{n \to \infty} \frac{x^n}{n!} = 0$

【解】 (1) $n > 3$ のとき

$$0 < \frac{3^n}{n!} = \frac{3 \cdot 3 \cdot 3 \cdot 3 \cdots 3}{1 \cdot 2 \cdot 3 \cdot 4 \cdots n} < \frac{3}{1} \cdot \frac{3}{2} \cdot \frac{3}{3} \cdot \frac{3}{4} \cdots \frac{3}{4} = \frac{9}{2} \cdot \left(\frac{3}{4}\right)^{n-3},$$

$$\therefore \quad 0 < \frac{3^n}{n!} < \frac{9}{2} \cdot \left(\frac{3}{4}\right)^{n-3}.$$

$0 < \frac{3}{4} < 1$ であるから，$n \to \infty$ のとき，$\left(\frac{3}{4}\right)^{n-3} \to 0$ となるから

$$\frac{3^n}{n!} \to 0 \quad (n \to \infty).$$

(2) $n > |x|$ を満たす最小の n を k とする．このとき

$$0 \leq \left|\frac{x^n}{n!}\right| = \frac{|x|^n}{n!} = \frac{|x| \cdot |x| \cdots |x| \cdots |x|}{1 \cdot 2 \cdots k \cdots n} < \frac{|x|}{1} \cdot \frac{|x|}{2} \cdots \frac{|x|}{k-1} \cdot \left(\frac{|x|}{k}\right)^{n-k+1}$$

であることに注意して (1) と同様の計算をすればよい． □

例題 6.10

(6.11) の $R_{n+1}(x)$ はすべての x について
$$\lim_{n\to\infty} R_{n+1}(x) = 0$$
を満たすことを示せ．

【解】 剰余項 $R_{n+1}(x)$ は，$0 < \theta < 1$ に注意すると，
$$|R_{n+1}(x)| \leq \begin{cases} e^x \dfrac{x^{n+1}}{(n+1)!} & (x \geq 0 \text{ のとき}), \\ \dfrac{|x|^{n+1}}{(n+1)!} & (x < 0 \text{ のとき}) \end{cases}$$
を満たす．したがって，例題 6.9 (2) より結論を得る． □

以上の結果，e^x は任意の実数 x に対して
$$e^x = 1 + \frac{x}{1!} + \frac{x^2}{2!} + \cdots + \frac{x^n}{n!} + \cdots \qquad (6.13)$$
とマクローリン展開の形で表されることがわかった．(6.13) で $x = 1$ とすると
$$e = 1 + \frac{1}{1!} + \frac{1}{2!} + \cdots + \frac{1}{n!} + \cdots$$
が得られる．これを自然対数の底 e の定義として用いることもある ((5.5) 参照)．

もう一つ，応用上重要な関数の場合を調べておこう．

例題 6.11

三角関数 $\cos x$ のマクローリン展開を導け．

【解】 $f(x) = \cos x$ とすると
$f'(x) = -\sin x, \quad f''(x) = -\cos x, \quad f'''(x) = \sin x, \quad f^{(4)}(x) = \cos x, \quad \cdots$
であり，一般に
$$f^{(2m)}(x) = (-1)^m \cos x, \qquad f^{(2m+1)}(x) = (-1)^{m+1} \sin x$$
となる．これから

$$f^{(2m)}(0) = (-1)^m, \qquad f^{(2m+1)}(0) = 0$$

を得る．したがってマクローリンの公式より

$$\cos x = 1 - \frac{x^2}{2!} + \frac{x^4}{4!} - \frac{x^6}{6!} + \cdots + (-1)^m \frac{x^{2m}}{(2m)!} + R_{2m+1}(x),$$

ただし，$R_{2m+1}(x) = \dfrac{1}{(2m+1)!}(-1)^{m+1}\sin(\theta x)\, x^{2m+1}$

となる．ところで，$|\sin(\theta x)| \leq 1$ であるから，任意の実数 x に対して，

$$|R_{2m+1}(x)| \leq \frac{|x|^{2m+1}}{(2m+1)!}$$

が成り立つ．よって，例題 6.9 (2) より

$$\lim_{n \to \infty} R_{n+1}(x) = 0$$

が成り立つことがわかる．したがって，$\cos x$ は任意の実数 x に対して

$$\cos x = 1 - \frac{x^2}{2!} + \frac{x^4}{4!} - \frac{x^6}{6!} + \cdots + (-1)^m \frac{x^{2m}}{2m!} + \cdots \quad (6.14)$$

とマクローリン展開される．　□

図 6.3 に $\cos x$ とマクローリン展開の 2 次，4 次，6 次の項までをとった多項式のグラフを示した．やはり項数を多くとるにつれて，$x=0$ の近くで多項式が $\cos x$ をよく近似していることがわかる．

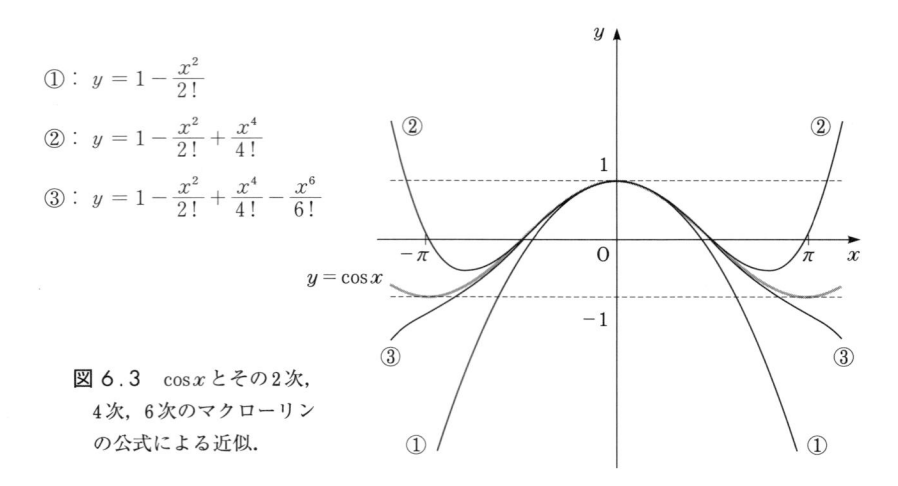

①：$y = 1 - \dfrac{x^2}{2!}$

②：$y = 1 - \dfrac{x^2}{2!} + \dfrac{x^4}{4!}$

③：$y = 1 - \dfrac{x^2}{2!} + \dfrac{x^4}{4!} - \dfrac{x^6}{6!}$

図 6.3　$\cos x$ とその 2 次，4 次，6 次のマクローリンの公式による近似．

三角関数 $\sin x$ に対するマクローリン展開も全く同様にして得ることができる．結果だけ書いておくことにしよう．任意の実数に対して

$$\sin x = x - \frac{x^3}{3!} + \frac{x^5}{5!} - \frac{x^7}{7!} + \cdots + (-1)^m \frac{x^{2m+1}}{(2m+1)!} + \cdots \quad (6.15)$$

である．

マクローリン展開の他の例として，前節で考察した関数

$$f(x) = (1+x)^\alpha \quad (\text{ただし，}\alpha \text{は任意の実数})$$

を取りあげてみる．まず

$$f'(x) = \alpha(1+x)^{\alpha-1}, \quad f''(x) = \alpha(\alpha-1)(1+x)^{\alpha-2}, \quad \cdots,$$
$$f^{(n)}(x) = \alpha(\alpha-1)(\alpha-2)\cdots(\alpha-n+1)(1+x)^{\alpha-n}$$

であるから，

$$f(0) = 1, \quad f'(0) = \alpha, \quad \cdots, \quad f^{(n)}(0) = \alpha(\alpha-1)(\alpha-2)\cdots(\alpha-n+1),$$
$$f^{(n+1)}(x) = \alpha(\alpha-1)(\alpha-2)\cdots(\alpha-n)(1+x)^{\alpha-n-1}$$

となる．したがって，マクローリンの公式より

$$(1+x)^\alpha = 1 + \alpha x + \frac{\alpha(\alpha-1)}{2!}x^2 + \cdots$$
$$+ \frac{\alpha(\alpha-1)\cdots(\alpha-n+1)}{n!}x^n + R_{n+1}(x),$$

ただし，$R_{n+1}(x) = \dfrac{\alpha(\alpha-1)(\alpha-2)\cdots(\alpha-n)}{(n+1)!}(1+\theta x)^{\alpha-n-1}$

が得られる．ここでは詳しい計算を省略するが，$|x| < 1$ のとき

$$\lim_{n\to\infty} R_{n+1}(x) = 0$$

となることがわかる．したがって，マクローリン展開は

$$(1+x)^\alpha = 1 + \alpha x + \frac{\alpha(\alpha-1)}{2!}x^2 + \cdots$$
$$+ \frac{\alpha(\alpha-1)(\alpha-2)\cdots(\alpha-n+1)}{n!}x^n + \cdots,$$

$$\text{ただし，} |x| < 1 \quad (6.16)$$

で与えられる．

注意1 上式 (6.16) は 2 項展開の一般化になっている．例えば，$a = 3$ とすると
$$(1+x)^3 = 1 + 3x + \frac{3 \cdot 2}{2!} x^2 + \frac{3 \cdot 2 \cdot 1}{3!} x^3 + 0 = 1 + 3x + 3x^2 + x^3$$
である．この場合は任意の実数 x について成り立つ．

また，物理学などでよく使われる，x が十分小さいときの近似式
$$\sqrt{1+x} \doteqdot 1 + \frac{1}{2} x, \qquad \sqrt[3]{1+x} \doteqdot 1 + \frac{1}{3} x, \qquad \frac{1}{1+x} \doteqdot 1 - x$$
はすべて (6.16) の特別な場合である．

これまで，$x = 0$ におけるテイラー展開，すなわちマクローリン展開のみ取り扱ってきたが，$x = a$ におけるテイラー展開も考えることができる．それは単に基準となる点を 0 から a に変更する（x を $x - a$ に置き換える）だけでよい．すなわち，関数 $f(x)$ の $x = a$ でのテイラーの公式 (6.12) は

$$\begin{cases} f(x) = f(a) + f'(a)(x-a) + \cdots + \dfrac{f^{(n)}(a)}{n!}(x-a)^n + R_{n+1}(x) \\ R_{n+1}(x) = \dfrac{1}{(n+1)!} f^{(n+1)}(a + \theta(x-a))(x-a)^{n+1} \qquad (0 < \theta < 1) \end{cases}$$
(6.17)

である．したがって，$\lim_{n \to \infty} R_{n+1}(x) = 0$ のとき，関数 $f(x)$ の $x = a$ でのテイラー展開は

$$f(x) = f(a) + f'(a)(x-a) + \cdots + \frac{f^{(n)}(a)}{n!}(x-a)^n + \cdots \quad (6.18)$$

で定義される．なお，このべき級数が $|x-a| < R$ で収束し，$|x-a| > R$ で発散するとき，R が収束半径となる．

例題 6.12

指数関数 $f(x) = e^x$ を $x = a$ でテイラー展開せよ．

【解】
$$f(x) = f'(x) = f''(x) = \cdots = f^{(n)}(x) = e^x$$
であるから，$f(a) = f'(a) = f''(a) = \cdots = f^{(n)}(a) = e^a$ である．したがって
$$e^x = e^a + e^a(x-a) + \frac{e^a}{2!}(x-a)^2 + \cdots + \frac{e^a}{n!}(x-a)^n + \cdots. \qquad \square$$

6.6 べき級数の項別微分・項別積分

一般に何回でも微分できる関数が与えられたとき，基本的にはこれまで述べた方法を用いてテイラー展開やマクローリン展開が得られる．しかし，場合によっては計算が面倒なことがある．そこで，多項式がもつ性質を拡張して，ある関数のテイラー展開を用いて関連した別の関数のテイラー展開が比較的簡単に得られることについて，以下で議論しておこう．

いま，本章のはじめに取りあげた多項式の展開式
$$(1+x)^3 = 1 + 3x + 3x^2 + x^3 \tag{6.19}$$
を考える．両辺を微分すると，
$$3(1+x)^2 = 3 + 6x + 3x^2$$
となる．右辺は各項ごとに微分したのである．この式は $3(1+x)^2$ に対する展開公式を与えている．また，(6.19) の両辺の x を t で置き換えてこれを閉区間 $[0,x]$ で積分すると
$$\int_0^x (1+t)^3\, dt = \int_0^x (1 + 3t + 3t^2 + t^3)\, dt$$
となる．これを計算し，左辺にでてくる $-\dfrac{1}{4}$ を右辺に移項すると，
$$\frac{1}{4}(1+x)^4 = \frac{1}{4} + x + \frac{3}{2}x^2 + x^3 + \frac{1}{4}x^4$$
が得られる．上式は $\dfrac{1}{4}(1+x)^4$ に対する展開公式を与えている．

したがって，ある関数のテイラー展開がわかっているとき，テイラー展開の各項を微分したり積分したりすることによって，別の関数のテイラー展開が得られると期待できる．実際，べき級数は，その収束半径を r とするとき，$(-r, r)$ において，各項を微分あるいは積分（これをそれぞれ**項別微分**，**項別積分**という）したものは，級数全体を微分あるいは積分したものに等しくなる（証明は付録参照）．ここでは以下の事実が成り立つことのみを示しておく．

関数 $f(x)$ の点 a のまわりのテイラー展開を

$$f(x) = f(a) + f'(a)(x-a) + \frac{f''(a)}{2!}(x-a)^2 + \cdots$$
$$+ \frac{f^{(n)}(a)}{n!}(x-a)^n + \cdots, \qquad \text{ただし,} \ |x-a| < R$$

とする(R は収束半径).このとき,$|x-a| < R$ を満たすすべての x に対して

$$f'(x) = f'(a) + f''(a)(x-a) + \frac{f'''(a)}{2!}(x-a)^2 + \cdots$$
$$+ \frac{f^{(n)}(a)}{(n-1)!}(x-a)^{n-1} + \cdots$$

および

$$\int_a^x f(t)\,dt = f(a)(x-a) + \frac{f'(a)}{2!}(x-a)^2 + \frac{f''(a)}{3!}(x-a)^3 + \cdots$$
$$+ \frac{f^{(n)}(a)}{(n+1)!}(x-a)^{n+1} + \cdots$$

が成り立つ.

この結果を用いていくつかの関数の $x=0$ におけるテイラー展開,すなわちマクローリン展開を求めてみよう.

例題 6.13

関数 $\dfrac{1}{(1+x)^2}$,および $\log(1+x)$ のマクローリン展開を求めよ.

【解】 (6.6) の両辺を微分して

$$-\frac{1}{(1+x)^2} = -1 + 2x - 3x^2 + \cdots + (-1)^n n x^{n-1} + \cdots, \qquad \text{ただし,} \ |x| < 1$$

が得られる.したがって

$$\frac{1}{(1+x)^2} = 1 - 2x + 3x^2 - \cdots + (-1)^{n+1} n x^{n-1} + \cdots, \qquad \text{ただし,} \ |x| < 1$$

である.一方,(6.6) の両辺を閉区間 $[0, x]$ で積分すると

$$\log(1+x) = x - \frac{x^2}{2} + \frac{x^3}{3} - \cdots + (-1)^n \frac{x^{n+1}}{n+1} + \cdots, \qquad \text{ただし,} \ |x| < 1$$

が得られる.　□

図 6.4 に $\log(1+x)$ のグラフとマクローリン展開の第 2 項, 第 3 項, 第 4 項までとった多項式のグラフを描いた. 図 6.2, 図 6.3 と同じく, $x=0$ の近くで多項式が $\log(1+x)$ のよい近似になっていることが見てとれる. しかし, $x=\pm 1$ の近くで近似がきわめて悪くなっていることに気づくだろう. これは, 前に述べたように $|x|>1$ で級数が発散することを反映しているのである.

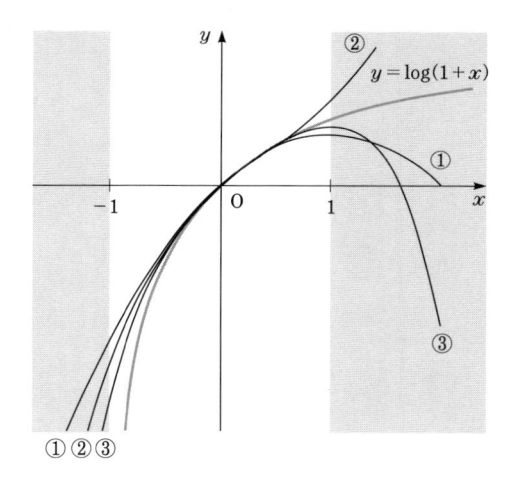

① : $y = x - \dfrac{x^2}{2}$

② : $y = x - \dfrac{x^2}{2} + \dfrac{x^3}{3}$

③ : $y = x - \dfrac{x^2}{2} + \dfrac{x^3}{3} - \dfrac{x^4}{4}$

図 6.4 $\log(1+x)$ とその 2 次, 3 次, 4 次のマクローリンの公式による近似.

$\log(1+x)$ と同様, 項別積分の考え方が適用できる例をもう一つ示しておこう.

例題 6.14

関数 $\mathrm{Tan}^{-1} x$ のマクローリン展開を求めよ.

【解】 (6.6) で $x = t^2$ とすると

$$\frac{1}{1+t^2} = 1 - t^2 + t^4 - \cdots + (-1)^n t^{2n} + \cdots, \qquad \text{ただし, } |t| < 1$$

という展開式が得られる. 両辺を t について, 区間 $[0, x]$ で積分すると

$$\mathrm{Tan}^{-1} x = x - \frac{x^3}{3} + \frac{x^5}{5} - \cdots + (-1)^n \frac{x^{2n+1}}{2n+1} + \cdots, \qquad \text{ただし, } |x| < 1$$

が得られる. □

テイラー展開のまとめ

展開式の後に示した（ ）内の x の範囲で展開式は意味をもつ．x の範囲が示されていないものは"すべての x"に対して成り立つものである．

$$e^x = 1 + x + \frac{x^2}{2!} + \frac{x^3}{3!} + \frac{x^4}{4!} + \cdots + \frac{x^n}{n!} + \cdots \tag{6.20}$$

$$\cos x = 1 - \frac{x^2}{2!} + \frac{x^4}{4!} - \cdots + (-1)^n \frac{x^{2n}}{(2n)!} + \cdots \tag{6.21}$$

$$\sin x = x - \frac{x^3}{3!} + \frac{x^5}{5!} - \cdots + (-1)^n \frac{x^{2n+1}}{(2n+1)!} + \cdots \tag{6.22}$$

$$\frac{1}{1-x} = 1 + x + x^2 + \cdots + x^n + \cdots \quad (|x| < 1) \tag{6.23}$$

$$\frac{1}{1+x} = 1 - x + x^2 - \cdots + (-1)^n x^n + \cdots \quad (|x| < 1) \tag{6.24}$$

a を任意の実数とするとき

$$(1+x)^a = 1 + ax + \frac{a(a-1)}{2!} x^2 + \cdots \\ + \frac{a(a-1)(a-2)\cdots(a-n+1)}{n!} x^n + \cdots \quad (|x| < 1) \tag{6.25}$$

$$\log(1+x) = x - \frac{x^2}{2} + \frac{x^3}{3} - \cdots + (-1)^n \frac{x^{n+1}}{n+1} + \cdots \quad (|x| < 1) \tag{6.26}$$

$$\frac{1}{1+x^2} = 1 - x^2 + x^4 - \cdots + (-1)^n x^{2n} + \cdots \quad (|x| < 1) \tag{6.27}$$

$$\mathrm{Tan}^{-1} x = x - \frac{x^3}{3} + \frac{x^5}{5} - \cdots + (-1)^n \frac{x^{2n+1}}{2n+1} + \cdots \quad (|x| < 1) \tag{6.28}$$

問題 1 次の関数のマクローリン展開について，x の 3 次の項まで具体的に書き下せ．

（1）$\tan x$ （2）$e^x \sin x$

6.7 無限小

第5章で関数の極限を調べたが，例えば $x \to 0$ で $\sin x \to 0$ という結果があった．一般に $x \to a$ で $f(x) \to 0$ となるとき，$f(x)$ は $x = a$ において**無限小**であるという．無限小とは，ある数ではなく，関数であることに注意しよう．

いま，$f(x)$ と $g(x)$ がともに $x = a$ において無限小であったとする．このとき，

$$\lim_{x \to a} \frac{f(x)}{g(x)} = 0$$

なら，$f(x)$ は $g(x)$ より**高位の無限小**であるという．例えば $f(x) = x^2$ と $g(x) = x$ は $x = 0$ においてともに無限小であるが，

$$\lim_{x \to 0} \frac{x^2}{x} = \lim_{x \to 0} x = 0$$

であるから，$f(x)$ は $g(x)$ より高位の無限小である．高位の無限小を表すには，記号 o（オーの小文字）を用いる．すなわち，$f(x)$ が $g(x)$ より高位の無限小であることを $f(x) = o(g(x))$ $(x \to 0)$ と書く．上の例では，$x^2 = o(x)$ $(x \to 0)$ ということである．

やはり $f(x)$ と $g(x)$ がともに $x = a$ において無限小であるとする．このとき

$$\lim_{x \to a} \frac{f(x)}{g(x)}$$

が 0 でない極限値をもつとき，$f(x)$ は $g(x)$ と**同位の無限小**であるといい，$f(x) \sim g(x)$ $(x \to a)$ と書く．例えば，$x = 0$ において $\sin x$ と x はともに無限小であるが，

$$\lim_{x \to a} \frac{\sin x}{x} = 1$$

となるから，$\sin x$ と x は同位の無限小である．すなわちこの例では $\sin x \sim x$ $(x \to 0)$ と書けることになる．

もう一つの記号 O(オーの大文字)を説明しよう．$x \to a$ のとき $\dfrac{f(x)}{g(x)}$ は極限値をもつかどうかはわからないが，$x = a$ の近くでは無限大に発散することなく，一定の範囲内の値をとるとき，$f(x) = O(g(x))$ （$x \to a$）と書く．例えば，$x \sin \dfrac{1}{x}$ と x は同位の無限小ではないが，$x \sin \dfrac{1}{x} = O(x)$ （$x \to 0$）である．なぜなら，$\dfrac{x \sin(1/x)}{x} = \sin \dfrac{1}{x}$ となり，$x \to 0$ のとき収束しない．しかし，$\left|\sin \dfrac{1}{x}\right| \leq 1$ であり，一定の範囲におさまっているからである．

2つの記号 o と O は**ランダウ**(Landau)**の記号**とよばれている．剰余項を表す関数の具体的な形は知る必要はないが，どの程度の次数で 0 に近づくかだけ知りたいときにこの記号は大変便利であり，理工学の広い分野で用いられている．本章で扱ったテイラーの公式も剰余項を具体的に書き下さずに，この記号で表しておくことができる．

注意 1 定義より $f(x) \sim g(x)$ のとき，すなわち同位の無限小であれば $f(x) = O(g(x))$ でもあるが，逆は必ずしも成立しない．記号 $\sim$ と O は本来区別して使う必要がある．しかしながら，物理や工学の教科書では O を $\sim$ と同じ意味で使っていることもしばしばある．本を読むときには，注意して読んで欲しい．

例えば，例題 6.8 で扱った指数関数の場合，(6.11) の結果からもわかるように，剰余項は x について $n+1$ 次以上の項からなっている．したがって $R_{n+1}(x)$ は $x \to 0$ で x^n より高位の無限小，すなわち $o(x^n)$ （$x \to 0$），もしくは，$O(x^{n+1})$ （$x \to 0$）ともいえる．この結果を用いると，テイラーの公式は

$$e^x = 1 + x + \frac{x^2}{2!} + \cdots + \frac{x^n}{n!} + o(x^n) \quad (x \to 0),$$

または

$$e^x = 1 + x + \frac{x^2}{2!} + \cdots + \frac{x^n}{n!} + O(x^{n+1}) \quad (x \to 0)$$

と書くことができる．

例題 6.15

$\cos x$ を $x = 0$ の近くで x の 2 次式で表し，剰余項をランダウの記号を用いて表せ．

【解】 例題 6.11 の結果 (6.14) をみると
$$\cos x = 1 - \frac{x^2}{2} + (\,x\text{ の }4\text{ 次以上の項}\,)$$
の形をしている．x の 4 次以上の項は $x \to 0$ で x^2 より高位の無限小 $o(x^2)$ である．また，言い換えると $O(x^4)$ である．したがって
$$\cos x = 1 - \frac{x^2}{2} + o(x^2) \qquad (\,x \to 0\,)$$
または
$$\cos x = 1 - \frac{x^2}{2} + O(x^4) \qquad (\,x \to 0\,)$$
と書ける．□

問題 1 次を示せ．
$$x - \sin x = O(x^3) \qquad (\,x \to 0\,)$$

テイラー展開の応用として，関数の極限を求めてみよう．

例題 6.16

5.3 節 例題 5.1 で計算した極限
$$\lim_{x \to 0} \frac{\cos x - 1}{x}$$
をテイラー展開を用いて計算せよ．

【解】 $\cos x$ をテイラー展開すると
$$\cos x = 1 - \frac{x^2}{2!} + \frac{x^4}{4!} - \cdots$$
であるから
$$\frac{\cos x - 1}{x} = -\frac{x}{2!} + \frac{x^3}{4!} - \cdots$$
である．したがって，
$$\lim_{x \to 0} \frac{\cos x - 1}{x} = 0$$
が得られる．□

例題 6.17

関数 $f(x), g(x)$ が $x = a$ でテイラー展開可能であり，$f(a) = g(a) = 0$ かつ $g'(a) \neq 0$ のとき，

$$\lim_{x \to a} \frac{f(x)}{g(x)} = \frac{f'(a)}{g'(a)}$$

が成り立つことをテイラー展開を用いて示せ．

【解】
$$f(x) = f(a) + f'(a)(x-a) + \frac{f''(a)}{2!}(x-a)^2 + \cdots,$$
$$g(x) = g(a) + g'(a)(x-a) + \frac{g''(a)}{2!}(x-a)^2 + \cdots.$$

$f(a) = g(a) = 0$ より次が得られる．

$$\frac{f(x)}{g(x)} = \frac{f'(a)(x-a) + \frac{f''(a)}{2!}(x-a)^2 + \cdots}{g'(a)(x-a) + \frac{g''(a)}{2!}(x-a)^2 + \cdots}$$

$$= \frac{f'(a) + \frac{f''(a)}{2!}(x-a) + \cdots}{g'(a) + \frac{g''(a)}{2!}(x-a) + \cdots} \to \frac{f'(a)}{g'(a)} \quad (x \to a). \quad \square$$

ロピタルの定理　　関数の極限については，テイラーの定理により調べる他に，次のロピタル (L'Hospital) の定理もよく用いられる．

定理 6.2 (ロピタルの定理)　(1) 関数 $f(x), g(x)$ は閉区間 $[a, b]$ で連続で，$f'(x), g'(x)$ が (a, b) で存在し $g'(x) \neq 0$ とする．$f(a), g(a)$ がともに 0 のとき

$$\lim_{x \to a+0} \frac{f(x)}{g(x)} = \lim_{x \to a+0} \frac{f'(x)}{g'(x)}$$

が成り立つ．すなわち，右辺が存在すれば左辺も存在し等号が成り立つ．
(2) 関数 $f(x), g(x)$ は区間 $(a, b]$ で連続で，$x \to a+0$ のとき $f(x), g(x)$ がともに $\pm\infty$ のいずれかに発散するとする．さらに，$f'(x), g'(x)$ が (a, b) で存在し $g'(x) \neq 0$ とする．このとき

$$\lim_{x \to a+0} \frac{f(x)}{g(x)} = \lim_{x \to a+0} \frac{f'(x)}{g'(x)}$$

が成り立つ．すなわち，右辺が存在すれば左辺も存在し等号が成り立つ．なお $x \to b-0$ のときも全く同様である．さらに $a \to -\infty$ あるいは $b \to \infty$ のときも定理は成立する．

例題 6.18

例題 6.16 で計算した次の極限をロピタルの定理を用いて計算せよ．
$$\lim_{x \to 0} \frac{\cos x - 1}{x}$$

【解】 まず，$x \to 0$ のとき $0/0$ であることを確認する．
$$(\cos x - 1)' = -\sin x, \qquad x' = 1$$
であり，$\lim_{x \to 0}(-\sin x) = 0$ であるから
$$\lim_{x \to 0} \frac{\cos x - 1}{x} = \lim_{x \to 0} \frac{-\sin x}{1} = 0$$
が得られる． □

注意 2 ロピタルの定理において，(1) では $x \to a+0$ のとき $\frac{f(x)}{g(x)} \to \frac{0}{0}$，(2) では $x \to a+0$ のとき $\frac{f(x)}{g(x)} \to \frac{\infty}{\infty}$ という条件（不定形という）を確認することは重要である．この確認を怠ると
$$\lim_{x \to +0} \frac{x+1}{\cos x} = \lim_{x \to +0} \frac{1}{-\sin x} = -\infty$$
のようなミスを犯すことになる．正しい答えは $\lim_{x \to +0} \frac{x+1}{\cos x} = \frac{0+1}{1} = 1$ である．

例題 6.19

極限 $\lim_{x \to \infty} \frac{\log x}{x}$ を求めよ．

【解】 問題の極限は $x \to \infty$ のとき不定形 $\frac{\infty}{\infty}$ である．
$$(\log x)' = \frac{1}{x}, \qquad x' = 1$$
であり，$\lim_{x \to \infty} \frac{\frac{1}{x}}{1} = 0$ であるから，ロピタルの定理より

である． □

注意 3 上の例題 6.19 と $\frac{1}{x}\log x = \log x^{\frac{1}{x}}$ ($x>0$) から

$$\lim_{x\to\infty} x^{\frac{1}{x}} = 1 \tag{6.29}$$

が得られる．

問題 2 テイラーの定理およびロピタルの定理を用いて，次の極限を求めよ．

(1) $\displaystyle\lim_{x\to 0}\frac{\cos x-1}{x^2}$ 　(2) $\displaystyle\lim_{x\to 0}\frac{\sqrt{1+x}-1-\frac{x}{2}}{x^2}$ 　(3) $\displaystyle\lim_{x\to\infty}\left(\frac{1}{x+1}\right)^{\frac{1}{x}}$

6.8 多変数関数のテイラー展開

ここでは多変数関数のテイラー展開を考えよう．まず，関数 $f(x,y)$ は必要なだけ微分できるとし，その偏導関数はすべて連続とする．

いま，関数 $f(x,y)$ の独立変数を，$x=a+ht$, $y=b+kt$（a,b,h,k は定数）と置き換えた t の関数

$$g(t) = f(a+ht, b+kt) \tag{6.30}$$

を考える．3.2 節の合成関数の微分公式 (3.5) を用いると

$$\frac{d\,g(t)}{dt} = \frac{\partial f}{\partial x}\frac{dx}{dt} + \frac{\partial f}{\partial y}\frac{dy}{dt} = h\frac{\partial f}{\partial x} + k\frac{\partial f}{\partial y} \tag{6.31}$$

が得られる．なお，右辺の $\frac{\partial f}{\partial x}$, $\frac{\partial f}{\partial y}$ はそれぞれ $f(x,y)$ を x および y で偏微分した後に $x=a+ht$, $y=b+kt$ とおくことに注意する．(6.31) にもう一度合成関数の微分公式を用いると，

$$\frac{d^2 g(t)}{dt^2} = \frac{d}{dt}\left(\frac{d\,g(t)}{dt}\right) = \frac{d}{dt}\left(h\frac{\partial f}{\partial x} + k\frac{\partial f}{\partial y}\right)$$
$$= h\frac{\partial}{\partial x}\left(h\frac{\partial f}{\partial x} + k\frac{\partial f}{\partial y}\right) + k\frac{\partial}{\partial y}\left(h\frac{\partial f}{\partial x} + k\frac{\partial f}{\partial y}\right)$$

$$= h^2 \frac{\partial^2 f}{\partial x^2} + 2hk \frac{\partial^2 f}{\partial x \partial y} + k^2 \frac{\partial^2 f}{\partial y^2} \tag{6.32}$$

となる．以下同様にして，一般に

$$\frac{d^n g(t)}{dt^n} = \sum_{r=0}^{n} \binom{n}{r} h^r k^{n-r} \frac{\partial^n}{\partial x^r \partial y^{n-r}} f \tag{6.33}$$

が得られる．ただし，$\binom{n}{r}$ は (2.15) で定義される二項係数である．

さて，(6.31) の右辺を

$$\left(h \frac{\partial}{\partial x} + k \frac{\partial}{\partial y} \right) f \tag{6.34}$$

と書き換えよう．すなわち関数 f に対して $h \frac{\partial f}{\partial x} + k \frac{\partial f}{\partial y}$ を作る操作を $\left(h \frac{\partial}{\partial x} + k \frac{\partial}{\partial y} \right)$ という微分を含む**演算子**で表すのである．こうした演算子を**微分演算子**という．これを用いると，例えば (6.32) の右辺は

$$\left(h \frac{\partial}{\partial x} + k \frac{\partial}{\partial y} \right)^2 f$$

と書くことができる．なぜならば，h, k が定数であることと，偏微分の順序が交換できることを使って

$$\begin{aligned}
\left(h \frac{\partial}{\partial x} + k \frac{\partial}{\partial y} \right)^2 f &= \left(h \frac{\partial}{\partial x} + k \frac{\partial}{\partial y} \right) \left\{ \left(h \frac{\partial}{\partial x} + k \frac{\partial}{\partial y} \right) f \right\} \\
&= h \frac{\partial}{\partial x} \left\{ \left(h \frac{\partial}{\partial x} + k \frac{\partial}{\partial y} \right) f \right\} + k \frac{\partial}{\partial y} \left\{ \left(h \frac{\partial}{\partial x} + k \frac{\partial}{\partial y} \right) f \right\} \\
&= h \frac{\partial}{\partial x} \left(h \frac{\partial f}{\partial x} + k \frac{\partial f}{\partial y} \right) + k \frac{\partial}{\partial y} \left(h \frac{\partial f}{\partial x} + k \frac{\partial f}{\partial y} \right) \\
&= h^2 \frac{\partial}{\partial x} \left(\frac{\partial f}{\partial x} \right) + 2hk \frac{\partial}{\partial x} \left(\frac{\partial f}{\partial y} \right) + k^2 \frac{\partial}{\partial y} \left(\frac{\partial f}{\partial y} \right) \\
&= h^2 \frac{\partial^2 f}{\partial x^2} + 2hk \frac{\partial^2 f}{\partial x \partial y} + k^2 \frac{\partial^2 f}{\partial y^2} \\
&= \left(h^2 \frac{\partial^2}{\partial x^2} + 2hk \frac{\partial^2}{\partial x \partial y} + k^2 \frac{\partial^2}{\partial y^2} \right) f
\end{aligned}$$

が成り立つからである．同様にして，(6.33) は

$$\frac{d^n g(t)}{dt^n} = \left(h \frac{\partial}{\partial x} + k \frac{\partial}{\partial y} \right)^n f \tag{6.35}$$

と表すことができる.

さて $g(t)$ を $t = 0$ のまわりでテイラー展開した式は (6.10) より

$$g(t) = g(0) + \frac{dg(0)}{dt}t + \frac{1}{2!}\frac{d^2g(0)}{dt^2}t^2 + \cdots + \frac{1}{n!}\frac{d^ng(0)}{dt^n}t^n + R_{n+1},$$

$$R_{n+1} = \frac{1}{(n+1)!}\frac{d^{n+1}g(\theta t)}{dt^{n+1}}t^{n+1} \quad (0 < \theta < 1)$$

である.この式で $t = 1$ とおこう.左辺は (6.30) より $f(a+h, b+k)$ となる.また,右辺第 1 項は $f(a, b)$ である.さらに,右辺第 2 項は (6.34) より $\left(h\frac{\partial}{\partial x} + k\frac{\partial}{\partial y}\right)f(a, b)$ となる.以下同様にして,

$$\begin{cases} f(a+h, b+k) = f(a, b) + \frac{1}{1!}\left(h\frac{\partial}{\partial x} + k\frac{\partial}{\partial y}\right)f(a, b) \\ \qquad\qquad + \frac{1}{2!}\left(h\frac{\partial}{\partial x} + k\frac{\partial}{\partial y}\right)^2 f(a, b) + \cdots \\ \qquad\qquad + \frac{1}{n!}\left(h\frac{\partial}{\partial x} + k\frac{\partial}{\partial y}\right)^n f(a, b) + R_{n+1}, \\ R_{n+1} = \frac{1}{(n+1)!}\left(h\frac{\partial}{\partial x} + k\frac{\partial}{\partial y}\right)^{n+1} f(a+\theta h, b+\theta k) \quad (0 < \theta < 1) \end{cases}$$
(6.36)

が得られる.導出に少々手間がかかったが,この式が 2 変数関数 $f(x, y)$ の点 (a, b) におけるテイラーの公式である.

なお,(6.36) で $x = a+h$, $y = b+k$ とおくと,点 (a, b) におけるテイラーの公式は

$$\begin{cases} f(x, y) = f(a, b) + \left\{(x-a)\frac{\partial}{\partial x} + (y-b)\frac{\partial}{\partial y}\right\}f(a, b) \\ \qquad\qquad + \frac{1}{2!}\left\{(x-a)\frac{\partial}{\partial x} + (y-b)\frac{\partial}{\partial y}\right\}^2 f(a, b) + \cdots \\ \qquad\qquad + \frac{1}{n!}\left\{(x-a)\frac{\partial}{\partial x} + (y-b)\frac{\partial}{\partial y}\right\}^n f(a, b) + R_{n+1}, \\ R_{n+1} = \frac{1}{(n+1)!}\left\{(x-a)\frac{\partial}{\partial x} + (y-b)\frac{\partial}{\partial y}\right\}^{n+1} \\ \qquad\qquad \times f(a+\theta(x-a), b+\theta(y-b)) \quad (0 < \theta < 1) \end{cases}$$
(6.37)

と表すこともできる．具体的に 2 変数関数のテイラー展開を計算するときには (6.33) のような演算子の展開式を用いればよい．例を見ておこう．

例題 6.20

関数 $f(x,y) = e^x \cos y$ を 2 次の項まで点 $(0,0)$ でテイラー展開（マクローリン展開）せよ．

【解】 $f(x,y) = e^x \cos y$ を偏微分すると
$$f_x = e^x \cos y, \qquad f_y = -e^x \sin y,$$
$$f_{xx} = e^x \cos y, \qquad f_{xy} = -e^x \sin y, \qquad f_{yy} = -e^x \cos y$$
である．したがって
$$f(0,0) = 1,$$
$$f_x(0,0) = 1, \qquad f_y(0,0) = 0,$$
$$f_{xx}(0,0) = 1, \qquad f_{xy}(0,0) = 0, \qquad f_{yy}(0,0) = -1$$
となり，
$$f(x,y) = 1 + \{x + 0 \cdot y\} + \frac{1}{2}\{x^2 + 2 \cdot 0 \cdot xy + (-1)y^2\}$$
$$= 1 + x + \frac{x^2 - y^2}{2}$$
を得る． □

問題 1 関数 $f(x,y) = \sin x \cos y$ を 3 次の項までマクローリン展開せよ．

第 6 章 練習問題

1. 次の関数 $f(x)$ の $x = 0$ におけるテイラー展開を公式を用いて求めよ．
 （1） $f(x) = \cosh x$ 　　（2） $f(x) = \sinh x$ 　　（3） $f(x) = \cos 2x$
 （4） $f(x) = \sin 2x$ 　　（5） $f(x) = \cos^2 x$ 　　（6） $f(x) = \sin^2 x$

2. 次の関数 $f(x)$ の $x = 0$ におけるテイラー展開を（　）内に示す項まで求めよ．
 （1） $f(x) = \tan x$ 　（x^5）

(2) $f(x) = \log(1 + x + x^2)$ (x^4)

(3) $f(x) = e^x \log(1 + x)$ (x^3)

3. 次の関数 $f(x)$ の $x = 0$ におけるテイラー展開を求めよ．

(1) $f(x) = \sqrt{1-x}$ (2) $f(x) = \sqrt{1+x}$ (3) $f(x) = \dfrac{1}{\sqrt{1-x}}$

4. 数 $f(x) = \dfrac{1}{\sqrt{1-x^2}}$ のマクローリン展開を利用して次の近似式を導け．

$$\mathrm{Sin}^{-1} x \fallingdotseq x + \frac{1}{2}\frac{x^3}{3} + \frac{1 \cdot 3}{2 \cdot 4}\frac{x^5}{5}$$

5. 次の関数を3次の項までマクローリン展開せよ．

(1) $f(x, y) = e^{x+y}$ 　　　(2) $f(x, y) = \dfrac{1}{1 - x - y}$

第7章

微分法の応用

　第2章で見たように，関数の微分は関数のグラフにおける接線の傾きに対応していた．それでは高階微分はどういうものに関わっているであろうか．じつは，高階微分を用いると，関数が変化する様子を如実に知ることができる．本章では，関数がどこで極大値や極小値をとるかを，高階微分を用いて調べることにする．

　微分法を現実問題に応用する際，問題にあった座標を用いることが重要である．どのように座標変換を行うか，本章の後半ではこのテーマを取り上げる．

7.1 関数の増減

この節では，微分法を用いて関数の変化を調べる．まず，区間での増減の様子を知るには次の事実が有効である．

定理 7.1 関数 $f(x)$ は閉区間 $[a,b]$ で連続，開区間 (a,b) で微分可能とする．このとき次のことが成り立つ．

(a,b) で $f'(x) > 0$ ならば，$f(x)$ は $[a,b]$ で単調増加関数である．
(a,b) で $f'(x) < 0$ ならば，$f(x)$ は $[a,b]$ で単調減少関数である．
(a,b) で $f'(x) = 0$ ならば，$f(x)$ は $[a,b]$ で定数である．

【証明】 $a \leq x_1 < x_2 \leq b$ である任意の x_1, x_2 をとると，平均値の定理（31 ページ）より
$$f(x_2) - f(x_1) = (x_2 - x_1) f'(c) \quad (x_1 < c < x_2)$$
が成り立つ．したがって，

$f'(x) > 0$ ならば $f(x_1) < f(x_2)$ であり x_1, x_2 は任意だから，$f(x)$ は $[a,b]$ で単調増加関数である．

$f'(x) < 0$ の場合も同様に示すことができる．$f'(x) = 0$ の場合は 2.4 節の例 1 で示した． □

例題 7.1

関数 $y = x^3 - 3x$ の増減を調べよ．

【解】
$$y' = 3x^2 - 3 = 3(x+1)(x-1).$$
したがって，

$x < -1$ のとき $y' > 0$ であり，y は増加する．
$-1 < x < 1$ のとき $y' < 0$ であり，y は減少する．
$1 < x$ のとき $y' > 0$ であり，y は増加する．

まとめて，この関数の増減を表にすると，次のようになる． □

x	$x<-1$	-1	$-1<x<1$	1	$1<x$
y'	$+$	0	$-$	0	$+$
y	↗	2	↘	-2	↗

上のような表を**増減表**という．記号 ↗ は関数 y が増加することを，記号 ↘ は関数 y が減少することを表す．なお，この関数のグラフは図 7.1 のようになっている．

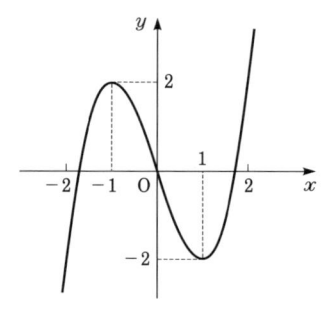

図 7.1

関数の増減を調べることによって不等式を証明することもできる．

例題 7.2

$x>0$ のとき，$\mathrm{Tan}^{-1}x > \dfrac{x}{1+x^2}$ であることを示せ．

【解】
$$f(x) = \mathrm{Tan}^{-1}x - \frac{x}{1+x^2} \quad (x \geq 0)$$
とおくと，
$$f'(x) = \frac{1}{1+x^2} - \frac{1-x^2}{(1+x^2)^2} = \frac{2x^2}{(1+x^2)^2} > 0$$
となる．したがって，$f(x)$ は $x \geq 0$ で単調増加関数である．また，$f(0)=0$ であるから，$x>0$ では $f(x)>0$ となり，$\mathrm{Tan}^{-1}x > \dfrac{x}{1+x^2}$ が成り立つ． □

極大・極小　　点 a に近いすべての点 x に対して
$$f(x) < f(a)$$
であるとき，$f(x)$ は $x=a$ で**極大**になるといい，$f(a)$ を**極大値**という．

同様に，点 a に近いすべての点 x に対して
$$f(x) > f(a)$$
であるとき，$f(x)$ は $x=a$ で**極小**になるといい，$f(a)$ を**極小値**という．また，極大値と極小値をまとめて**極値**という．

例題 7.1 の関数 $f(x) = x^3 - 3x$ は $x=-1$ で極大値 $f(-1)=2$ をとり，$x=1$ で極小値 $f(1)=-2$ をとる．この例題からわかるように，極値

をとる点を求めるには，まず，微分が0となる点を調べればよい．実際，次の定理が成り立つ．

定理 7.2 微分可能な関数 $f(x)$ が $x = a$ で極値をとるならば $f'(a) = 0$ である．

【証明】 点 a で極大値をとるとすると，点 a に近いすべての点 x に対して $f(a) > f(x)$ である．したがって

$x > a$ のとき $\dfrac{f(x) - f(a)}{x - a} < 0$, $x < a$ のとき $\dfrac{f(x) - f(a)}{x - a} > 0$

が成り立つ．したがって，$x \to a$ とすると

$$0 \leq \frac{df}{dx}(a) \leq 0$$

となり，$f'(a) = 0$ である．極小値の場合も同様である． □

逆に $f'(a) = 0$ のとき実際に極値をとるかどうかを調べるにはテイラーの公式(6.4節参照)が有効である．極値をとるための十分条件を調べよう．

関数 $f(x)$ は必要なだけ何回でも微分でき，その導関数は連続とする．点 a におけるテイラーの公式 (6.17) は，$n = 1$ のとき

$$f(x) - f(a) = f'(a)(x - a) + \frac{1}{2!}f''(a + \theta(x - a))(x - a)^2$$

である．したがって，$f'(a) = 0$ ならば，

$$f(x) - f(a) = \frac{1}{2!}f''(a + \theta(x - a))(x - a)^2$$

となる．$x \neq a$ で $(x - a)^2 > 0$ だから，x が a に十分近いとき，f'' の符号によって $f(x) - f(a)$ の正・負が決まる．したがって，次のことがいえる．

$f'(a) = 0$ が成り立っているとする．このとき

$f''(a) > 0$ ならば，$f(x)$ は点 a で極小値をとる．

$f''(a) < 0$ ならば，$f(x)$ は点 a で極大値をとる．

$f''(a) = 0$ のときはさらに調べないとわからない．

例題 7.1 の関数 $f(x) = x^3 - 3x$ で確認すると $f''(x) = 6x$ であるから $x = -1$ では $f(-1) = -6 < 0$ だから極大値を, $x = 1$ では $f(1) = 6 > 0$ だから極小値をとることがわかる.

$f'(a) = f''(a) = 0$ のときは, テイラーの公式 (6.17) で $n = 2$ までとった式

$$f(x) - f(a) = \frac{1}{3!} f'''(a + \theta(x-a))(x-a)^3$$

を考える. この式の右辺の $(x-a)^3$ は x が a より大きいか小さいかによって符号が変わるから, $f'(a) = 0$, $f''(a) = 0$ であって $f'''(a) \neq 0$ のときは, $x = a$ で極値をとらないことになる. なお, $f'''(a) = 0$ のときは, さらに $f^{(4)}(a)$ を調べればよい.

問題 1 次の関数の増減表を書き, 関数の極値を求め, グラフの概形をかけ.
(1) $y = x^3 - 6x^2 + 9x - 3$ (2) $y = |x^3 - x^2 - x + 1|$

7.2 2変数関数の極大・極小

2 変数関数の場合も 1 変数のときと同様, 極大・極小は次のように定義される.

極大・極小　　点 (a, b) に近いすべての点 (x, y) に対して
$$f(x, y) < f(a, b)$$
であるとき, $f(x, y)$ は点 (a, b) で**極大**になるといい, $f(a, b)$ を**極大値**という.
$$f(x, y) > f(a, b)$$
であるとき, $f(x, y)$ は点 (a, b) で**極小**になるといい, $f(a, b)$ を**極小値**という. また, 極大値と極小値をまとめて**極値**という.

やはり 1 変数関数の場合と同じく, 次の定理が成り立つ.

定理 7.3 微分可能な関数 $f(x, y)$ が点 (a, b) で極値をとるならば
$$\frac{\partial f}{\partial x}(a, b) = 0, \qquad \frac{\partial f}{\partial y}(a, b) = 0$$
である.

【証明】 点 (a, b) で極大値をとる,すなわち,$f(x, y) < f(a, b)$ とすると

$$x > a \text{ のとき } \quad \frac{f(x, y) - f(a, b)}{x - a} < 0,$$

$$x < a \text{ のとき } \quad \frac{f(x, y) - f(a, b)}{x - a} > 0$$

が成り立つ.このとき,$x \to a$ とすると

$$0 \leq \frac{\partial f}{\partial x}(a, b) \leq 0 \qquad \therefore \quad \frac{\partial f}{\partial x}(a, b) = 0$$

となる.$\frac{\partial f}{\partial y}(a, b) = 0$ も同じである.また,極小のときも同様に示すことができる. □

1 変数の場合と同様,テイラーの公式を用いて極値をとるための十分条件を調べよう.関数 $f(x, y)$ は必要なだけ偏微分でき,その偏導関数は連続とする.テイラーの公式 (6.37) で $n = 1$ とすると

$$f(x, y) = f(a, b) + \left\{(x - a)\frac{\partial}{\partial x} + (y - b)\frac{\partial}{\partial y}\right\} f(a, b)$$
$$+ \frac{1}{2!}\left\{(x - a)\frac{\partial}{\partial x} + (y - b)\frac{\partial}{\partial y}\right\}^2 f(a + \theta(x - a), b + \theta(y - b))$$
$$(0 < \theta < 1)$$

となる.ここで,$I := f(x, y) - f(a, b)$ とおくと $f_x(a, b) = 0$, $f_y(a, b) = 0$ ならば,

$$I = \frac{1}{2!}\left\{(x - a)\frac{\partial}{\partial x} + (y - b)\frac{\partial}{\partial y}\right\}^2 f(a + \theta(x - a), b + \theta(y - b))$$
$$= \frac{1}{2}\{f_{xx}(a + \theta(x - a), b + \theta(y - b))(x - a)^2$$
$$+ 2f_{xy}(a + \theta(x - a), b + \theta(y - b))(x - a)(y - b)$$
$$+ f_{yy}(a + \theta(x - a), b + \theta(y - b))(y - b)^2\} \quad (0 < \theta < 1)$$

が得られる．$h = x - a$, $k = y - b$ とし，さらに，$p = f_{xx}(a + \theta(x - a), b + \theta(y - b))$, $q = f_{xy}(a + \theta(x - a), b + \theta(y - b))$, $r = f_{yy}(a + \theta(x - a), b + \theta(y - b))$ とおくと，

$$I = \frac{1}{2}(ph^2 + 2qhk + rk^2) = \frac{1}{2}p\left(h^2 + 2\frac{q}{p}hk + \frac{r}{p}k^2\right)$$
$$= \frac{1}{2}p\left\{\left(h + \frac{q}{p}k\right)^2 + \frac{pr - q^2}{p^2}k^2\right\}$$

と書けるので，p と $pr - q^2$（判別式）が I の符号決定の鍵を握っていることがわかる．ここで，点 (x, y) が点 (a, b) に十分近いとき，f_{xx}, f_{xy}, f_{yy} の点 $(a + \theta(x - a), b + \theta(y - b))$ における値 p, q, r を，それぞれ，点 (a, b) における値 p_0, q_0, r_0 で近似できることに注意する．そこで，

$$H := p_0 r_0 - q_0^2 = \det\begin{pmatrix} p_0 & q_0 \\ q_0 & r_0 \end{pmatrix} = \det\begin{pmatrix} f_{xx}(a, b) & f_{xy}(a, b) \\ f_{xy}(a, b) & f_{yy}(a, b) \end{pmatrix}$$

とおくと，次のことがわかる．

 （ⅰ）　$H > 0$ のときは　(1)：$p > 0$ ならば，$I \geq 0$,
 　　　　　　　　　　　　(2)：$p < 0$ ならば，$I \leq 0$.
 （ⅱ）　$H < 0$ のときは，I は正負いずれの値もとる．

したがって，次の結果を得る．

定理 7.4　$f_x(a, b) = 0$, $f_y(a, b) = 0$ が成り立っているとする．このとき

 （ⅰ）　$H > 0$ のときは　(1)：$f_{xx}(a, b) > 0$ ならば，点 (a, b) で極小，
 　　　　　　　　　　　　(2)：$f_{xx}(a, b) < 0$ ならば，点 (a, b) で極大．
 （ⅱ）　$H < 0$ のときは，極値をとらない．

図 7.2（次ページ）の 3 つの例はいずれも原点 $(0, 0)$ で $\dfrac{\partial f}{\partial x} = \dfrac{\partial f}{\partial y} = 0$ となり，上述の分類に当てはまる典型的な例である．

 (a)　$z = x^2 + y^2$;　　$H = 4 > 0$, $p = 2 > 0$. 極小．
 (b)　$z = -x^2 - y^2$;　$H = 4 > 0$, $p = -2 < 0$. 極大．
 (c)　$z = -x^2 + y^2$;　$H = -4 < 0$.

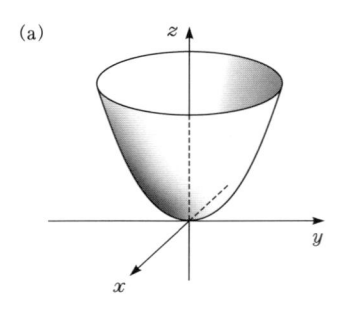

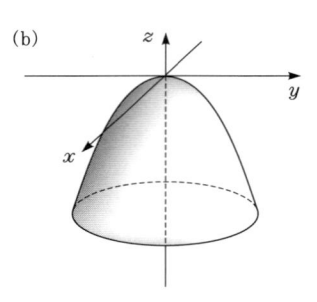

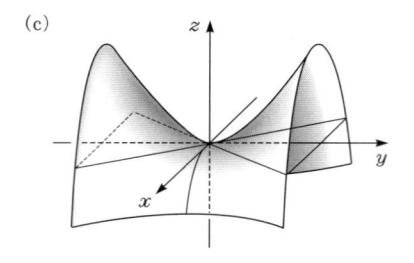

(a) は分類の (i) の (1), (b) は (i) の(2), (c) は (ii) に相当している.
なお, 極値をとらない (c) の場合の原点 $(0,0)$ を**鞍点**あるいは**峠点**という.

例題 7.3

関数 $f(x,y) = xy + \dfrac{1}{x} + \dfrac{1}{y}$ の極値を求めよ.

【解】
$$f_x = y - \frac{1}{x^2}, \quad f_y = x - \frac{1}{y^2},$$
$$f_{xx} = \frac{2}{x^3}, \quad f_{xy} = 1, \quad f_{yy} = \frac{2}{y^3}, \quad H = \frac{4}{x^3 y^3} - 1$$

であるから
$$y - \frac{1}{x^2} = 0, \quad x - \frac{1}{y^2} = 0$$

より
$$x - x^4 = 0$$

すなわち，
$$x(1-x)(1+x+x^2) = 0$$
が得られる．$x \neq 0$ であるから，$x = 1$ のみを考えればよい．このとき $y = 1$ であるから $(1,1)$ が極値の候補となる点である．定理 7.4 によって調べると
$$H|_{x=1, y=1} = 4 - 1 = 3 > 0, \qquad f_{xx}(1,1) = 2 > 0$$
であり，$f(1,1) = 1 \cdot 1 + 1 + 1 = 3$ となるから，与えられた関数は点 $(1,1)$ で極小値 3 をとる． □

問題 1 関数 $f(x,y) = x^3 + 3xy + y^3$ の極値を求めよ．

7.3 条件付極値

点 (x,y) が曲線 $g(x,y) = 0$ 上を動くとき，関数 $f(x,y)$ の最大値や最小値を求める問題を考えよう．

例題 7.4

条件 $g(x,y) = x^2 + y^2 - 1 = 0$ の下で，関数 $f(x,y) = x + y$ の最大値とその点の座標を求めよ．

【解】 $x + y = k$ とおき，k の最大値を求める．図 7.3 のように円 $x^2 + y^2 - 1 = 0$ と直線 $x + y = k$ が接するときの k を調べればよい．

条件式 $x^2 + y^2 - 1 = 0$ に $y = k - x$ を代入すると
$$2x^2 - 2kx + k^2 - 1 = 0$$
となる．円と直線が接することより，この 2 次方程式は重根をもつ．すなわち，判別式は零でなければならない．したがって $k = \sqrt{2}, -\sqrt{2}$ となる．これらの k は，$x + y$ の極値となっている．最大値の候補となる極値が求まったのである．図より，$k = \sqrt{2}$ のとき接点は $\left(\dfrac{1}{\sqrt{2}}, \dfrac{1}{\sqrt{2}}\right)$ であり k

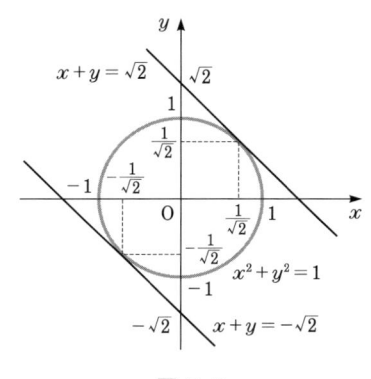

図 7.3

は最大となる．一方，$k=-\sqrt{2}$ のとき接点は $\left(-\frac{1}{\sqrt{2}}, -\frac{1}{\sqrt{2}}\right)$ であり k は最小となる．以上より，$(x,y)=\left(\frac{1}{\sqrt{2}}, \frac{1}{\sqrt{2}}\right)$ のとき，$x+y$ は最大値 $\sqrt{2}$ をとる．
□

この解答のポイントは，極値をとる点においては曲線 $g(x,y)=0$ と曲線 $f(x,y)=k$ が共通の接線をもたなければならないということである．これは言い換えると，極値をとる点においては $g(x,y)=0$ と $f(x,y)=k$ が共通の法線をもたなければならないということになる．

一方，3.3節で見たように，$(g_x(x,y), g_y(x,y))$ は $g(x,y)=0$ 上の点 (x,y) における法線ベクトルであり，$(f_x(x,y), f_y(x,y))$ は $f(x,y)=k$ 上の点 (x,y) における法線ベクトルであるので，最大値をとる点においては，2つの法線ベクトルが平行ということになる．すなわち，適当な定数 λ が存在して，$(f_x(x,y), f_y(x,y)) = \lambda(g_x(x,y), g_y(x,y))$ が成り立つ．

以上より，極値を与える候補の点 (x,y) は次の連立方程式から求められることになる．

$$\begin{cases} (f_x(x,y), f_y(x,y)) = \lambda(g_x(x,y), g_y(x,y)), \\ g(x,y) = 0. \end{cases} \quad (7.1)$$

注意1 上に述べた手法を**ラグランジュの未定乗数法**という．なお，こうして求めた点はあくまでも候補であり，それが求める極値を与えるものであるかどうかについては別の方法で吟味しなければならない．

注意2 ラグランジュの未定乗数法は，次のようにも解釈することができる．条件を与える関数 $g(x,y)=0$ 上の点を $(x,y)=(x(t), y(t))$ のようにパラメータ t を用いて表現すると，$g(x(t), y(t))=0$ となるので，$\frac{dg}{dt}=0$ が成り立つ．したがって，

$$\frac{\partial g}{\partial x}\frac{dx}{dt} + \frac{\partial g}{\partial y}\frac{dy}{dt} = 0$$

となる．ベクトルの内積の形で書き直すと，

$$\left(\frac{\partial g}{\partial x}, \frac{\partial g}{\partial y}\right) \cdot \left(\frac{dx}{dt}, \frac{dy}{dt}\right) = 0$$

である．したがって，ベクトル $\left(\frac{\partial g}{\partial x}, \frac{\partial g}{\partial y}\right)$ と $\left(\frac{dx}{dt}, \frac{dy}{dt}\right)$ は直交している．

一方，関数 $f(x(t), y(t))$ が極値をもつ点においては，$\dfrac{df}{dt} = 0$ でなければならないので，

$$\frac{\partial f}{\partial x}\frac{dx}{dt} + \frac{\partial f}{\partial y}\frac{dy}{dt} = 0$$

すなわち，

$$\left(\frac{\partial f}{\partial x}, \frac{\partial f}{\partial y}\right) \cdot \left(\frac{dx}{dt}, \frac{dy}{dt}\right) = 0$$

である．したがって，ベクトル $\left(\dfrac{\partial f}{\partial x}, \dfrac{\partial f}{\partial y}\right)$ と $\left(\dfrac{dx}{dt}, \dfrac{dy}{dt}\right)$ は直交している．結局，ベクトル $\left(\dfrac{\partial g}{\partial x}, \dfrac{\partial g}{\partial y}\right)$ と $\left(\dfrac{\partial f}{\partial x}, \dfrac{\partial f}{\partial y}\right)$ は平行であることになるのである．

【例題 7.4 の別解】（ラグランジュの未定乗数法による解）

$(f_x, f_y) = (1, 1)$ で，$(g_x(x, y), g_y(x, y)) = (2x, 2y)$ であるから，(7.1) の第 1 式は $(1, 1) = \lambda(2x, 2y)$ となる．これより，$\lambda \neq 0$ および $x = y$ が得られる．次に (7.1) の第 2 式より，

$$x^2 + y^2 - 1 = 0$$

であるから，$2x^2 = 1$ となり，2 点

$$(x, y) = \left(\frac{1}{\sqrt{2}}, \frac{1}{\sqrt{2}}\right), \qquad (x, y) = \left(-\frac{1}{\sqrt{2}}, -\frac{1}{\sqrt{2}}\right)$$

が極値をとる候補の点である．これらを f に代入して

$$f\left(\frac{1}{\sqrt{2}}, \frac{1}{\sqrt{2}}\right) = \sqrt{2}, \qquad f\left(-\frac{1}{\sqrt{2}}, -\frac{1}{\sqrt{2}}\right) = -\sqrt{2}$$

となるから，$x + y$ は点 $\left(\dfrac{1}{\sqrt{2}}, \dfrac{1}{\sqrt{2}}\right)$ で最大値 $\sqrt{2}$ をとる． □

注意 3 $F(x, y, \lambda) = f(x, y) - \lambda g(x, y)$ とおくと，(7.1) は

$$F_x(x, y, \lambda) = 0, \qquad F_y(x, y, \lambda) = 0, \qquad F_\lambda(x, y, \lambda) = 0$$

と書くことができる．

問題 1 条件 $x^2 + y^2 = 1$ のもとで $f(x, y) = xy$ の最大値を求めよ．

7.4 極座標と座標変換

ある地点を指し示すとき，方角と距離で示すことが多い．これが**極座標**の考え方である．すなわち，平面上の点 P を原点からの距離 r と半直線 OX（x 軸の $0 \leq x$ の部分）からの角度 θ を用いて (r, θ) と表すのが点 P の極座標である（図 7.4）．極座標では原点 O を**極**といい，半直線 OX を**始線**という．

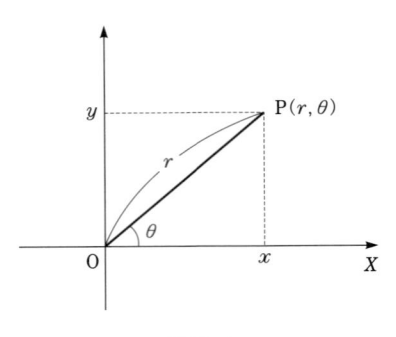

図 7.4

図からわかるように，点 P の直交座標 (x, y) との関係は
$$x = r\cos\theta, \qquad y = r\sin\theta$$
もしくは
$$r^2 = x^2 + y^2, \qquad \tan\theta = \frac{y}{x}$$
である．

曲線の方程式が直交座標で
$$F(x, y) = 0$$
と書かれるとき，この方程式を極座標で表すと，
$$F(r\cos\theta, r\sin\theta) = 0$$
となる．このように極座標で書かれた方程式を**極方程式**という．

例 1

中心 $(a, 0)$，半径 a の円を C とする（図 7.5）．円 C の極方程式を求めよう．直交座標 (x, y) では $(x-a)^2 + y^2 = a^2$ である．展開して
$$x^2 + y^2 = 2ax$$
とし，極座標に直すと
$$r = 2a\cos\theta$$

が得られる．

なお，図 7.5 の直角三角形 OAP に注目すると，この極方程式は幾何学的に直接得ることもできる．◆

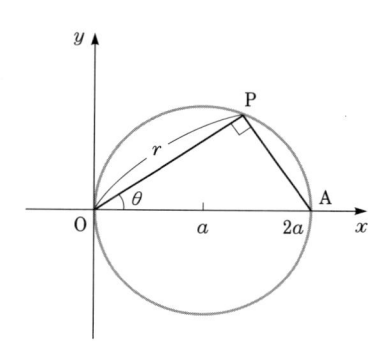

図 7.5

直交座標から極座標に変換するとき，微分はどうなるのか調べておこう．3.2 節で合成関数の微分公式 (3.3) を得たが，2 変数関数では，さらに x, y が 2 つの独立変数の関数である場合の合成関数の微分が考えられる．すなわち，関数 $z = f(x, y)$ がなめらかで，x, y がそれぞれ u, v の関数 $x = \varphi(u, v)$, $y = \psi(u, v)$ であるとする．関数 $\varphi(u, v)$, $\psi(u, v)$ が u, v について偏微分可能であるとき，まず，v を固定して z を u で偏微分する．すなわち，v を定数と見なして公式 (3.3) に基づいて u で偏微分すると

$$\frac{\partial z}{\partial u} = \frac{\partial z}{\partial x}\frac{\partial x}{\partial u} + \frac{\partial z}{\partial y}\frac{\partial y}{\partial u} \tag{7.2}$$

が得られる．同様に，u を固定して v で偏微分すると

$$\frac{\partial z}{\partial v} = \frac{\partial z}{\partial x}\frac{\partial x}{\partial v} + \frac{\partial z}{\partial y}\frac{\partial y}{\partial v} \tag{7.3}$$

が得られる．

例 2

関数 $z = x^2 + xy + y^2$ について極座標変換 $x = r\cos\theta$, $y = r\sin\theta$ としたとき，(7.2), (7.3) を用いて $\partial z/\partial r$, $\partial z/\partial\theta$ を求める．

$$\frac{\partial x}{\partial r} = \cos\theta, \quad \frac{\partial y}{\partial r} = \sin\theta, \quad \frac{\partial x}{\partial \theta} = -r\sin\theta, \quad \frac{\partial y}{\partial \theta} = r\cos\theta \quad (7.4)$$

および

$$\frac{\partial z}{\partial x} = 2x + y, \quad \frac{\partial z}{\partial y} = x + 2y$$

であるから

$$\begin{aligned}
\frac{\partial z}{\partial r} &= (2x+y)\cos\theta + (x+2y)\sin\theta \\
&= 2r\cos^2\theta + 2r\sin\theta\cos\theta + 2r\sin^2\theta \\
&= 2r + r\sin 2\theta = r(2 + \sin 2\theta), \\
\frac{\partial z}{\partial \theta} &= (2x+y)(-r\sin\theta) + (x+2y)r\cos\theta \\
&= -2r^2\cos\theta\sin\theta - r^2\sin^2\theta + r^2\cos^2\theta + 2r^2\sin\theta\cos\theta \\
&= r^2\cos 2\theta
\end{aligned}$$

である． ◆

例3

関数 $z = f(x, y)$ は2回連続微分可能（2階偏導関数がすべて連続）とする．極座標変換 $x = r\cos\theta$, $y = r\sin\theta$ を行ったとき

$$\frac{\partial^2 z}{\partial x^2} + \frac{\partial^2 z}{\partial y^2} = \frac{\partial^2 z}{\partial r^2} + \frac{1}{r^2}\frac{\partial^2 z}{\partial \theta^2} + \frac{1}{r}\frac{\partial z}{\partial r} \quad (7.5)$$

が成り立つことを示そう．

右辺から左辺を導く．(7.2), (7.3) に (7.4) を用いると

$$\frac{\partial z}{\partial r} = \frac{\partial z}{\partial x}\frac{\partial x}{\partial r} + \frac{\partial z}{\partial y}\frac{\partial y}{\partial r} = \frac{\partial z}{\partial x}\cos\theta + \frac{\partial z}{\partial y}\sin\theta,$$

$$\frac{\partial z}{\partial \theta} = \frac{\partial z}{\partial x}\frac{\partial x}{\partial \theta} + \frac{\partial z}{\partial y}\frac{\partial y}{\partial \theta} = \frac{\partial z}{\partial x}(-r\sin\theta) + \frac{\partial z}{\partial y}r\cos\theta$$

となる．さらに，r, θ で偏微分すると

$$\begin{aligned}
\frac{\partial^2 z}{\partial r^2} &= \frac{\partial}{\partial r}\left(\frac{\partial z}{\partial x}\right)\cos\theta + \frac{\partial}{\partial r}\left(\frac{\partial z}{\partial y}\right)\sin\theta \\
&= \left(\frac{\partial^2 z}{\partial x^2}\cos\theta + \frac{\partial^2 z}{\partial y \partial x}\sin\theta\right)\cos\theta + \left(\frac{\partial^2 z}{\partial x \partial y}\cos\theta + \frac{\partial^2 z}{\partial y^2}\sin\theta\right)\sin\theta \\
&= \frac{\partial^2 z}{\partial x^2}\cos^2\theta + 2\frac{\partial^2 z}{\partial x \partial y}\cos\theta\sin\theta + \frac{\partial^2 z}{\partial y^2}\sin^2\theta \quad (7.6)
\end{aligned}$$

$$\frac{\partial^2 z}{\partial \theta^2} = \frac{\partial}{\partial \theta}\left(-\frac{\partial z}{\partial x}\right)r\sin\theta - \frac{\partial z}{\partial x}r\cos\theta + \frac{\partial}{\partial \theta}\left(\frac{\partial z}{\partial y}\right)r\cos\theta - \frac{\partial z}{\partial y}r\sin\theta$$

$$= \left(-\frac{\partial^2 z}{\partial x^2}(-r\sin\theta) - \frac{\partial^2 z}{\partial y \partial x}r\cos\theta\right)r\sin\theta$$

$$+ \left(\frac{\partial^2 z}{\partial x \partial y}(-r\sin\theta) + \frac{\partial^2 z}{\partial y^2}r\cos\theta\right)r\cos\theta - r\left(\frac{\partial z}{\partial x}\cos\theta + \frac{\partial z}{\partial y}\sin\theta\right)$$

$$= \frac{\partial^2 z}{\partial x^2}r^2\sin^2\theta - 2\frac{\partial^2 z}{\partial x \partial y}r^2\cos\theta\sin\theta + \frac{\partial^2 z}{\partial y^2}r^2\cos^2\theta - r\frac{\partial z}{\partial r} \quad (7.7)$$

となる．(7.7) の両辺を r^2 で割って整理すると

$$\frac{1}{r^2}\frac{\partial^2 z}{\partial \theta^2} + \frac{1}{r}\frac{\partial z}{\partial r} = \frac{\partial^2 z}{\partial x^2}\sin^2\theta - 2\frac{\partial^2 z}{\partial x \partial y}\cos\theta\sin\theta + \frac{\partial^2 z}{\partial y^2}\cos^2\theta \quad (7.8)$$

となる．(7.6) と (7.8) を辺々加えると (7.5) が得られる．◆

(7.5) の左辺は微分演算子 $\frac{\partial^2}{\partial x^2} + \frac{\partial^2}{\partial y^2}$ を用いて $\left(\frac{\partial^2}{\partial x^2} + \frac{\partial^2}{\partial y^2}\right)z$ と表され，応用上重要なものである．この演算子をとくに Δ と書き，**ラプラシアン**とよぶ．すなわち，

$$\Delta := \frac{\partial^2}{\partial x^2} + \frac{\partial^2}{\partial y^2}$$

である．

例 4

関数 $z = \log\sqrt{x^2 + y^2}$ は $\Delta z = 0$ を満たすことを示そう．

極座標変換すると $z = \log r$ である．したがって

$$\frac{\partial z}{\partial r} = \frac{1}{r}, \qquad \frac{\partial^2 z}{\partial r^2} = -\frac{1}{r^2}$$

であり，θ に関する偏微分はすべて 0 であるから，(7.5) より

$$\Delta z = -\frac{1}{r^2} + \frac{1}{r}\frac{1}{r} = 0$$

となる．◆

例 4 のように $\Delta z = 0$ を満たす関数 z を**調和関数**という．

極座標変換により，r のみとなる関数にラプラシアンを作用させるときは，公式 (7.5) が有用となるのである．

以上の結果は，独立変数の数が増えても全く同様に得ることができる．ここでは応用上よく使われる 3 つの独立変数の場合について一般的な式を示しておくことにしよう．3 変数関数 $F = f(x, y, z)$ に対して，全微分は

$$dF = \frac{\partial f}{\partial x} dx + \frac{\partial f}{\partial y} dy + \frac{\partial f}{\partial z} dz$$

で与えられる．また，$x = \xi(u, v, w)$，$y = \eta(u, v, w)$，$z = \zeta(u, v, w)$ としたときの合成関数の微分公式は

$$\frac{\partial F}{\partial u} = \frac{\partial F}{\partial x}\frac{\partial x}{\partial u} + \frac{\partial F}{\partial y}\frac{\partial y}{\partial u} + \frac{\partial F}{\partial z}\frac{\partial z}{\partial u}, \tag{7.9}$$

$$\frac{\partial F}{\partial v} = \frac{\partial F}{\partial x}\frac{\partial x}{\partial v} + \frac{\partial F}{\partial y}\frac{\partial y}{\partial v} + \frac{\partial F}{\partial z}\frac{\partial z}{\partial v}, \tag{7.10}$$

$$\frac{\partial F}{\partial w} = \frac{\partial F}{\partial x}\frac{\partial x}{\partial w} + \frac{\partial F}{\partial y}\frac{\partial y}{\partial w} + \frac{\partial F}{\partial z}\frac{\partial z}{\partial w} \tag{7.11}$$

で与えられる．

例 5

球座標 (r, θ, φ)　3 次元の極座標ともいい，直交座標 (x, y, z) に対して，図 7.6 のように

$$x = r\sin\theta\cos\varphi, \qquad y = r\sin\theta\sin\varphi, \qquad z = r\cos\theta \tag{7.12}$$

$$(ただし，0 \leq r,\ 0 \leq \theta \leq \pi,\ 0 \leq \varphi < 2\pi)$$

で定義される．これは球状の物体や，3 次元空間での点対称な現象を扱うのに便利な座標である．関数 $F = f(x, y, z)$ に対する微分や偏導関数の関係はそれぞれ

$$dx = \sin\theta\cos\varphi\, dr + r\cos\theta\cos\varphi\, d\theta - r\sin\theta\sin\varphi\, d\varphi, \tag{7.13}$$

$$dy = \sin\theta\sin\varphi\, dr + r\cos\theta\sin\varphi\, d\theta + r\sin\theta\cos\varphi\, d\varphi, \tag{7.14}$$

$$dz = \cos\theta\, dr - r\sin\theta\, d\theta, \tag{7.15}$$

$$\frac{\partial F}{\partial r} = \frac{\partial F}{\partial x}\sin\theta\cos\varphi + \frac{\partial F}{\partial y}\sin\theta\sin\varphi + \frac{\partial F}{\partial z}\cos\theta, \tag{7.16}$$

$$\frac{\partial F}{\partial \theta} = \frac{\partial F}{\partial x}r\cos\theta\cos\varphi + \frac{\partial F}{\partial y}r\cos\theta\sin\varphi - \frac{\partial F}{\partial z}r\sin\theta, \tag{7.17}$$

$$\frac{\partial F}{\partial \varphi} = -\frac{\partial F}{\partial x}r\sin\theta\sin\varphi + \frac{\partial F}{\partial y}r\sin\theta\cos\varphi \tag{7.18}$$

となる．◆

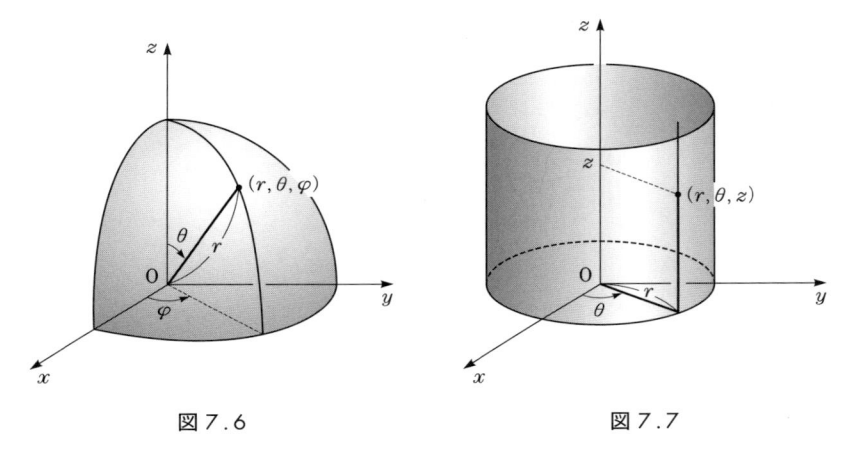

7.4 極座標と座標変換

図 7.6

図 7.7

例 6

円柱座標 (r, θ, z)　直交座標 (x, y, z) に対して図 7.7 のように

$$x = r\cos\theta, \qquad y = r\sin\theta, \qquad z = z$$
$$(0 \leq r,\ 0 \leq \theta < 2\pi,\ -\infty < z < \infty) \tag{7.19}$$

で定義される．これは円筒形の物体や，回転対称な(すなわち θ によらない)現象を扱うのに便利な座標である．関数 $F = f(x, y, z)$ を円柱座標に変換したときの偏微分は (7.9), (7.10), (7.11) より

$$\frac{\partial F}{\partial r} = \frac{\partial F}{\partial x}\cos\theta + \frac{\partial F}{\partial y}\sin\theta, \tag{7.20}$$

$$\frac{\partial F}{\partial \theta} = -\frac{\partial F}{\partial x}r\sin\theta + \frac{\partial F}{\partial y}r\cos\theta, \tag{7.21}$$

$$\frac{\partial F}{\partial z} = \frac{\partial F}{\partial z} \tag{7.22}$$

である．◆

問題 1　関数 $z = f(x, y)$ において $x = r\cos\theta,\ y = r\sin\theta$ とすると

$$\left(\frac{\partial z}{\partial x}\right)^2 + \left(\frac{\partial z}{\partial y}\right)^2 = \left(\frac{\partial z}{\partial r}\right)^2 + \frac{1}{r^2}\left(\frac{\partial z}{\partial \theta}\right)^2$$

が成り立つことを示せ．

第7章 練習問題

1. 次の関数の増減を調べ，その極値を求めグラフの概形をかけ．

（1） $y = x^3 - 2x^2 - 4x + 1$ （2） $y = x(x-1)^{\frac{2}{3}}$

（3） $y = \dfrac{x^2}{x^4 + 1}$ （4） $y = e^{-x^2}$

（5） $y = x e^{-x^2}$ （6） $y = e^x \sin x$

2. 次の関数 $f(x, y)$ の極値を求めよ．

（1） $f(x, y) = x^2 + xy + y^2 - 4x - 2y$

（2） $f(x, y) = xy(x^2 + y^2 - 1)$

3. 次の各問に答えよ．

（1） $2x^2 + y^2 = 1$ 上で $f(x, y) = x^2 + y^2$ の最大値を求めよ．

（2） $x^2 + y^2 = 9$ 上で $f(x, y) = 3x^2 + 2\sqrt{2}\, xy + 4y^2$ の最大値を求めよ．

（3） $x^2 + y^2 + z^2 = 1$ 上で $f(x, y, z) = x - 2y + 2z$ の最大値を求めよ．

（4） $x^2 + 2y^2 + 3z^2 = 1$ 上で $f(x, y, z) = (x + y + z)^2$ の最大値を求めよ．

4. 次の関数 z は $\Delta z = 0$ を満たすことを示せ．

（1） $z = e^x \sin y$ （2） $z = \dfrac{x}{x^2 + y^2}$

（3） $z = \operatorname{Tan}^{-1} \dfrac{y}{x}$

5. 3次元空間におけるラプラシアン Δ を $\Delta := \dfrac{\partial^2}{\partial x^2} + \dfrac{\partial^2}{\partial y^2} + \dfrac{\partial^2}{\partial z^2}$ と定義する．このとき $r = \sqrt{x^2 + y^2 + z^2}$ および r の関数 $u = u(r)$ について，次の関係式が成り立つことを証明せよ．

（1） $\Delta u = \dfrac{d^2 u}{dr^2} + \dfrac{2}{r} \dfrac{du}{dr}$ （2） $\Delta \dfrac{1}{r} = 0$ （3） $\Delta r = \dfrac{2}{r}$

第8章

重 積 分

　第4章で図形の面積が積分で求まることを明らかにした．それでは3次元図形の体積はどのようにして計算すればよいか．重積分がその答えである．面積と同じように，まず微小な4角柱で図形を分割したのち，たしあわせるという操作を行えばよい．重積分の定式化をするためにはやはり極限概念の導入が必要となる．

　球のように曲面で囲まれた物体の体積を求めるときには，それに応じた座標を導入すると便利である．前章同様，座標変換が積分を実行する際のキーポイントとなる．

8.1 重積分

関数 $f(x,y)$ は xy 平面上の領域 D で定義されているとする．図 8.1 のように，領域 D を分割して得られる微小領域を D_k，その面積を A_k とする．微小領域 D_k の任意の点を (ξ_k, η_k) とするとき，底面積を A_k，高さを $f(\xi_k, \eta_k)$ とする小立体の体積 $f(\xi_k, \eta_k) A_k$ の総和

$$\sum_k f(\xi_k, \eta_k) A_k \tag{8.1}$$

を作る．分割を限りなく細かくするとき，この和が一定の値に収束するとき，その極限値を関数 $f(x,y)$ の領域 D における **2 重積分**といい

$$\iint_D f(x,y)\, dA \tag{8.2}$$

で表す．通常，$dA = dxdy$ と書く．すなわち，2 重積分を

$$\iint_D f(x,y)\, dxdy \tag{8.3}$$

と書く．なお，2 重積分を単に重積分とよぶこともある．

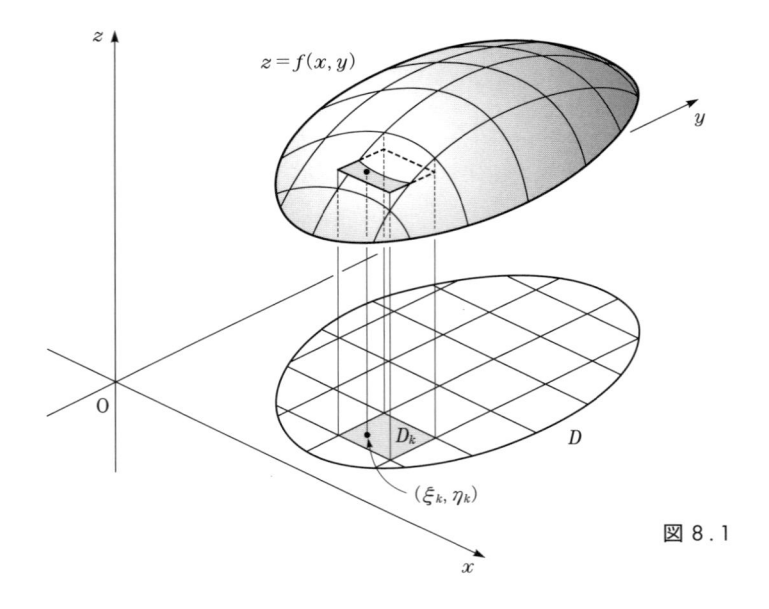

図 8.1

8.1 重積分

領域 D が長方形 $\{(x, y) \mid a \le x \le b,\ c \le y \le d\}$ のときは，各区間 $[a, b]$, $[c, d]$ の分割によって領域を分ける (図 8.2)．各区間の分割によってできる小区間の長さをそれぞれ $\Delta x_i, \Delta y_i$ とすると，小領域 (長方形) D_{ij} の面積は $\Delta x_i \cdot \Delta y_j$ となる．D_{ij} の任意の点を (ξ_{ij}, η_{ij}) として，小立体の体積 $f(\xi_{ij}, \eta_{ij}) \times \Delta x_i \Delta y_j$ の総和をとり，分割を限りなく細かくすると

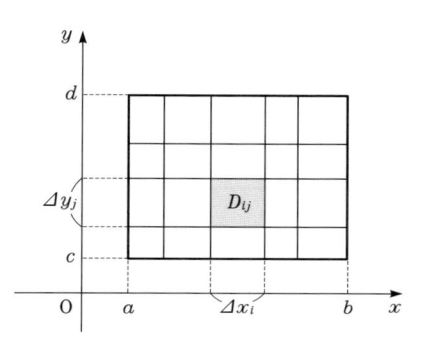

図 8.2

〔総和〕: $\displaystyle\sum_{i,j} f(\xi_{ij}, \eta_{ij})\, \Delta x_i \Delta y_j \to \iint_D f(x, y)\, dxdy$: 〔積分〕

となる．なお，総和については

〔総和〕$= \displaystyle\sum_j \left\{ \sum_i f(\xi_{ij}, \eta_{ij})\, \Delta x_i \right\} \Delta y_j = \sum_i \left\{ \sum_j f(\xi_{ij}, \eta_{ij})\, \Delta y_j \right\} \Delta x_i$

が成り立つ．したがって，分割を限りなく細かくしたときも

〔積分〕$= \displaystyle\int_c^d \underbrace{\left\{ \int_a^b f(x, y)\, dx \right\}}_{y \text{を定数と思う}} dy = \int_a^b \underbrace{\left\{ \int_c^d f(x, y)\, dy \right\}}_{x \text{を定数と思う}} dx \qquad (8.4)$

が成り立つ．これは 2 重積分を具体的に計算するとき役立つ式であり，中辺，右辺はそれぞれ次のように理解しておくとよい．

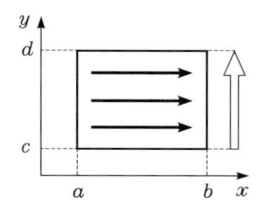

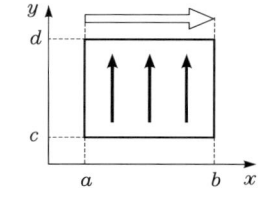

$\begin{bmatrix} x \text{ 方向}(\to) \text{に小計したものを} \\ y \text{ 方向}(\Uparrow) \text{に集計する} \end{bmatrix}$, $\begin{bmatrix} y \text{ 方向}(\uparrow) \text{に小計したものを} \\ x \text{ 方向}(\Rightarrow) \text{に集計する} \end{bmatrix}$.

$\displaystyle\int_c^d \left\{ \int_a^b f(x, y)\, dx \right\} dy$ や $\displaystyle\int_a^b \left\{ \int_c^d f(x, y)\, dy \right\} dx$ を **累次積分** という．

例題 8.1

$D = \{(x, y) \mid 0 \leq x \leq 1,\ 0 \leq y \leq 2\}$ のとき，次の重積分を求めよ．
$$I = \iint_D (2x + 3y)\ dxdy$$

【解】 $I = \int_0^2 \left\{ \int_0^1 (2x + 3y)\ dx \right\} dy = \int_0^2 \left[x^2 + 3xy \right]_{x=0}^{x=1} dy = \int_0^2 (1 + 3y)\ dy$

$= \left[y + \dfrac{3}{2} y^2 \right]_0^2 = 2 + \dfrac{3}{2} \cdot 2^2 = 8.\quad \square$

領域 D が一般の形をしているとき，すなわち，$D = \{(x, y) \mid \phi_1(y) \leq x \leq \phi_2(y),\ c \leq y \leq d\} = \{(x, y) \mid a \leq x \leq b,\ \varphi_1(x) \leq y \leq \varphi_2(x)\}$ と表されるときも次が成り立つ．

$$\iint_D f(x, y)\ dxdy = \int_c^d \underbrace{\left\{ \int_{\phi_1(y)}^{\phi_2(y)} f(x, y)\ dx \right\}}_{y\ を定数と思う} dy = \int_a^b \underbrace{\left\{ \int_{\varphi_1(x)}^{\varphi_2(x)} f(x, y)\ dy \right\}}_{x\ を定数と思う} dx. \tag{8.5}$$

(8.4) と同じく，中辺，右辺はそれぞれ次のように理解しておくとよい．

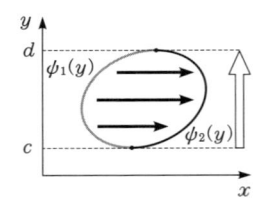

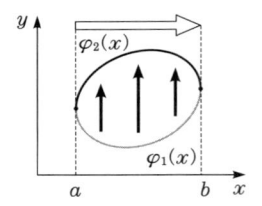

$\begin{bmatrix} x\ 方向(\rightarrow)に小計したものを \\ y\ 方向(\uparrow)に集計する \end{bmatrix},\quad \begin{bmatrix} y\ 方向(\uparrow)に小計したものを \\ x\ 方向(\Rightarrow)に集計する \end{bmatrix}.$

例題 8.2

$D = \{(x, y) \mid 0 \leq x \leq 1,\ x^2 \leq y \leq x\}$ のとき，次の重積分を求めよ．
$$I = \iint_D (x^2 + y^2)\ dxdy$$

【解】 $I = \int_0^1 \left\{ \int_{x^2}^x (x^2 + y^2) \, dy \right\} dx = \int_0^1 \left[x^2 y + \frac{y^3}{3} \right]_{y=x^2}^{y=x} dx$

$= \int_0^1 \left(x^3 + \frac{x^3}{3} - x^4 - \frac{x^6}{3} \right) dx = \left[\frac{x^4}{3} - \frac{x^5}{5} - \frac{x^7}{21} \right]_0^1$

$= \frac{1}{3} - \frac{1}{5} - \frac{1}{21} = \frac{3}{35}.$ □

注意 1 累次積分は

$$\int_a^b \left\{ \int_{\varphi_1(x)}^{\varphi_2(x)} f(x,y) \, dy \right\} dx = \int_a^b dx \int_{\varphi_1(x)}^{\varphi_2(x)} f(x,y) \, dy = \int_a^b \int_{\varphi_1(x)}^{\varphi_2(x)} f(x,y) \, dxdy$$

と書くこともある.

問題 1 $D = \{ (x,y) \mid 0 \leq x \leq 1, \ 1 \leq y \leq 2 \}$ のとき,次の重積分を求めよ.

$$\iint_D (x+y) \, dxdy$$

問題 2 $D = \{ (x,y) \mid 0 \leq x, \ 0 \leq y, \ x^2 + y^2 \leq 1 \}$ のとき,次の重積分を求めよ.

$$\iint_D xy \, dxdy$$

8.2 重積分の計算と積分順序の変更

変数分離型の重積分 長方形領域 $D = \{ (x,y) \mid a \leq x \leq b, \ c \leq y \leq d \}$ で定義された関数 $f(x,y)$ が $p(x)q(y)$ のように x のみの関数 $p(x)$ と y のみの関数 $q(y)$ に分離されるときは,次のように計算してよい.

$$\iint_D p(x) q(y) \, dxdy = \left(\int_a^b p(x) \, dx \right) \left(\int_c^d q(y) \, dy \right). \tag{8.6}$$

なぜならば

$[\text{左辺}] = \int_c^d \underbrace{\left\{ \int_a^b p(x) q(y) \, dx \right\}}_{y \text{ を定数と思う}} dy = \int_c^d \left\{ q(y) \underbrace{\int_a^b p(x) \, dx}_{\text{これは定数}} \right\} dy$

$= \int_c^d q(y) k \, dy \quad \left(\text{ただし,} \ k = \int_a^b p(x) \, dx : \text{定数} \right)$

$= k \int_c^d q(y) \, dy = \left(\int_a^b p(x) \, dx \right) \left(\int_c^d q(y) \, dy \right)$

となるからである．

例 1

$D = \{\,(x,y) \mid a \leq x \leq b,\ c \leq y \leq d\,\}$ とするとき，次のように計算できる．

$$\iint_D xy^2\,dxdy = \left(\int_a^b x\,dx\right)\left(\int_c^d y^2\,dy\right) = \left[\frac{x^2}{2}\right]_a^b \left[\frac{y^3}{3}\right]_c^d$$
$$= \frac{1}{2}(b^2 - a^2)\cdot\frac{1}{3}(d^3 - c^3) = \frac{1}{6}(b^2 - a^2)(d^3 - c^3). \quad \blacklozenge$$

積分順序の変更 (8.4) および (8.5) からわかるように，累次積分は，x から先に積分したものを y で積分するのと，その逆の順序で積分するのがある．結果は同じであるが，領域の表現や途中の計算は大きく変わることがある．例えば，例題 8.2 で積分の順序を変えると，次のようになる．

【例題 8.2 の別解】

$$\iint_D (x^2 + y^2)\,dxdy = \int_0^1 \left\{\int_y^{\sqrt{y}} (x^2 + y^2)\,dx\right\}dy$$
$$= \int_0^1 \left[\frac{1}{3}x^3 + y^2 x\right]_{x=y}^{x=\sqrt{y}} dy$$
$$= \int_0^1 \left(\frac{1}{3}y\sqrt{y} + y^2\sqrt{y} - \frac{4}{3}y^3\right) dy$$
$$= \left[\frac{2}{15}y^{\frac{5}{2}} + \frac{2}{7}y^{\frac{7}{2}} - \frac{1}{3}y^4\right]_0^1 = \frac{2}{15} + \frac{2}{7} - \frac{1}{3} = \frac{3}{35}. \quad \square$$

このように積分の順序を変えることを**積分順序の変更**という．

例題 8.3

次の積分の積分順序を変更せよ．

$$I = \int_0^1 \int_{x^2}^{-x+2} f(x,y)\,dydx$$

【解】 積分領域は，

$$D = \{(x,y) \mid 0 \leq x \leq 1,\ x^2 \leq y \leq -x + 2\}$$

である（図 8.3 の陰影部分）．図からわかるように x から先に積分するには，y が 0

8.2 重積分の計算と積分順序の変更

から 1 までの部分 D_1 と，1 から 2 までの部分 D_2 に分ける必要がある．すなわち，領域 D を

$D_1 = \{(x, y) \mid 0 \leq x \leq \sqrt{y},\ 0 \leq y \leq 1\}$,
$D_2 = \{(x, y) \mid 0 \leq x \leq -y+2,\ 1 \leq y \leq 2\}$

の 2 つに分ける．これより

$$I = \iint_{D_1} f(x,y)\,dxdy + \iint_{D_2} f(x,y)\,dxdy$$
$$= \int_0^1 \left\{ \int_0^{\sqrt{y}} f(x,y)\,dx \right\} dy + \int_1^2 \left\{ \int_0^{2-y} f(x,y)\,dx \right\} dy$$

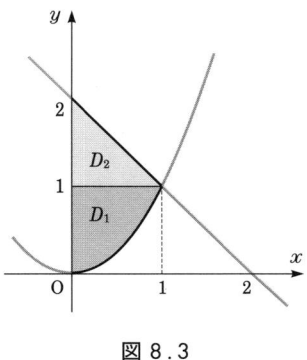

図 8.3

が得られる． □

累次積分の計算では，積分順序を変更することによりうまくいく場合がある．

例 2

積分 $I = \int_0^1 \int_x^1 e^{y^2}\,dydx$ は，このままでは $\int_x^1 e^{y^2}\,dy$ の積分ができない．しかし，積分順序を変更すると

$$I = \int_0^1 \int_0^y e^{y^2}\,dxdy = \int_0^1 y\, e^{y^2}\,dy = \frac{1}{2}\left[e^{y^2} \right]_0^1 = \frac{1}{2}(e - 1)$$

と積分できるのである． ◆

問題 1 次の重積分を求めよ．

(1) $\iint_D xy^2\,dxdy$ $\quad D = \{(x, y) \mid 0 \leq x \leq 1,\ 0 \leq y \leq 2\}$

(2) $\iint_D e^{x+y}\,dxdy$ $\quad D = \{(x, y) \mid 0 \leq x \leq a,\ 0 \leq y \leq a\}$

問題 2 次の積分の積分順序を変更せよ．

(1) $\int_0^1 \int_0^x f(x,y)\,dydx$ $\qquad$ (2) $\int_{-1}^2 \int_{x^2}^{x+2} f(x,y)\,dydx$

8.3 極座標への変数変換

ここでは，重積分の積分変数を極座標に変換することを考える．極座標に変換することにより直交座標における円や扇形の領域が長方形になり，計算が容易になる場合がある．

図8.4のように関数 $f(x,y)$ が定義されている領域を D，これを極座標変換した領域を D' とする．

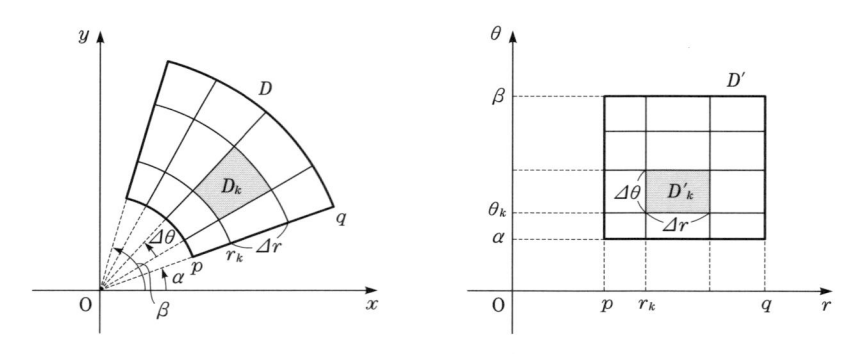

図 8.4

領域 D を分割し，得られる小領域(扇形)を D_k，その面積を A_k とする．また，対応する小領域(長方形)を D'_k とおくと，その面積は $\Delta r \Delta \theta$ である．

領域 D の分割によって得られる小領域(扇形) D_k を長方形と見なすと，その面積 A_k は，(たて $= r_k \Delta \theta$) × (よこ $= \Delta r$) すなわち

$$A_k \fallingdotseq r_k \Delta \theta \Delta r$$

で近似される．小領域 D_k 上の点として (x_k, y_k) をとり，極座標における対応する点を (r_k, θ_k)，すなわち，$x_k = r_k \cos \theta_k$，$y_k = r_k \sin \theta_k$ として，(x_k, y_k) における関数の値と小領域の面積との積の総和をとると

$$\sum_k f(x_k, y_k) A_k \fallingdotseq \sum_k f(r_k \cos \theta_k, r_k \sin \theta_k) r_k \Delta r \Delta \theta$$

が成り立つ．したがって，分割を限りなく細かくすると**極座標への交換公式**

$$\iint_D f(x,y)\,dxdy = \iint_{D'} f(r\cos\theta, r\sin\theta)\,r\,drd\theta$$

が得られる．$dxdy$ を $r\,drd\theta$ に置き換えればよいのである．

例題 8.4

$D = \{(x,y) \mid 1 \leq x^2 + y^2 \leq 4,\ x \geq 0,\ y \geq 0\}$ のとき，次の重積分を求めよ．

$$I = \iint_D \sqrt{x^2+y^2}\,dxdy$$

【解】 極座標に変換すると領域 D は $D' = \left\{(r,\theta) \mid 1 \leq r \leq 2,\ 0 \leq \theta \leq \dfrac{\pi}{2}\right\}$ になる（図 8.5）．

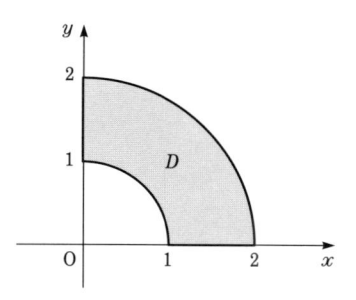

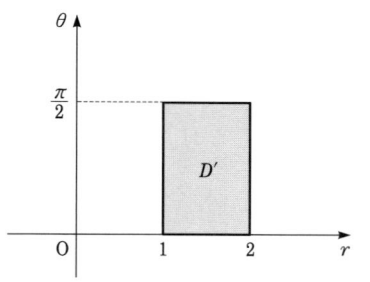

図 8.5

したがって

$$\begin{aligned}
I &= \iint_{D'} r \cdot r\,drd\theta = \iint_{D'} r^2\,drd\theta \\
&= \left(\int_1^2 r^2\,dr\right)\left(\int_0^{\frac{\pi}{2}} d\theta\right) = \left[\frac{r^3}{3}\right]_1^2 \left[\theta\right]_0^{\frac{\pi}{2}} \\
&= \left(\frac{8}{3} - \frac{1}{3}\right) \cdot \frac{\pi}{2} = \frac{7\pi}{6}. \quad \square
\end{aligned}$$

例題 8.5

$D = \{(x,y) \mid x^2 + y^2 \leq 1,\ x \geq 0\}$ のとき，次の重積分を求めよ．

$$I = \iint_D x\,dxdy$$

【解】 極座標に変換すると領域 D は $D' = \left\{ (r, \theta) \,\middle|\, 0 \le r \le 1, \ -\dfrac{\pi}{2} \le \theta \le \dfrac{\pi}{2} \right\}$ となる（図 8.6）.

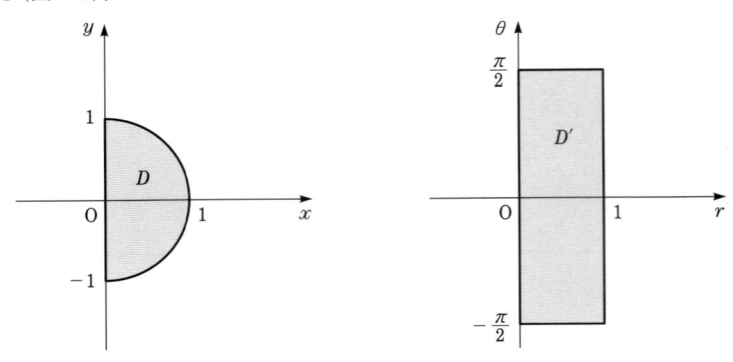

図 8.6

したがって

$$I = \iint_{D'} r \cos \theta \cdot r \, drd\theta = \left(\int_0^1 r^2 \, dr \right) \left(\int_{-\frac{\pi}{2}}^{\frac{\pi}{2}} \cos \theta \, d\theta \right)$$

$$= \left[\frac{r^3}{3} \right]_0^1 \left[\sin \theta \right]_{-\frac{\pi}{2}}^{\frac{\pi}{2}} = \frac{1}{3} \cdot (1 + 1) = \frac{2}{3}. \quad \square$$

例題 8.6

$D = \{ (x, y) \mid x^2 + y^2 \le a^2 \}$ のとき，次の重積分を求めよ．

$$I = \iint_D e^{-(x^2+y^2)} \, dxdy$$

【解】 極座標を用いると，領域 D は $\{ (r, \theta) \mid 0 \le r \le a, \ 0 \le \theta < 2\pi \}$ となり $x^2 + y^2 = r^2$ であるから，次のように積分できる．

$$I = \int_0^{2\pi} \int_0^a e^{-r^2} r \, drd\theta = \left(\int_0^{2\pi} d\theta \right) \left(\int_0^a r \, e^{-r^2} \, dr \right)$$

$$= 2\pi \left[-\frac{1}{2} e^{-r^2} \right]_0^a = \pi (1 - e^{-a^2}). \quad \square$$

次に，上の例題の結果を用いて統計学で重要な正規分布に関連した公式を導き出そう．

例題 8.6 の結果から

$$\lim_{a \to \infty} \iint_D e^{-(x^2+y^2)} \, dxdy = \lim_{a \to \infty} \pi(1 - e^{-a^2}) = \pi$$

が得られる．ところで $a \to \infty$ とすることは領域を xy 平面全体に拡げることと同じである．したがって広義積分

$$\int_{-\infty}^{\infty} \int_{-\infty}^{\infty} e^{-(x^2+y^2)} \, dxdy$$

は存在し，その値は π となる．一方，

$$\int_{-\infty}^{\infty} \int_{-\infty}^{\infty} e^{-(x^2+y^2)} \, dxdy = \left(\int_{-\infty}^{\infty} e^{-x^2} \, dx \right) \cdot \left(\int_{-\infty}^{\infty} e^{-y^2} \, dy \right) = \left(\int_{-\infty}^{\infty} e^{-x^2} \, dx \right)^2$$

となるから，公式

$$\int_{-\infty}^{\infty} e^{-x^2} \, dx = \sqrt{\pi} \tag{8.7}$$

が得られる．

問題 1 $D = \{ (x, y) \mid x^2 + y^2 \leq 1 \}$ とするとき，次の重積分を求めよ．

（1） $\iint_D \sqrt{1 - x^2 - y^2} \, dxdy$ 　　　（2） $\iint_D \dfrac{1}{\sqrt{1 - x^2 - y^2}} \, dxdy$

問題 2 次の等式を証明せよ．

$$\frac{1}{\sqrt{2\pi}} \int_{-\infty}^{\infty} e^{-\frac{x^2}{2}} \, dx = 1$$

8.4 一般の変数変換

ここでは，もっと一般的な変数変換の場合を考えることにする．いま，1 対 1 でなめらかな変数変換

$$\begin{cases} x = x(u, v), \\ y = y(u, v) \end{cases}$$

が与えられ，この変換によって，領域 D が長方形領域 D' になるとする (図 8.7)．

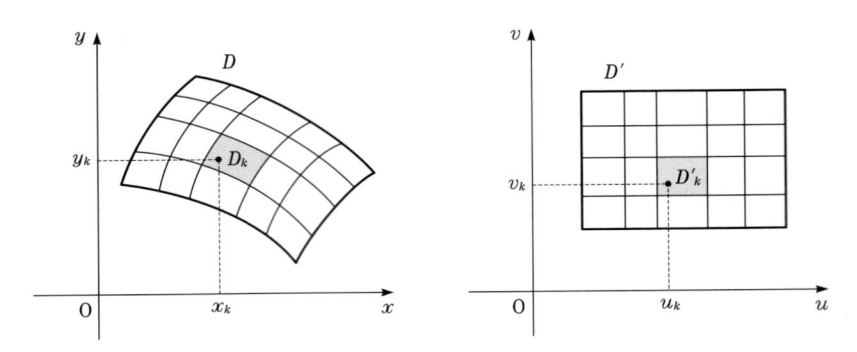

図 8.7

領域 D の分割によって得られる小領域を D_k, その面積を A_k とし, 対応する領域 D' の小領域を D'_k とする(図 8.8). 小領域 D'_k の面積は $\Delta u \Delta v$ である.

さて, Δu や Δv を用いて D_k の面積 A_k を測りたい. そのためにまず, 3 点 $(x(u,v), y(u,v))$, $(x(u+\Delta u, v), y(u+\Delta u, v))$, $(x(u, v+\Delta v), y(u, v+\Delta v))$ をそれぞれ P, Q, R とし, ベクトル(列ベクトル表示を用いる)

$$\overrightarrow{PQ} = \begin{pmatrix} x(u+\Delta u, v) - x(u,v) \\ y(u+\Delta u, v) - y(u,v) \end{pmatrix},$$

$$\overrightarrow{PR} = \begin{pmatrix} x(u, v+\Delta v) - x(u,v) \\ y(u, v+\Delta v) - y(u,v) \end{pmatrix}$$

によってできる平行四辺形の面積で A_k を近似することとする.

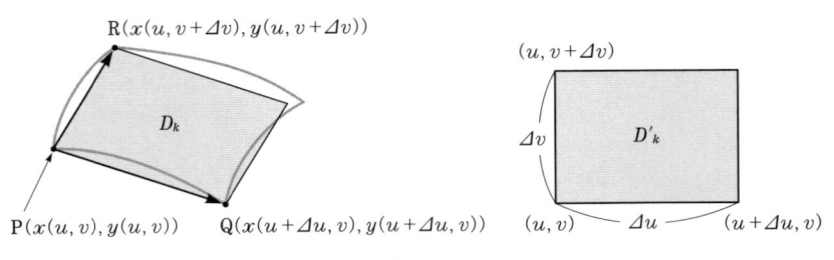

図 8.8

8.4 一般の変数変換

ところで，2つの列ベクトル $\overrightarrow{PQ}$, $\overrightarrow{PR}$ によってできる平行四辺形の面積は $\det(\overrightarrow{PQ}, \overrightarrow{PR})$ の絶対値であるから（付録 A.6 参照），

$$A_k \fallingdotseq \left| \det \begin{pmatrix} x(u+\Delta u, v) - x(u,v) & x(u, v+\Delta v) - x(u,v) \\ y(u+\Delta u, v) - y(u,v) & y(u, v+\Delta v) - y(u,v) \end{pmatrix} \right|$$

$$= \left| \det \begin{pmatrix} \dfrac{x(u+\Delta u, v) - x(u,v)}{\Delta u}\Delta u & \dfrac{x(u, v+\Delta v) - x(u,v)}{\Delta v}\Delta v \\ \dfrac{y(u+\Delta u, v) - y(u,v)}{\Delta u}\Delta u & \dfrac{y(u, v+\Delta v) - y(u,v)}{\Delta v}\Delta v \end{pmatrix} \right|$$

が成り立つ．さらに，$\Delta u, \Delta v$ が十分小さいとき

$$\frac{x(u+\Delta u, v) - x(u,v)}{\Delta u} \fallingdotseq \frac{\partial x}{\partial u}$$

と近似できる．他の成分も同様に近似して

$$A_k \fallingdotseq \left| \det \begin{pmatrix} \dfrac{\partial x}{\partial u}\Delta u & \dfrac{\partial x}{\partial v}\Delta v \\ \dfrac{\partial y}{\partial u}\Delta u & \dfrac{\partial y}{\partial v}\Delta v \end{pmatrix} \right| = \left| \det \begin{pmatrix} \dfrac{\partial x}{\partial u} & \dfrac{\partial x}{\partial v} \\ \dfrac{\partial y}{\partial u} & \dfrac{\partial y}{\partial v} \end{pmatrix} \right| \Delta u \Delta v$$

となる．したがって，微小体積の総和は，D_k の点 (x_k, y_k) に対応する D'_k の点を (u_k, v_k) として，

$$\sum_k f(x_k, y_k) A_k \fallingdotseq \sum_k f(x(u_k, v_k), y(u_k, v_k)) \left| \det \begin{pmatrix} \dfrac{\partial x}{\partial u} & \dfrac{\partial x}{\partial v} \\ \dfrac{\partial y}{\partial u} & \dfrac{\partial y}{\partial v} \end{pmatrix} \right| \Delta u \Delta v$$

と表される．8.3 節同様，分割を限りなく細かくすることにより，

$$\iint_D f(x,y)\, dxdy = \iint_{D'} f(x(u,v), y(u,v)) |J|\, dudv \tag{8.8}$$

が得られる．ただし，

$$J = \det \begin{pmatrix} \dfrac{\partial x}{\partial u} & \dfrac{\partial x}{\partial v} \\ \dfrac{\partial y}{\partial u} & \dfrac{\partial y}{\partial v} \end{pmatrix} = \frac{\partial x}{\partial u}\frac{\partial y}{\partial v} - \frac{\partial x}{\partial v}\frac{\partial y}{\partial u}$$

である．J を**ヤコビ(Jacobi)行列式**またはヤコビアンといい，$\dfrac{\partial(x,y)}{\partial(u,v)}$ と書くこともある．

例 1

変数変換
$$\begin{cases} x = u\cos v, \\ y = u\sin v \end{cases}$$
のとき，$\frac{\partial x}{\partial u} = \cos v$, $\frac{\partial x}{\partial v} = -u\sin v$, $\frac{\partial y}{\partial u} = \sin v$, $\frac{\partial y}{\partial v} = u\cos v$ であるから，ヤコビ行列式は，

$$\frac{\partial(x,y)}{\partial(u,v)} = \det\begin{pmatrix} \cos v & -u\sin v \\ \sin v & u\cos v \end{pmatrix} = u(\cos^2 v + \sin^2 v) = u$$

となる．したがって，$u > 0$ のとき

$$\iint_D f(x,y)\,dxdy = \iint_{D'} f(u\cos v, u\sin v)\,u\,dudv$$

である．これは極座標のときの変換公式に他ならない． ◆

例題 8.7

$D = \left\{ (x,y) \,\middle|\, \dfrac{x^2}{a^2} + \dfrac{y^2}{b^2} \leq 1 \ (a, b > 0) \right\}$ のとき，次の重積分を求めよ．

$$I = \iint_D x^2\,dxdy$$

【解】 変換 $x = ar\cos\theta$, $y = br\sin\theta$ によって領域 D は
$$D' = \{(r, \theta) \mid 0 \leq r \leq 1,\ 0 \leq \theta < 2\pi\}$$
となり，さらにヤコビ行列式を計算すると，$J = abr$ となるから

$$I = \iint_{D'} (ar\cos\theta)^2\,abr\,drd\theta = a^3 b \int_0^{2\pi}\!\int_0^1 r^3 \cos^2\theta\,drd\theta$$

$$= a^3 b \left(\int_0^1 r^3\,dr\right)\left(\int_0^{2\pi} \cos^2\theta\,d\theta\right) = a^3 b \cdot \frac{1}{4}\pi = \frac{\pi a^3 b}{4}. \quad \square$$

8.5　3 重積分

3 変数の関数 $f(x, y, z)$ が 3 次元の領域 D で定義されているときも，2 重積分と同様にして 3 重積分を定義することができる．すなわち，領域 D を分割し，得られる小立体を D_k その体積を V_k とするとき，**3 重積分**を次のよう

8.5 3重積分

に定義する.
$$\iiint_D f(x,y,z)\,dxdydz := \lim_{n\to\infty} \sum_{k=1}^{n} f(\xi_k, \eta_k, \zeta_k)\, V_k.$$
ただし，(ξ_k, η_k, ζ_k) は D_k の任意の点であり，$\lim_{n\to\infty}$ はこれまで同様分割を限りなく細かくすることを意味する．

領域 D が直方体
$$D = \{\,(x,y,z) \mid a_1 \leq x \leq b_1,\ a_2 \leq y \leq b_2,\ a_3 \leq z \leq b_3\,\}$$
のときは，重積分のときと同様，累次積分を用いて，次のように計算すればよい．
$$\iiint_D f(x,y,z)\,dxdydz = \int_{a_3}^{b_3} \left\{ \int_{a_2}^{b_2} \left(\int_{a_1}^{b_1} f(x,y,z)\,dx \right) dy \right\} dz$$
$$= \int_{a_3}^{b_3} \left\{ \int_{a_1}^{b_1} \left(\int_{a_2}^{b_2} f(x,y,z)\,dy \right) dx \right\} dz.$$

例題 8.8

$D = \{\,(x,y,z) \mid 0 \leq x \leq 1,\ 0 \leq y \leq 2,\ 0 \leq z \leq 3\,\}$ のとき，次の3重積分を求めよ．
$$\iiint_D (x+y+z)\,dxdydz$$

【解】　〔与式〕$= \displaystyle\int_0^3 \left\{ \int_0^2 \left(\int_0^1 (x+y+z)\,dx \right) dy \right\} dz$

$\displaystyle = \int_0^3 \left\{ \int_0^2 \left[\frac{x^2}{2} + (y+z)x \right]_{x=0}^{x=1} dy \right\} dz$

$\displaystyle = \int_0^3 \left(\int_0^2 \left(\frac{1}{2} + y + z \right) dy \right) dz$

$\displaystyle = \int_0^3 \left\{ \left(\frac{1}{2} + z \right) y + \frac{y^2}{2} \right]_{y=0}^{y=2} \right\} dz$

$\displaystyle = \int_0^3 \left\{ \left(\frac{1}{2} + z \right) 2 + 2 \right\} dz$

$\displaystyle = \int_0^3 (3 + 2z)\,dz = \left[3z + z^2 \right]_0^3 = 3\cdot 3 + 3^2 = 18.$　□

注意 1　積分領域 D が一般の領域のときも重積分の式 (8.8) と同様に積分すればよい．

3重積分とヤコビ行列式　3重積分の変数変換を考えよう．1対1の変換 $x=x(u,v,w)$, $y=y(u,v,w)$, $z=z(u,v,w)$ によって領域 D が D' に写されるとする．このとき，(8.8) と同様，次の公式が成り立つ．

$$\iiint_D f(x,y,z)\,dxdydz$$
$$=\iiint_{D'} f(x(u,v,w),y(u,v,w),z(u,v,w))\,|J|\,dudvdw.$$

ただし，ヤコビ行列式 J は

$$J=\frac{\partial(x,y,z)}{\partial(u,v,w)}=\det\begin{pmatrix}\dfrac{\partial x}{\partial u}&\dfrac{\partial x}{\partial v}&\dfrac{\partial x}{\partial w}\\ \dfrac{\partial y}{\partial u}&\dfrac{\partial y}{\partial v}&\dfrac{\partial y}{\partial w}\\ \dfrac{\partial z}{\partial u}&\dfrac{\partial z}{\partial v}&\dfrac{\partial z}{\partial w}\end{pmatrix}$$

である．

例 1

7.4節 例5の球座標(3次元の極座標)および，例6の円柱座標の変数変換に対してヤコビ行列式を求めよう．

球座標については，(7.12) より，

$$\frac{\partial(x,y,z)}{\partial(r,\theta,\varphi)}=\det\begin{pmatrix}\dfrac{\partial x}{\partial r}&\dfrac{\partial x}{\partial \theta}&\dfrac{\partial x}{\partial \varphi}\\ \dfrac{\partial y}{\partial r}&\dfrac{\partial y}{\partial \theta}&\dfrac{\partial y}{\partial \varphi}\\ \dfrac{\partial z}{\partial r}&\dfrac{\partial z}{\partial \theta}&\dfrac{\partial z}{\partial \varphi}\end{pmatrix}$$
$$=\det\begin{pmatrix}\sin\theta\cos\varphi & r\cos\theta\cos\varphi & -r\sin\theta\sin\varphi\\ \sin\theta\sin\varphi & r\cos\theta\sin\varphi & r\sin\theta\cos\varphi\\ \cos\theta & -r\sin\theta & 0\end{pmatrix}$$
$$=r^2\sin\theta$$

となる(行列式の値を求めるには，付録の (A.5), (A.6) を用いればよい)．

円柱座標については，(7.19) より，

$$\frac{\partial(x,y,z)}{\partial(r,\theta,z)} = \det\begin{pmatrix} \frac{\partial x}{\partial r} & \frac{\partial x}{\partial \theta} & \frac{\partial x}{\partial z} \\ \frac{\partial y}{\partial r} & \frac{\partial y}{\partial \theta} & \frac{\partial y}{\partial z} \\ \frac{\partial z}{\partial r} & \frac{\partial z}{\partial \theta} & \frac{\partial z}{\partial z} \end{pmatrix} = \det\begin{pmatrix} \cos\theta & -r\sin\theta & 0 \\ \sin\theta & r\cos\theta & 0 \\ 0 & 0 & 1 \end{pmatrix} = r$$

となる．◆

例題 8.9

$D = \left\{ (x, y, z) \,\middle|\, \frac{x^2}{a^2} + \frac{y^2}{b^2} + \frac{z^2}{c^2} \leq 1 \ (a, b, c > 0) \right\}$ のとき，次の3重積分を求めよ．

$$I = \iiint_D x^2 \, dxdydz$$

【解】 球座標にならって，$x = ar\sin\theta\cos\varphi$, $y = br\sin\theta\sin\varphi$, $z = cr\cos\theta$ と変換すると，D は球領域 $D' = \{(r, \theta, \varphi) \mid 0 \leq r \leq 1, 0 \leq \theta \leq \pi, 0 \leq \varphi < 2\pi\}$ になる．この変換のヤコビ行列式は

$$\frac{\partial(x,y,z)}{\partial(r,\theta,\varphi)} = \det\begin{pmatrix} a\sin\theta\cos\varphi & ar\cos\theta\cos\varphi & -ar\sin\theta\sin\varphi \\ b\sin\theta\sin\varphi & br\cos\theta\sin\varphi & br\sin\theta\cos\varphi \\ c\cos\theta & -cr\sin\theta & 0 \end{pmatrix}$$
$$= abcr^2\sin\theta$$

であり，$0 \leq \theta \leq \pi$ に注意すると

$$I = \iiint_{D'} a^2 r^2 \sin^2\theta \cos^2\varphi \cdot abcr^2 \sin\theta \, drd\theta d\varphi$$
$$= a^3 bc \left(\int_0^1 r^4 \, dr \right) \left(\int_0^\pi \sin^3\theta \, d\theta \right) \left(\int_0^{2\pi} \cos^2\varphi \, d\varphi \right)$$
$$= a^3 bc \cdot \frac{1}{5} \cdot \frac{4}{3} \cdot \pi = \frac{4}{15}\pi a^3 bc. \quad \square$$

問題 1 $D = \{(x, y, z) \mid x^2 + y^2 + z^2 \leq a^2 \ (a > 0)\}$ のとき，次の3重積分を求めよ．

$$\iiint_D (x^2 + y^2 + z^2) \, dxdydz$$

8.6 体積，曲線の長さ，曲面積

積分法を用いると，さまざまな図形の体積，面積，曲線の長さを求めることができる．以下では代表的な例を見ていくことにしよう．

立体の体積　ある軸に垂直な平面による切り口の面積が与えられている立体の体積は，積分により求めることができる．いま，図 8.9 のような図形を考える．この図形を x 軸に垂直な平面で切った切り口の面積を $S(x)$（$a \leq x \leq b$）とするとき，図形の体積 V は

$$V = \int_a^b S(x)\,dx$$

で与えられる．特に，立体が曲線 $y = f(x)$（$a \leq x \leq b$）を x 軸のまわりに回転してできる回転体の場合は，

$$V = \int_a^b \pi y^2\,dx$$

となる．

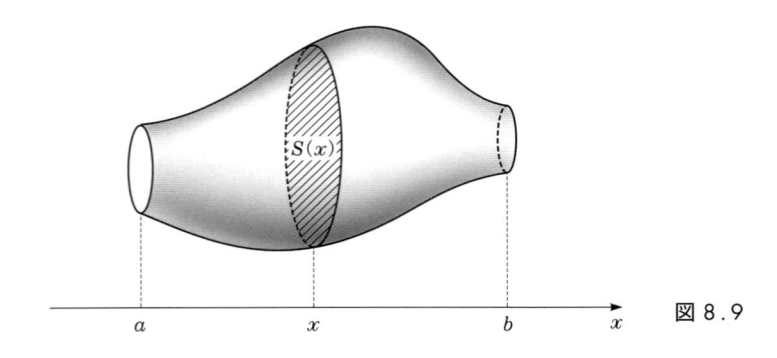

図 8.9

例えば，底面の半径 r，高さ h の円錐の体積 V を求めてみよう．この円錐は直線 $y = \dfrac{r}{h}x$（$0 \leq x \leq h$）を，x 軸まわりに回転してできる回転体と見なすことができるので，

$$V = \int_0^h \pi y^2 \, dx = \pi \int_0^h \left(\frac{r}{h}x\right)^2 dx = \frac{1}{3}\pi r^2 h$$

となる．これが，小学校で学ぶ円錐の体積の公式の証明である．

　一般的な設定では，切り口の面積が与えられていることはまれである．この場合は，立体の形状を把握した上で，重積分の計算に帰着する．

例題 8.10

球面 $x^2 + y^2 + z^2 = a^2$ と円柱面 $x^2 + y^2 = ax$ で囲まれる立体の体積を求めよ．ただし，$a > 0$ とする．

【解】　求める立体の体積 V の積分領域は xy 平面上の円 $x^2 + y^2 \leq ax$ である．立体の対称性より，この円の第1象限部分を D としたとき，球面の $z \geq 0$ 部分，$x = 0$ の平面，$y = 0$ の平面で囲まれた部分の体積を求め，4倍すればよい．すなわち

$$V = 4 \iint_D \sqrt{a^2 - x^2 - y^2} \, dxdy$$

である．領域 D を極座標で表すと

$$D = \left\{ (r, \theta) \ \middle| \ 0 \leq r \leq a\cos\theta, \ 0 \leq \theta \leq \frac{\pi}{2} \right\}$$

であるから（7.4節 例1 および図 8.10 参照），

$$\begin{aligned}
V &= 4 \int_0^{\frac{\pi}{2}} \int_0^{a\cos\theta} \sqrt{a^2 - r^2} \, r \, drd\theta \\
&= 4 \int_0^{\frac{\pi}{2}} \left[-\frac{1}{3}(a^2 - r^2)^{\frac{3}{2}} \right]_{r=0}^{r=a\cos\theta} d\theta \\
&= \frac{4}{3} \int_0^{\frac{\pi}{2}} \left(a^3 - a^3(1 - \cos^2\theta)^{\frac{3}{2}} \right) d\theta \\
&= \frac{4a^3}{3} \left(\frac{\pi}{2} - \int_0^{\frac{\pi}{2}} \sin^3\theta \, d\theta \right) \\
&= \frac{4a^3}{3} \left(\frac{\pi}{2} - \left[\frac{\cos^3\theta}{3} - \cos\theta \right]_0^{\frac{\pi}{2}} \right) \\
&= \frac{4a^3}{3} \left(\frac{\pi}{2} - \frac{2}{3} \right) = \frac{2}{9}(3\pi - 4)a^3. \quad \square
\end{aligned}$$

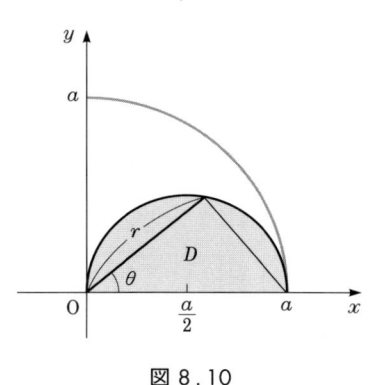

図 8.10

曲線の長さ　次は図 8.11 のような閉区間 $[a, b]$ でなめらかな曲線 $y = f(x)$ の長さについて考えよう．曲線の長さは曲線上に分点を細かくとっていったとき，分点を結んでできる折れ線の長さの総和の極限値として定義する．結果を先に述べると，曲線の長さ ℓ は，

$$\ell = \int_a^b \sqrt{1 + \left(\frac{dy}{dx}\right)^2}\, dx \quad \left(= \int_a^b \sqrt{(dx)^2 + (dy)^2}\right) \quad (8.9)$$

で与えられる．なお，( ) の中は正式の表現ではないが，定義を思い出すのに便利な式なので挿入した．

式 (8.9) の導出を説明しよう．区間 $[a, b]$ を n 等分したときの分点を $a = x_0, x_1, \cdots, x_n = b$ とし，曲線上の点 P_k を点 (x_k, y_k) （$k = 0, 1, 2, \cdots, n$）とおく（図 8.11）．さらに，$\Delta x_k = x_k - x_{k-1}$，$\Delta y_k = y_k - y_{k-1}$ とおく．このとき，$P_0, P_1, P_2, \cdots, P_n$ を結んでできる折れ線の長さの総和は

$$\sum_{k=1}^n \sqrt{(\Delta x_k)^2 + (\Delta y_k)^2} = \sum_{k=1}^n \sqrt{1 + \left(\frac{\Delta y_k}{\Delta x_k}\right)^2}\, \Delta x_k$$

となる．この和の $n \to \infty$ としたときの極限値が (8.9) である．

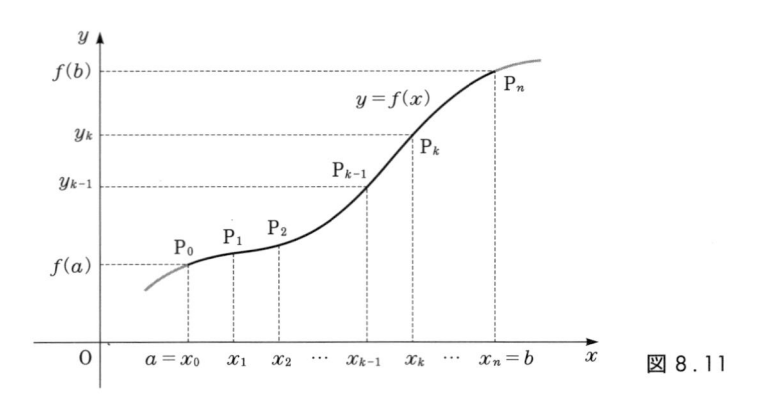

図 8.11

例題 8.11

関数 $y = x^2$ について，x の区間 $[0, 1]$ の部分の長さを求めよ．

【解】 $\dfrac{dx}{dy} = 2x$ であるから，(8.9) より求める長さ ℓ は

$$\ell = \int_0^1 \sqrt{1+(2x)^2}\, dx = 2\int_0^1 \sqrt{x^2+\frac{1}{4}}\, dx$$
$$= \left[x\sqrt{x^2+\frac{1}{4}} + \frac{1}{4}\log\Big(x+\sqrt{x^2+\frac{1}{4}}\Big) \right]_0^1$$
$$= \frac{\sqrt{5}}{2} + \frac{1}{4}\log\Big(1+\frac{\sqrt{5}}{2}\Big) - \frac{1}{4}\log\frac{1}{2}$$
$$= \frac{\sqrt{5}}{2} + \frac{1}{4}\log(2+\sqrt{5}). \quad \square$$

曲面積 最後に曲面の曲面積を求める．曲線の長さと同様，曲面積は微小な接平面の面積の総和をとり，その極限値として定義する．

図 8.12 のように，領域 D 上でなめらかな曲面 $z=f(x,y)$ を考える．曲面の曲面積 S は

$$S = \iint_D \sqrt{\left(\frac{\partial f}{\partial x}\right)^2 + \left(\frac{\partial f}{\partial y}\right)^2 + 1}\, dxdy \tag{8.10}$$

であることを示そう．いま，領域 D を面積 $\Delta x_k \Delta y_k$ の微小長方形 ΔD_k の集まりで近似する．そして，ΔD_k を底面とする垂直な柱面を立て，柱面が曲面

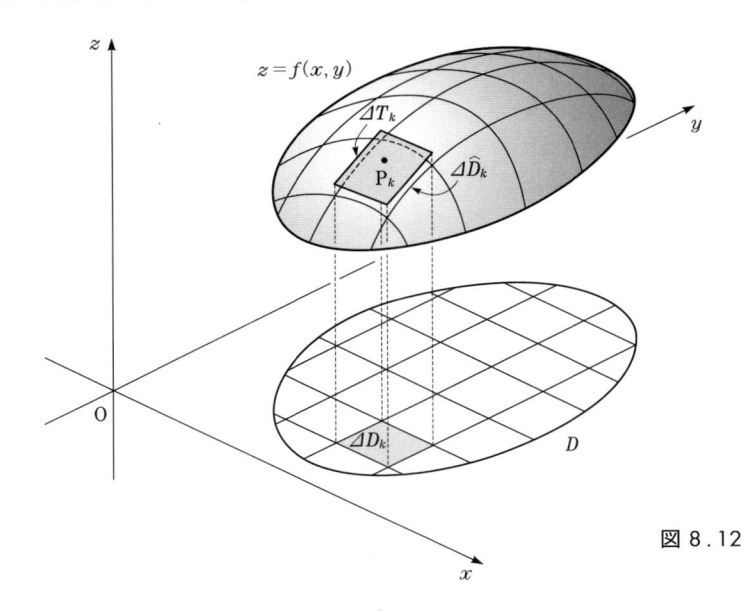

図 8.12

を切り取る部分を $\varDelta \widehat{D}_k$, その面積を S_k とする. また, 微小曲面 $\varDelta \widehat{D}_k$ 上の 1 点 $\mathrm{P}_k = (x_k, y_k, f(x_k, y_k))$ における接平面を, 柱面が切り取る部分の面積を $\varDelta T_k$ とする. 曲線の長さと同様, 領域 D の分割を限りなく細かくしたときの総和 $\sum_k \varDelta T_k$ の極限値が求める S である.

したがって $\varDelta T_k$ を求めればよい. 3.4 節で見たように,
$$(-f_x(x_k, y_k), -f_y(x_k, y_k), 1)$$
は点 P_k における接平面に垂直な法線ベクトルであり, z 軸とのなす角を γ_k とするとき,
$$\cos \gamma_k = \frac{1}{\sqrt{f_x(x_k, y_k)^2 + f_y(x_k, y_k)^2 + 1}} \tag{8.11}$$
が成り立つ. なぜなら, $\mathrm{N}(-f_x(x_k, y_k), -f_y(x_k, y_k), 1)$, $\mathrm{O}(0,0,0)$, $\mathrm{Z}(0,0,1)$ を結んでできる三角形 NOZ は $\angle \mathrm{Z}$ を直角とする直角三角形であり, $\cos \gamma_k = \dfrac{\mathrm{OZ}}{\mathrm{ON}}$ となるからである.

ところで, 角 γ_k は, 点 P_k における接平面と xy 平面のなす角に等しく,
$$\varDelta T_k \cos \gamma_k = \varDelta x_k \varDelta y_k$$
が成り立つ(図 8.13).

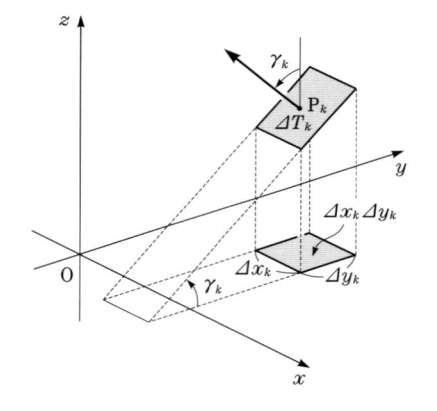

図 8.13

したがって, (8.11) を用いることにより,
$$\varDelta T_k = \sqrt{f_x(x_k, y_k)^2 + f_y(x_k, y_k)^2 + 1}\ \varDelta x_k \varDelta y_k$$
となる.

以上より,
$$\sum_k \varDelta T_k = \sum_k \sqrt{f_x(x_k, y_k)^2 + f_y(x_k, y_k)^2 + 1}\ \varDelta x_k \varDelta y_k$$
であり, 分割を細かくした極限で (8.10) を得る.

例題 8.12

球面 $x^2 + y^2 + z^2 = a^2$ が円柱面 $x^2 + y^2 = ax$ によって囲まれる部分の曲面積を求めよ．ただし，$a > 0$ とする．

【解】曲面の方程式を $z = f(x, y) = \sqrt{a^2 - x^2 - y^2}$ と書く．また，積分領域 D を $\{(x, y) \mid x^2 + y^2 = ax,\ x \geq 0,\ y \geq 0\}$ として曲面積を求め，4 倍すればよい．

$$\frac{\partial f}{\partial x} = \frac{-x}{\sqrt{a^2 - x^2 - y^2}}, \qquad \frac{\partial f}{\partial y} = \frac{-y}{\sqrt{a^2 - x^2 - y^2}},$$

$$\sqrt{\left(\frac{\partial f}{\partial x}\right)^2 + \left(\frac{\partial f}{\partial y}\right)^2 + 1} = \frac{a}{\sqrt{a^2 - x^2 - y^2}}$$

であるから，求める曲面積 S は

$$S = 4 \iint_D \frac{a}{\sqrt{a^2 - x^2 - y^2}}\, dxdy$$

となる．極座標に変換することにより，

$$S = 4 \int_0^{\frac{\pi}{2}} \int_0^{a\cos\theta} \frac{a}{\sqrt{a^2 - r^2}} r\, drd\theta = 4a \int_0^{\frac{\pi}{2}} \left[-\sqrt{a^2 - r^2} \right]_0^{a\cos\theta} d\theta$$

$$= 4a^2 \int_0^{\frac{\pi}{2}} (1 - \sin\theta)\, d\theta = 4a^2 \Big[\theta + \cos\theta \Big]_0^{\frac{\pi}{2}} = 2a^2(\pi - 2). \quad \square$$

問題 1 (8.10) を用いて，半径 a の球面の面積が $4\pi a^2$ であることを示せ．

第 8 章　練習問題

1. 次の重積分を求めよ（$a > 0$, $b > 0$：定数）．

(1) $\iint_D (x + y)^2\, dxdy \qquad D = \{(x, y) \mid 0 \leq x \leq 1,\ 0 \leq y \leq 1\}$

(2) $\iint_D e^{(x - y)}\, dxdy \qquad D = \{(x, y) \mid 0 \leq x \leq 1,\ 0 \leq y \leq x\}$

(3) $\iint_D \sin(x + y)\, dxdy \qquad D = \left\{ (x, y) \,\middle|\, 0 \leq x,\ 0 \leq y,\ x + y \leq \frac{\pi}{2} \right\}$

(4) $\iint_D (x^2 + y^2)\, dxdy \qquad D = \{(x, y) \mid x^2 + y^2 \leq 2x\}$

(5) $\iint_D (x^2 + y^2)\, dxdy \qquad D = \left\{ (x, y) \,\middle|\, \frac{x^2}{a^2} + \frac{y^2}{b^2} \leq 1 \right\}$

(6) $\iint_D \log(x^2+y^2)\,dxdy \qquad D=\{(x,y)\mid x^2+y^2\leq 1\}$

(7) $\iint_D \dfrac{xy}{(1+x^2+y^2)^{\frac{5}{2}}}\,dxdy \quad D=\{(x,y)\mid 0\leq x,\ 0\leq y\}$

(8) $\iint_D y\,dxdy \qquad D=\{(x,y)\mid \sqrt{x}+\sqrt{y}\leq 1\}$

(9) $\iint_D x^2 y\,dxdy \qquad D=\{(x,y)\mid \triangle ABC\text{ の内部},\ A(0,0),\ B(1,2),\ C(2,1)\}$

(10) $\iint_D \sqrt{4x^2-y^2}\,dxdy \qquad D=\{(x,y)\mid 0\leq y\leq x\leq 1\}$

(11) $\iint_D \cos(x+y)\,dxdy \qquad D=\{(x,y)\mid a\leq x\leq b,\ c\leq y\leq d\}$

(12) $\iint_D \dfrac{1}{(x^2+y^2)^{\frac{m}{2}}}\,dxdy \qquad D=\{(x,y)\mid x^2+y^2\leq a^2\}$

(13) $\iiint_D x^2\,dxdydz \qquad D=\{(x,y,z)\mid x^2+y^2+z^2\leq a^2\}$

(14) $\iiint_D \dfrac{dxdydz}{\sqrt{1-x^2-y^2-z^2}} \qquad D=\{(x,y,z)\mid x^2+y^2+z^2\leq 1\}$

(15) $\displaystyle\int_0^1\int_0^x\int_0^{x+y} e^{x+y+z}\,dzdydx$

2. 次の立体の体積を求めよ．

(1) 円柱面 $x^2+y^2=a^2$ と 2 平面 $x+z=a,\ z=0$ で囲まれた立体．

(2) 放物面 $x^2+y^2=4z$，柱面 $x^2+y^2=ax$ および $z=0$ で囲まれた立体．

(3) 曲面 $z=x^2+y^2$ と平面 $z=x+y$ で囲まれた立体．

3. 次の曲面積を求めよ．

(1) 円柱面 $x^2+z^2=a^2$ の円柱 $x^2+y^2=a^2$ の内部にある部分．

(2) 曲面 $z=1-x^2$ の三角形 $x\geq 0,\ y\geq 0,\ x+y\leq 1$ の上にある部分．

(3) $y=x^3\ (0\leq x\leq 1)$ を x 軸のまわりに回転してできる回転面．

第 9 章

複素数と複素平面

　複素数は実数部分と虚数部分からなっている．実数は第 1 章で見たように，数直線で存在が実感できる数である．それに対して虚数は，虚な世界，すなわち想像の上でのみ存在する数である．代数方程式の解を表すのに，複素数は必要不可欠である．それだけではない．変数を複素数に広げることにより，美しい解析学の分野が開けてくる．例えば，実数の世の中では無関係と思われるいくつかの関数が，実は互いに密接に結びついていることがわかるのである．

9.1 複素数

2次元ベクトル，すなわち2つの実数の組 (x, y) に対して，1つの仮想的な数を対応させることができる．いま，実数 x, y と $i^2 = -1$ となる数 i を用いて

$$z = x + iy \tag{9.1}$$

と書かれる数を定義しよう．このような数 z を**複素数**(complex number)という．(9.1)は $z = x + yi$ と書いてもよい．また，i を**虚数単位**，x を z の**実部**(real part)，y を z の**虚部**(imaginaly part)という．実部，虚部はそれぞれ

$$x = \mathrm{Re}\, z, \qquad y = \mathrm{Im}\, z$$

と書く．複素数全体はやはり英語の頭文字をとって C で表す．虚部が0の複素数，すなわち $z = x + i0 = x$ は実数である．それに対して，実部が0の複素数 $z = 0 + iy = iy$ は純虚数という．$x = y = 0$ のとき $z = 0$ である．

さて，2つの複素数 $z_1 = x_1 + iy_1$, $z_2 = x_2 + iy_2$ に対して，両者が等しいというのは $x_1 = x_2$, $y_1 = y_2$ が成り立つこととする．また，和と差を

$$z_1 \pm z_2 = (x_1 \pm x_2) + i(y_1 \pm y_2) \tag{9.2}$$

積を

$$z_1 z_2 = (x_1 x_2 - y_1 y_2) + i(x_1 y_2 + x_2 y_1) \tag{9.3}$$

商を

$$\frac{z_1}{z_2} = \frac{(x_1 x_2 + y_1 y_2) + i(x_2 y_1 - x_1 y_2)}{x_2^2 + y_2^2} \qquad \text{ただし，} z_2 \neq 0 \tag{9.4}$$

で定義する．このとき，複素数は実数と同じように四則演算で閉じていることになる．なお，これらの式はすべて，$i^2 = -1$ であることを用いて実数の四則演算の式から導かれるものである．

このような複素数を導入すると，2つの実数の組をあたかも1つの数であるかのように取り扱うことができるという利点がある．それだけでなく，実数のみを考えているだけではとらえにくい解析的な性質を抽出することが可

能となるのである．複素数の詳しい内容については本シリーズの姉妹書に委ねるので，ここでは本書の議論で必要となる事項だけを簡単に説明しておくことにする．

複素数 $z = x + iy$ に対して

$$\bar{z} = x - iy \tag{9.5}$$

を z の**共役複素数**(complex conjugate)といい，英語の頭文字から z の $c.c.$ と書くこともある．また z の絶対値を

$$|z| = \sqrt{x^2 + y^2} \tag{9.6}$$

で定義する．上式は $|z| = \sqrt{z\bar{z}}$ と書くこともできる．この絶対値は平面上の位置ベクトルの大きさと同じものである．

例題 9.1

$z^2 = i$ を満たす複素数 z とその絶対値を求めよ．

【解】 与式に $z = x + iy$ を代入して，

$$x^2 - y^2 + i(2xy - 1) = 0$$

を得る．したがって，x, y は次の連立方程式を満たせばよい．

$$\begin{cases} x^2 - y^2 = 0, \\ 2xy - 1 = 0. \end{cases}$$

これより，$x = y = \pm \dfrac{1}{\sqrt{2}}$ が得られるから，求める複素数 z は

$$z = \frac{1}{\sqrt{2}} + \frac{1}{\sqrt{2}}i, \quad -\frac{1}{\sqrt{2}} - \frac{1}{\sqrt{2}}i$$

となる．絶対値は $|z| = \sqrt{x^2 + y^2} = 1$ である． □

9.2 複素平面

複素数は2次元ベクトルと対応しているから，平面上の1点で表すことができる．複素数を表す平面は特に**複素平面**または**複素数平面**といい，x 軸に実部 $\mathrm{Re}\, z$ の値，y 軸に虚部 $\mathrm{Im}\, z$ の値をとる．

第 9 章 複素数と複素平面

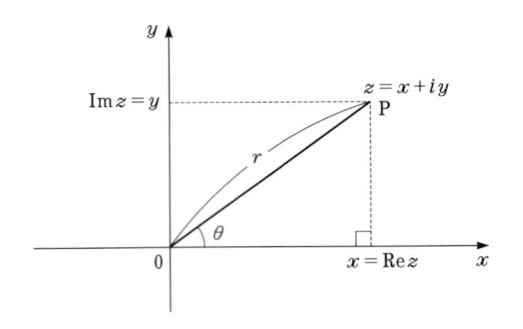

図 9.1

複素数 z は極座標を用いて表すこともできる．極座標では，平面上の点 P を表すのに，x, y の代わりに

$$x = r\cos\theta, \qquad y = r\sin\theta \qquad (r \geq 0) \tag{9.7}$$

で定義される r, θ を用いる．原点 O を極，線分 OP を点 P の動径という．このとき，複素数 z は

$$z = r(\cos\theta + i\sin\theta) \tag{9.8}$$

と書くことができる．この表現を z の**極形式**という．また，

$$r = |z| = \sqrt{x^2 + y^2}, \tag{9.9}$$

$$\tan\theta = \frac{y}{x} \tag{9.10}$$

という関係が成り立つ．この θ を z の**偏角**といい，$\theta = \arg z$ と書く．

例題 9.2

複素数 $z = \sqrt{3} + i$ を極形式で表せ．

【解】 絶対値 $r = \sqrt{3+1} = 2$ であり，偏角の1つは $\frac{\pi}{6}$ である（図 9.2 参照）．一般には

$$\theta = \frac{\pi}{6} + 2n\pi \qquad (n = 0, \pm 1, \pm 2, \cdots)$$

で与えられる．したがって極形式は

$$z = 2\left\{\cos\left(\frac{\pi}{6} + 2n\pi\right) + i\sin\left(\frac{\pi}{6} + 2n\pi\right)\right\}$$

となる．□

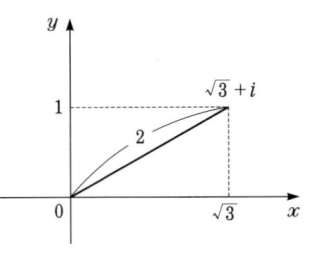

図 9.2

複素数を極形式で表したとき，r は一通りに決まるが，この例のように θ は 2π の整数倍の不定性をもつ．そこで，こうした不定性をさけるために，$0 \leq \theta < 2\pi$ とか $-\pi \leq \theta < \pi$ のように θ の値を制限することがある．制限された偏角は不定性をもつ偏角と区別するために，$\theta = \mathrm{Arg}\, z$ と頭文字を大文字で書き，**主値**とよぶ．

問題 1 次の複素数を極形式で表せ．
（1） $1 + \sqrt{3}\, i$ （2） $2i$ （3） $-1 + i$

9.3　オイラーの公式

6.6 節の"テイラー展開のまとめ"の，指数関数と三角関数に対する式を見てみよう．指数関数の式 (6.20) で $x = i\theta$（θ は実数）とすると，

$$e^{i\theta} = 1 + i\theta + \cdots + \frac{(i\theta)^n}{n!} + \cdots$$
$$= \left(1 - \frac{\theta^2}{2!} + \frac{\theta^4}{4!} - \cdots\right) + i\left(\theta - \frac{\theta^3}{3!} + \frac{\theta^5}{5!} - \cdots\right)$$

となる．上式に三角関数の式 (6.21)，(6.22) を代入すると次の式を得る．

$$e^{i\theta} = \cos\theta + i\sin\theta. \tag{9.11}$$

この式は虚数を導入すると指数関数と三角関数が密接につながっていることを示す重要な式であり，**オイラー (Euler) の公式**という．(9.11) は単に形式的な関係式ではない．例えば，$e^{i\theta_1}$ と $e^{i\theta_2}$ の積は (9.11) を用いると

$$e^{i\theta_1} \cdot e^{i\theta_2} = (\cos\theta_1 + i\sin\theta_1)(\cos\theta_2 + i\sin\theta_2)$$
$$= (\cos\theta_1 \cos\theta_2 - \sin\theta_1 \sin\theta_2) + i(\sin\theta_1 \cos\theta_2 + \cos\theta_1 \sin\theta_2)$$
$$= \cos(\theta_1 + \theta_2) + i\sin(\theta_1 + \theta_2) = e^{i(\theta_1 + \theta_2)}$$

であるから

$$e^{i\theta_1} \cdot e^{i\theta_2} = e^{i(\theta_1 + \theta_2)} \tag{9.12}$$

となる．また，$e^{-i\theta} = \dfrac{1}{e^{i\theta}}$ も成り立ち，$e^{i\theta}$ は実数の指数関数 e^x と同じように掛け算，割り算などを行ってもよいのである．

オイラーの公式を用いると，(9.8)は次のように表すことができる．
$$z = re^{i\theta}. \tag{9.13}$$
また，共役複素数 $\bar{z}$ は $\bar{z} = re^{-i\theta}$ と表される．さらに，2 つの複素数 $z_1 = r_1 e^{i\theta_1}$, $z_2 = r_2 e^{i\theta_2}$ に対して $z_1 z_2 = r_1 r_2 e^{i(\theta_1+\theta_2)}$ となるから
$$|z_1 z_2| = r_1 r_2 = |z_1||z_2|, \tag{9.14}$$
$$\arg z_1 z_2 = \theta_1 + \theta_2 = \arg z_1 + \arg z_2 \tag{9.15}$$
の関係が成立することもわかる．オイラーの公式から導かれる式で，よく使われるものをあげておこう．
$$|e^{i\theta}| = 1 \tag{9.16}$$
$$e^{in\pi} = (-1)^n, \quad e^{i\left(n+\frac{1}{2}\right)\pi} = (-1)^n i \tag{9.17}$$
$$\cos\theta = \frac{1}{2}(e^{i\theta} + e^{-i\theta}), \quad \sin\theta = \frac{1}{2i}(e^{i\theta} - e^{-i\theta}) \tag{9.18}$$
$$\cos n\theta + i\sin n\theta = (\cos\theta + i\sin\theta)^n \tag{9.19}$$
(9.19) は $e^{in\theta} = (e^{i\theta})^n$ を書き換えたもので，**ド・モアブル**(de Moivre)**の公式**という．

例題 9.3

オイラーの公式を用いて $i^{\frac{1}{3}}$ の値を求めよ．

【解】 (9.17) より，$i = e^{\left(2m+\frac{1}{2}\right)\pi i}$ と書ける．ただし，$m = 0, \pm 1, \pm 2, \cdots$．よって
$$i^{\frac{1}{3}} = \{e^{\left(2m+\frac{1}{2}\right)\pi i}\}^{\frac{1}{3}} = e^{\left(\frac{2}{3}m+\frac{1}{6}\right)\pi i}$$
となり，$m = 3k, 3k+1, 3k+2$（k は整数）に対応して，$i^{\frac{1}{3}}$ は次の 3 つの値をとる．

$e^{\frac{\pi}{6}i} = \cos\frac{\pi}{6} + i\sin\frac{\pi}{6} = \frac{\sqrt{3}}{2} + \frac{1}{2}i$,

$e^{\frac{5\pi}{6}i} = \cos\frac{5\pi}{6} + i\sin\frac{5\pi}{6} = -\frac{\sqrt{3}}{2} + \frac{1}{2}i$,

$e^{-\frac{\pi}{2}i} = \cos\frac{\pi}{2} - i\sin\frac{\pi}{2} = -i$． □

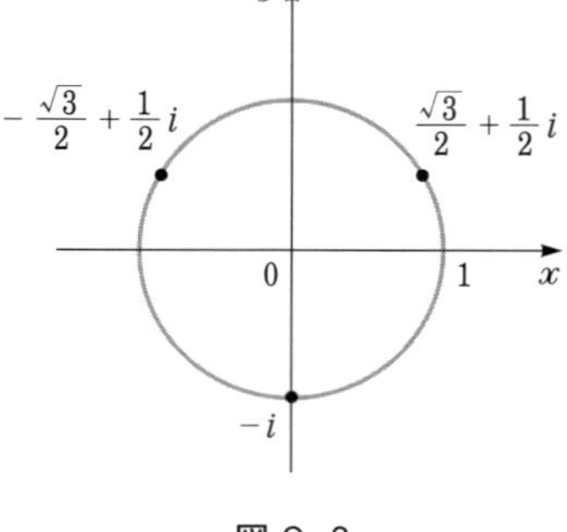

図 9.3

問題 1 オイラーの公式を用いて $i^{\frac{1}{2}}$ の値を求めよ．

9.4 複素数値関数の導関数

ここでは実数 t を独立変数とする複素数値関数
$$F(t) = f(t) + ig(t)$$
の微分について考えよう．実関数のときと同様に上の複素数値関数 $F(t)$ の導関数を次のように定義する．

定義
$$\frac{dF(t)}{dt} = F'(t)$$
$$= \lim_{\Delta t \to 0} \frac{\{f(t+\Delta t) + ig(t+\Delta t)\} - \{f(t) + ig(t)\}}{\Delta t}$$
である．

注意1 $F'(t) = f'(t) + ig'(t)$ である．なぜなら
$$F'(t) = \lim_{\Delta t \to 0} \left\{ \frac{f(t+\Delta t) - f(t)}{\Delta t} + i\frac{g(t+\Delta t) - g(t)}{\Delta t} \right\}$$
となるからである．

一般に $\alpha = a_1 + ia_2$ （a_1, a_2 は実数）とするとき，e^α を
$$e^\alpha = e^{a_1} \cdot e^{ia_2} = e^{a_1}(\cos a_2 + i \sin a_2)$$
と定義する．このとき，λ, μ を複素数とすると，
$$e^{\mu+\nu} = e^\mu e^\nu$$
である．なぜならば，$\mu = \mu_1 + i\mu_2$，$\nu = \nu_1 + i\nu_2$（ただし，$\mu_1, \mu_2, \nu_1, \nu_2$ は実数とする）とおくと，

左辺 $= e^{(\mu_1+\nu_1)+i(\mu_2+\nu_2)} = e^{\mu_1+\nu_1}e^{i(\mu_2+\nu_2)} = e^{\mu_1}e^{\nu_1}e^{i\mu_2}e^{i\nu_2}$,

右辺 $= e^{\mu_1+i\mu_2}e^{\nu_1+i\nu_2} = e^{\mu_1}e^{i\mu_2}e^{\nu_1}e^{i\nu_2}$

となるからである．また，μ を複素数とするとき $e^\mu \neq 0$ である．なぜならば，
$$|e^\mu| = |e^{\mu_1}||e^{i\mu_2}| = e^{\mu_1} \cdot 1 = e^{\mu_1} > 0$$
となるからである．

例題 9.4

$F(t) = e^{(a+ib)t} = e^{at}(\cos bt + i \sin bt)$ とするとき，
$$F'(t) = (a+ib)e^{(a+ib)t}$$
を示せ．

【解】 $F(t) = e^{at}\cos bt + ie^{at}\sin bt$ であるから
$$F'(t) = ae^{at}\cos bt - e^{at}b\sin bt + i(ae^{at}\sin bt + e^{at}b\cos bt)$$
$$= e^{at}(a+ib)(\cos bt + i\sin bt)$$
$$= (a+ib)e^{at}e^{i(bt)} = (a+ib)e^{(a+ib)t}$$
となる． □

上の例題の結果を用いると，複素数 λ に対して
$$\frac{d}{dt}e^{\lambda t} = \lambda e^{\lambda t} \tag{9.20}$$
の成り立つことがわかる．また，$\frac{d^2 e^{\lambda t}}{dt^2} = \lambda^2 e^{\lambda t}$ なども実関数のときと同様に成り立つ．

例題 9.5

関数 $u(t) = e^{\lambda t}$ が
$$u''(t) + u'(t) + u(t) = 0 \tag{9.21}$$
を満たすように複素数 λ を決めよ．

【解】 $u(t) = e^{\lambda t}, \quad u'(t) = \lambda e^{\lambda t}, \quad u''(t) = \lambda^2 e^{\lambda t}$
を (9.21) に代入すると
$$\lambda^2 e^{\lambda t} + \lambda e^{\lambda t} + e^{\lambda t} = 0$$
となる．$e^{\lambda t} \neq 0$ だから
$$\lambda^2 + \lambda + 1 = 0 \tag{9.22}$$
である．これを解いて
$$\lambda = \frac{-1 \pm \sqrt{3}i}{2} = -\frac{1}{2} \pm i\frac{\sqrt{3}}{2}$$
が得られる． □

9.4 複素数値関数の導関数

次の章で詳しく述べるが，(9.21) のように未知関数 $u(t)$ とその導関数 $u'(t)$ や $u''(t)$ などを含む方程式を**微分方程式**といい，微分方程式を満たす関数を**解**という．また (9.21) は u, u', u'' について 1 次の項しか含んでおらず各項の係数は定数であるので特に**定数係数の線形微分方程式**という．

注意 2 これまで関数を $y = f(x)$ のように，x や y, f を用いてきた．本章以降，微分方程式では関数を $u = u(t)$ のように，t や u を用い，t についての微分を「 $'$ 」で表す．

例題 9.5 より関数
$$u(t) = e^{\left(-\frac{1}{2} + i\frac{\sqrt{3}}{2}\right)t} \quad \text{および} \quad u(t) = e^{\left(-\frac{1}{2} - i\frac{\sqrt{3}}{2}\right)t}$$
は，微分方程式 (9.21) の解である．このように定数係数の線形微分方程式を解くことは，λ に関する代数方程式を解くことに帰着される．方程式 (9.22) を微分方程式 (9.21) の**特性方程式**という．

複素数値関数 $u(t)$ が (9.21) を満たすとき，$u(t)$ の実部および虚部もやはり (9.21) を満たす．実際，$u(t) = u_1(t) + i u_2(t)$ のように実部と虚部に分けて (9.21) に代入すると，
$$(u_1'' + i u_2'') + (u_1' + i u_2') + (u_1 + i u_2) = 0,$$
すなわち，$(u_1'' + u_1' + u_1) + i(u_2'' + u_2' + u_2) = 0$ である．したがって

$$\begin{cases} u_1'' + u_1' + u_1 = 0, & (9.23) \\ u_2'' + u_2' + u_2 = 0 & (9.24) \end{cases}$$

でなければならない．

例題 9.5 で得られた複素数値の解 $e^{\left(-\frac{1}{2} + i\frac{\sqrt{3}}{2}\right)t}$ はオイラーの公式から
$$e^{\left(-\frac{1}{2} + i\frac{\sqrt{3}}{2}\right)t} = e^{-\frac{t}{2}} \cos \frac{\sqrt{3}}{2} t + i e^{-\frac{t}{2}} \sin \frac{\sqrt{3}}{2} t \tag{9.25}$$
であり，実部と虚部はそれぞれ
$$u_1(t) = e^{-\frac{t}{2}} \cos \frac{\sqrt{3}}{2} t, \qquad u_2(t) = e^{-\frac{t}{2}} \sin \frac{\sqrt{3}}{2} t$$
である．これらは (9.21) の解となる．

さらに，C_1, C_2 を定数として $C_1u_1 + C_2u_2$ も解になることが次のようにして確かめることができる．まず，u_1, u_2 が (9.21) の解であるから，(9.23)，(9.24) が成り立つ．これより，

$$(C_1u_1 + C_2u_2)'' + (C_1u_1 + C_2u_2)' + (C_1u_1 + C_2u_2)$$
$$= C_1(u_1'' + u_1' + u_1) + C_2(u_2'' + u_2' + u_2)$$
$$= C_1 \cdot 0 + C_2 \cdot 0 = 0$$

となり，$C_1u_1 + C_2u_2$ も (9.21) を満たしていることになる．

実は，(9.21) を満たす解はこのようにして求めた

$$C_1 e^{-\frac{t}{2}} \cos \frac{\sqrt{3}}{2} t + C_2 e^{-\frac{t}{2}} \sin \frac{\sqrt{3}}{2} t \quad (C_1, C_2 \text{は任意の実数})$$

で尽くされるのである．このように2階の微分方程式の2つの解に定数を掛けて加えたものを**線形結合**（または，**一次結合**）といい，2つの任意定数を含む解を**一般解**という．10.4節で詳しく調べるが，(9.21) のような定数係数2階線形微分方程式について，次の定理が成り立つ．

定理 9.1 微分方程式 $u''(t) + pu'(t) + qu(t) = 0$（ただし，$p, q$ は与えられた実数とする）の特性方程式は $\lambda^2 + p\lambda + q = 0$ であり，一般解は，次のようになる．ただし，C_1, C_2 は任意定数である．

特性方程式の解	一般解
相異なる実数解 λ_1, λ_2	$C_1 e^{\lambda_1 t} + C_2 e^{\lambda_2 t}$
重解 λ	$C_1 e^{\lambda t} + C_2 t e^{\lambda t}$
共役複素数解 $a \pm ib$	$C_1 e^{at} \cos bt + C_2 e^{at} \sin bt$

例題 9.6

次の微分方程式の一般解を求めよ．

(1) $u''(t) + 3u'(t) + 2u(t) = 0$

(2) $u''(t) + 4u'(t) + 4u(t) = 0$

(3) $u''(t) + 4u'(t) + 8u(t) = 0$

【解】 (1) 特性方程式は

9.4 複素数値関数の導関数

$$\lambda^2 + 3\lambda + 2 = (\lambda+1)(\lambda+2) = 0$$

である．したがって，相異なる実数解 $\lambda = -1, \lambda = -2$ が得られる．ゆえに，微分方程式の一般解は

$$u(t) = C_1 e^{-t} + C_2 e^{-2t} \quad (\text{ただし，} C_1, C_2 \text{は任意定数})$$

である．

（2） 特性方程式は

$$\lambda^2 + 4\lambda + 4 = (\lambda+2)^2 = 0$$

である．したがって，重解 $\lambda = -2$ が得られる．ゆえに，微分方程式の一般解は

$$u(t) = C_1 e^{-2t} + C_2 t e^{-2t} \quad (\text{ただし，} C_1, C_2 \text{は任意定数})$$

である．

（3） 特性方程式は

$$\lambda^2 + 4\lambda + 8 = (\lambda+2)^2 + 4 = 0$$

である．したがって，共役複素数解 $\lambda = -2 \pm 2i$ が得られる．ゆえに，微分方程式の一般解は

$$u(t) = C_1 e^{-2t} \cos 2t + C_2 e^{-2t} \sin 2t \quad (\text{ただし，} C_1, C_2 \text{は任意定数})$$

である． □

例題 9.7

例題 9.6 で与えられた微分方程式 (1), (2), (3) に対して，条件 $u(0) = 0$, $u'(0) = 1$ （初期条件という）を満たす解をそれぞれ求め，それらの図を描け．

【解】 例題 9.6 で求めた一般解において，与えられた初期条件を代入して定数 C_1, C_2 を決定すればよい．

（1） 一般解は $u(t) = C_1 e^{-t} + C_2 e^{-2t}$ である．これより

$$u'(t) = -C_1 e^{-t} - 2C_2 e^{-2t}$$

となる．初期条件を代入して

$$C_1 + C_2 = 0, \qquad -C_1 - 2C_2 = 1$$

である．これを解いて，$C_1 = 1$, $C_2 = -1$ を得る．したがって，求める解は

$$u(t) = e^{-t} - e^{-2t}$$

である．解のグラフは図 9.4 のようになる．t が大きくなるにつれ急速に 0 に近づくので**減衰解**とよばれる．

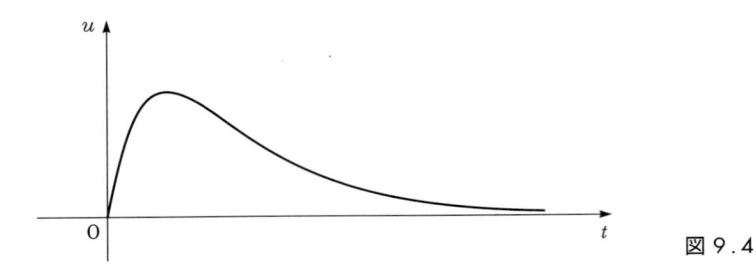

図 9.4

（2） 一般解 $u(t) = C_1 e^{-2t} + C_2 t e^{-2t}$ に (1) と同様に初期条件を代入して $C_1 = 0$, $C_2 = 1$ が得られ，求める解は

$$u(t) = t e^{-2t}$$

である．解のグラフは図 9.5 のようになる．この解は (1) の減衰解と次に示す (3) の振動解の境目にあるので**臨界減衰解**とよばれる．

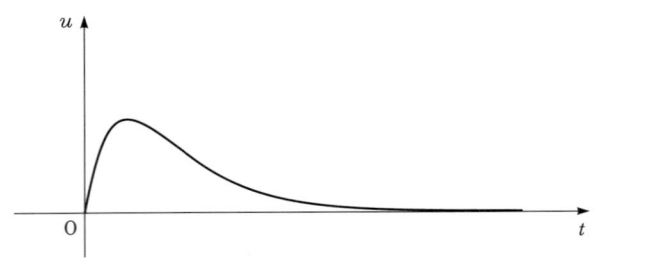

図 9.5

（3） 一般解は $u(t) = C_1 e^{-2t} \cos 2t + C_2 e^{-2t} \sin 2t$ である．

まず，初期条件 $u(0) = 0$ より $C_1 = 0$ が得られる．したがって，

$$u'(t) = -2C_2 e^{-2t} \sin 2t + 2C_2 e^{-2t} \cos 2t$$

であり，もう 1 つの条件 $u'(0) = 1$ より $C_2 = \dfrac{1}{2}$ が得られる．したがって，求める解は

$$u(t) = \frac{1}{2} e^{-2t} \sin 2t$$

である．解のグラフは図 9.6 のようになる．この解は t が大きくなるにつれて振動しながら減衰するので**振動減衰解**とよばれる． □

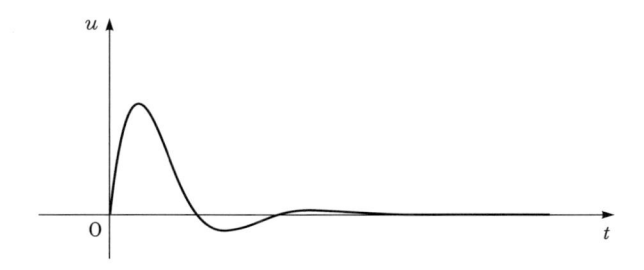

図 9.6

問題 1 次の微分方程式の一般解を求め，初期条件 $u(0) = 1$, $u'(0) = 0$ を満たす解を求めよ．

（1） $u''(t) + u(t) = 0$ （2） $u''(t) - u(t) = 0$
（3） $u''(t) + 2u'(t) + u(t) = 0$

第 9 章　練習問題

1. 次の複素数を (9.13) の形の指数関数を用いた極形式で表せ．

（1） $-\sqrt{3} + i$ （2） $-5i^3$ （3） $\dfrac{2}{1+i}$

2. オイラーの公式を利用して，次の複素数の値を求めよ．

（1） $(1+i)^8$ （2） $(\sqrt{3}+i)^5$ （3） $\dfrac{(1-i)^4}{(1+i)^6}$

3. 次の複素数の値をすべて求めよ．

（1） $(-1+\sqrt{3}\,i)^{\frac{1}{2}}$ （2） $(-8i)^{\frac{1}{3}}$ （3） $(1-i)^{\frac{1}{3}}$

4. 次の微分方程式の一般解を求めよ．

（1） $u''(t) + u'(t) - 12u(t) = 0$ （2） $u''(t) - 6u'(t) + 9u(t) = 0$
（3） $u''(t) + 2u'(t) + 2u(t) = 0$

5. 次の微分方程式の一般解を求め，与えられた初期条件を満たす解を求めよ．

（1） $u''(t) + 5u'(t) + 6u(t) = 0$: $u(0) = 1$, $u'(0) = 0$
（2） $u''(t) - 2u'(t) + u(t) = 0$: $u(0) = 1$, $u'(0) = 1$
（3） $u''(t) + 2u'(t) + 5u(t) = 0$: $u(0) = 0$, $u'(0) = 1$

第10章

線形微分方程式

　ニュートンが与えた物体の運動法則は，変位の微分を含む方程式で表される．すなわち変位を未知関数とした微分方程式になり，その解を求めれば運動が決定することになる．運動法則だけではない．様々な現象に対して，そのモデルとしての微分方程式を考え，その解を求める．解析学の第一義的な目的はまさにこの点にあるのである．これまでの章で考察してきたことはその準備であったといっても過言でない．本章では微分方程式のうち，変数およびその微分について1次式のみからなる線形方程式について，その解法を見ていくことにしよう．

10.1　微分方程式

時間の経過とともに刻々と変化する複雑な自然現象や社会現象を記述する数理モデルを作り，そのモデルを解析することは応用面で大変重要であり，また，数学的にも興味深いことである．

時間 t とともに変化するある量（例えば位置）を $u(t)$ で表すことにする．変量 $u(t)$ が一定の法則に従って変化するとき，その法則が $u(t)$ の 1 階微分（例えば速度）$\dfrac{du}{dt}$ や，2 階微分（例えば加速度）$\dfrac{d^2u}{dt^2}$ など，その導関数との関係式で表されることがしばしばある．前章でも触れたが，このような関係式を**微分方程式**という．

例 1

ある物体 A が直線上を動いているとする．このとき，時刻 t における A の位置を表す座標 u は，t の関数 $u = u(t)$ として表すことができる．いま，「A は一定の速度 k で動く」とするとき，A の速度は $\dfrac{du}{dt}$ で表されるから，A の動きを表す微分方程式は

$$\frac{du}{dt} = k \tag{10.1}$$

で与えられる．ただし，k は定数である．◆

例 2

ある地域における人口の変化について考える．ある時刻 t における人口を $P = P(t)$ とすると，単位時間あたりの増加は $\dfrac{dP}{dt}$ で表される．いま「人口の単位時間あたりの増加はそのときの人口に比例する」という仮説を立てる．比例定数を k とすると単位時間あたりの人口の増加は kP に等しいので，P の満たすべき微分方程式は

$$\frac{dP}{dt} = kP \tag{10.2}$$

となる．ただし，k は定数である．◆

例 2 の仮説はあまりにも単純であり，現実的とはいいがたい面がある．実際の問題ではどれだけの人間がそこで生存できるか，少なくともその地域に

おける食糧の供給力はどうかなどを考慮する必要がある．そこで，その地域における生存可能人口の最大値を M とし，この M と時刻 t における人口 P との差 $M-P$ を考え，「人口の増加率は，$k\cdot(M-P)$ に比例する」というモデルを考える．このとき単位時間あたりの人口の増加は $k(M-P)P$ となり，微分方程式は

$$\frac{dP}{dt} = k(M-P)P \tag{10.3}$$

で与えられる．この方程式は**ロジスティック方程式**とよばれている．

例 3

図 10.1 のように，摩擦のない水平な平面上で，一端が固定されたバネに取り付けられた質量 m の物体 A の運動について考えよう．

バネが伸びも縮みもせず A が静止する点を原点 O とし，時刻 t における A の位置を $u(t)$ とする．A が O より右側にあり，バネが伸びているとき物体 A は左向きにバネの伸び $u(t)$ に比例した力を受ける．また，A が左側にきてバネが縮んだときは逆向きに力が働く（フックの法則）．したがって，物体 A がバネから受ける力は $-cu(t)$（c：比例定数）と表される．このとき，ニュートンの運動法則「物体に働く力は，その物体の質量と加速度の積に等しい」を式で書くと

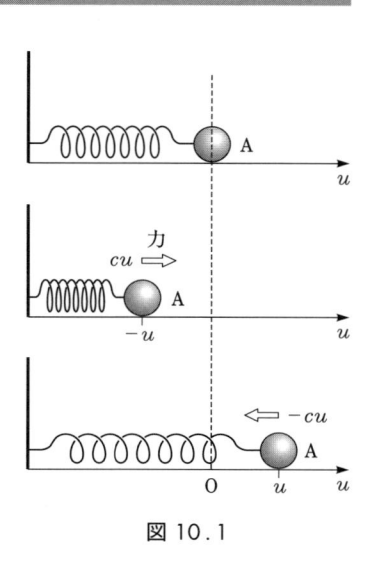

$$m\frac{d^2u}{dt^2} = -cu \tag{10.4}$$

図 10.1

となる．◆

このような例を含む微分方程式の一般的な定義は次の通りである．

定義 独立変数 t とその関数 $u(t)$, およびその n 階の導関数までを含む方程式

$$F\left(t, u, \frac{du}{dt}, \cdots, \frac{d^n u}{dt^n}\right) = 0 \qquad (10.5)$$

を, $u(t)$ に関する (**n 階**) **微分方程式**といい, 方程式に含まれる導関数の最高階の階数 n をこの微分方程式の**階数**という. また, この方程式を満足する関数 $u(t)$ をその**解**という. 解がわかっていないとき, $u(t)$ を方程式の**未知関数**とよぶことがある.

微分方程式において, 各例の (10.1), (10.2), (10.4) のように未知関数およびその導関数について, 1 次式であるものを**線形微分方程式**という. 例 2 の後半で述べたロジスティック微分方程式 (10.3) は, 2 次の項 $P^2(t)$ があるので線形ではない. このような方程式を**非線形微分方程式**という.

10.2 微分方程式と解

前節の定義で述べた微分方程式の解を求めることを微分方程式を解くという. 例で見てみよう.

例題 10.1

例 1 の微分方程式 $\dfrac{du}{dt} = k$ を解け.

【解】 u は微分して定数 k となる関数である. したがって
$$u(t) = kt + C \qquad (ただし, C は任意定数)$$
である. □

上の例題のように, 1 階の微分方程式の解は, 1 個の任意定数を含む形で表される. このような解を, その微分方程式の**一般解**という. 一般に n 階の微分方程式の一般解は n 個の任意定数を含む形で表される.

同じ例 1 の問題で時刻 t における A の位置を知るためには, 最初の A の

10.2 微分方程式と解

位置：例えば $u(t_0) = u_0$ というような条件が必要である．したがって

$$(P) \quad \begin{cases} \dfrac{du}{dt} = k, \\ u(t_0) = u_0 \end{cases}$$

という問題を解くことになる．このように，微分方程式の解 $u(t)$ で $t = t_0$ において指定された値 u_0 をとる解を求める問題を**初期値問題**という．また，例題 9.7 で指摘したように，つけられた条件を**初期条件**といい，指定された値 u_0 を**初期値**という．

例題 10.2

上の初期値問題 (P) の解を求めよ．

【解】 例題 10.1 より微分方程式の一般解は
$$u(t) = kt + C \quad （ただし，C は任意定数）$$
である．初期条件を満たすように，任意定数 C を定めると
$$u_0 = kt_0 + C \quad \text{より，} \quad C = u_0 - kt_0$$
となる．したがって，求める解は次のように与えられる．
$$u(t) = kt + (u_0 - kt_0).$$

（**別解**） 微分方程式を $[t_0, t]$ 上で積分すると
$$\int_{t_0}^{t} \frac{du}{ds} \, ds = \int_{t_0}^{t} k \, ds$$
であるから，（積分区間に t が用いられているため，積分変数 t を s に置き換えている．今後も同様に表記する．）
$$u(t) - u(t_0) = k(t - t_0)$$
となる．初期条件を代入して上と同じ解が得られる． □

微分方程式の解が，初等関数などのすでに知られている関数で表示されるとは限らない．したがって，微分方程式を研究する際には，方程式の解が既知の関数を用いて表示されなくても，その方程式に解が存在するかどうか，存在したとしてそれはただ 1 つであるかどうか，また，その解の性質はどのようなものであるか，などを調べることも重要となる場合がある．

10.3 1階線形微分方程式

具体的に微分方程式を解く問題の例として，
$$u' + a(t)\,u = b(t) \tag{10.6}$$
を考えよう．ただし，$a(t), b(t)$ は与えられた関数とする．このように u やその導関数を含まない項 $b(t)$ をもつ方程式を**非斉次方程式**という．これに対して，$b(t)$ が 0 となる
$$u' + a(t)\,u = 0 \tag{10.7}$$
を**斉次方程式**とよぶ．(10.7) を (10.6) に対応する斉次方程式という．

注意 1　実際の問題では，$a(t)$ や $b(t)$ などが t の ある区間で定義されることが多い．このような場合，解も同じ区間でのみ意味をもつことはいうまでもない．

例題 10.3

次の微分方程式の解を求めよ．ただし，a は定数とする．
$$u' + au = 0 \tag{10.8}$$

【解】　$u' = -au$ と書き直す．u は微分すると $-a$ 倍される関数である．微分公式 $(e^{-at})' = -ae^{-at}$ より $u = e^{-at}$ が 1 つの解の候補となる．他にはないだろうか？　言い換えると $ue^{at} = 1$ 以外に解はないだろうか？　このように考えると次の解法を思いつく．

(10.8) の両辺に e^{at} を掛けて
$$u'e^{at} + aue^{at} = 0, \quad \text{すなわち} \quad u'e^{at} + u(e^{at})' = 0$$
を得る．したがって
$$(ue^{at})' = 0 \tag{10.9}$$
となる．微分したものが 0 であるから ue^{at} は定数である．すなわち
$$ue^{at} = C \quad (\text{ただし，}C\text{ は任意定数})$$
したがって
$$u(t) = Ce^{-at} \tag{10.10}$$
が求める解である．　□

次に変数係数の場合を考えよう．

例題 10.4

$a(t)$ を連続関数とするとき，
$$u' + a(t)\,u = 0 \tag{10.11}$$
の解を求めよ．

【解】 まず，$A(t)$ を $A'(t) = a(t)$ を満たす関数とする．すなわち，$A(t)$ は $a(t)$ の原始関数である．具体的には t_0 を1つの点として $A(t) = \int_{t_0}^{t} a(s)\,ds$ とすればよい．例題 10.3 と同様に $e^{A(t)}$ を掛けると
$$u' e^{A(t)} + a(t)\,u\,e^{A(t)} = 0,$$
すなわち
$$u' e^{A(t)} + u (e^{A(t)})' = 0 \quad (\because\ A'(t) = a(t))$$
を得る．したがって
$$(u\,e^{A(t)})' = 0 \tag{10.12}$$
となり，例題 10.3 と同様にして，求める一般解は
$$u(t) = C e^{-A(t)} \quad (\text{ただし，}C\text{ は任意定数}) \tag{10.13}$$
である．□

例題 10.5

次の微分方程式の一般解を求めよ．
$$u' + \frac{1}{t^2} u = 0$$

【解】 $\left(-\dfrac{1}{t}\right)' = \dfrac{1}{t^2}$ であるから，$e^{-\frac{1}{t}}$ を与えられた方程式の両辺に掛けて
$$u' e^{-\frac{1}{t}} + \frac{1}{t^2} u e^{-\frac{1}{t}} = 0, \quad e^{-\frac{1}{t}} u' + (e^{-\frac{1}{t}})' u = 0, \quad (e^{-\frac{1}{t}} u)' = 0,$$
$$\therefore\ e^{-\frac{1}{t}} u = C \quad (\text{ただし，}C\text{ は任意定数}).$$
したがって，求める一般解は
$$u(t) = C e^{\frac{1}{t}} \quad (\text{ただし，}C\text{ は任意定数})$$
である．□

非斉次方程式の解　　例題 10.4 と同様のやり方で，非斉次方程式
$$u' + a(t)\,u = b(t) \tag{10.14}$$
の解を求めよう．まず，(10.14) の両辺に $e^{A(t)}$ を掛ける．ただし，$A(t)$ は例題 10.4 と同じ $A(t) = \int_{t_0}^{t} a(s)\,ds$ である．すると
$$u'\,e^{A(t)} + a(t)\,u\,e^{A(t)} = b(t)\,e^{A(t)},$$
すなわち
$$u'\,e^{A(t)} + u\,(e^{A(t)})' = b(t)\,e^{A(t)}$$
となり
$$(u\,e^{A(t)})' = b(t)\,e^{A(t)}$$
が得られる．上式を $[t_0, t]$ 上で積分すると
$$u(t)\,e^{A(t)} = \int_{t_0}^{t} b(s)\,e^{A(s)}\,ds + u(t_0)\,e^{A(t_0)}$$
となるが，定数 $u(t_0)\,e^{A(t_0)}$ を C と書くと一般解は，
$$u(t) = C e^{-A(t)} + e^{-A(t)} \int_{t_0}^{t} e^{A(s)}\,b(s)\,ds \tag{10.15}$$
で与えられる．

　なお，例題 10.4 で得られた斉次方程式の解の<u>任意定数 C を t の関数と見なして</u>非斉次方程式 (10.14) の解を求める手法もある．すなわち
$$u(t) = C(t)\,e^{-A(t)}$$
とおいて (10.14) に代入すると
$$C'(t)\,e^{-A(t)} - a(t)\,C(t)\,e^{-A(t)} + a(t)\,C(t)\,e^{-A(t)} = b(t)$$
である．したがって
$$C'(t) = b(t)\,e^{A(t)}$$
となり，積分すると
$$C(t) = \int_{t_0}^{t} e^{A(s)}\,b(s)\,ds + C_1 \quad (\text{ただし，}C_1 \text{は任意定数})$$
となる．この $C(t)$ を $u(t)$ に戻すと (10.15) が得られる．このような手法を**定数変化法**という．

注意 2 (10.15) は $\phi(t) = Ce^{-A(t)}$, $\psi(t) = e^{-A(t)} \int_{t_0}^{t} e^{A(s)} b(s)\, ds$ とおくと,
$$u(t) = \phi(t) + \psi(t)$$
と書ける.$\phi(t)$ は対応する斉次方程式の一般解である.また,$\psi(t)$ は,一般解において $C = 0$ としたときに得られる解なので,与えられた非斉次方程式の 1 つの解である.この解を**特解**(**特殊解**)という.以上をまとめると次のように表せる.

$$\boxed{\text{非斉次方程式の一般解}} = \boxed{\text{斉次方程式の一般解}} + \boxed{\text{非斉次方程式の特解}}$$

例題 10.6

非斉次方程式
$$u' + a(t)\, u = b(t)$$
の対応する斉次方程式の一般解を $\phi(t)$,特解を $\psi(t)$ とするとき,一般解 $u(t)$ は
$$u(t) = \phi(t) + \psi(t)$$
で与えられる.すなわち,

〔非斉次方程式の一般解〕=〔斉次方程式の一般解〕+〔特解〕

となることを,微分方程式の解を具体的に求めずに示せ.

【解】 u, ψ は非斉次方程式の解であるから
$$u' + au = b, \qquad \psi' + a\psi = b$$
が成り立ち,第 1 式から第 2 式を引くと
$$u' - \psi' + a(u - \psi) = 0$$
となる.ここで,$u' - \psi' = (u - \psi)'$ であるから
$$(u - \psi)' + a(u - \psi) = 0$$
となり,$u - \psi$ は斉次方程式の解であることがわかる.したがって,$u - \psi = \phi$ と表され
$$u = \phi + \psi$$
が成り立つ. □

問題 1 次の微分方程式の一般解を求めよ.
 (1) $u' + 3u = 0$ (2) $u' + 2u = t$ (3) $u' + tu = 0$

10.4 微分演算子

2階以上の定数係数の線形微分方程式については，微分演算子を導入すると効率よく簡単に解くことができる．**微分演算子** D を

$$Du = \frac{du}{dt}, \quad D^2 u = D(Du) = \frac{d^2 u}{dt^2}, \quad \cdots, \quad D^n u = \frac{d^n u}{dt^n}$$

で定義しよう．さらに α, β を定数として

$$(D - \alpha)u = Du - \alpha u = \frac{du}{dt} - \alpha u,$$

$$\begin{aligned}
(D - \alpha)(D - \beta)u &= (D - \alpha)\{(D - \beta)u\} = (D - \alpha)(Du - \beta u) \\
&= D(Du - \beta u) - \alpha(Du - \beta u) \\
&= D^2 u - \beta Du - \alpha Du + \alpha\beta u \\
&= \{D^2 - (\alpha + \beta)D + \alpha\beta\}u
\end{aligned}$$

というように，$(D - \alpha)$，$(D - \alpha)(D - \beta)$ を定義する．このように α, β が定数のときには，D を含む式を普通の<u>文字式のように</u>展開したり，逆に因数分解することができる．例えば

$$(D - \alpha)^2 u = (D^2 - 2\alpha D + \alpha^2)u,$$

$$(D - \alpha)^3 u = (D^3 - 3\alpha D^2 + 3\alpha^2 D - \alpha^3)u$$

である．以下，微分演算子 D を用いて表された微分方程式を解いてみよう．

例題 10.7

次の微分方程式の一般解を求めよ．

(1) $Du = 0$ (2) $D^2 u = 0$ (3) $D^n u = 0$

【解】 (1) $u = C$ (ただし，C は任意定数)，

(2) $D(Du) = 0$ より $Du = C_1$ (C_1 は任意定数)，したがって
$$u = C_1 t + C_2 \quad (ただし，C_1, C_2 は任意定数).$$

(3) (2) と同様にして
$$u = C_1 t^{n-1} + C_2 t^{n-2} + \cdots + C_{n-1} t + C_n$$
(ただし，$C_1, C_2, \cdots, C_{n-1}, C_n$ は任意定数).   □

10.4 微分演算子

次に，微分方程式 $(D-\alpha)^n u = 0$ の一般解はどうなるか考えよう．まず 1 つの公式を準備する．

公式
$$\boxed{(D-\alpha)(\,\cdot\,) = e^{\alpha t} D(e^{-\alpha t}\,\cdot\,)}$$

すなわち
$$(D-\alpha)u = e^{\alpha t} D(e^{-\alpha t} u) \tag{10.16}$$

が成り立つ．

【証明】
$$\begin{aligned}
(D-\alpha)u &= u' - \alpha u \\
&= e^{\alpha t}(e^{-\alpha t} u' - \alpha e^{-\alpha t} u) \\
&= e^{\alpha t}\{e^{-\alpha t} u' + (e^{-\alpha t})' u\} \\
&= e^{\alpha t}(e^{-\alpha t} u)' = e^{\alpha t} D(e^{-\alpha t} u). \quad \square
\end{aligned}$$

注意 1 この公式は，指数関数で D を挟んだ $\boxed{e^{\alpha t} D e^{-\alpha t}}$ という形に特徴がある．もちろん，$(D+\alpha)(\,\cdot\,) = e^{-\alpha t} D(e^{\alpha t}\,\cdot\,)$ である．

例題 10.8

$(D-\alpha)^n(\,\cdot\,) = e^{\alpha t} D^n (e^{-\alpha t}\,\cdot\,)$，すなわち $(D-\alpha)^n u = e^{\alpha t} D^n (e^{-\alpha t} u)$ を示せ．

【解】 $n=2$ のときのみ示す．一般の n の場合も全く同様に示すことができる．上の公式 (10.16) を 2 回用いると，
$$\begin{aligned}
(D-\alpha)^2 u &= (D-\alpha)\{(D-\alpha)u\} = e^{\alpha t} D(e^{-\alpha t}\{(D-\alpha)u\}) \\
&= e^{\alpha t} D e^{-\alpha t}\{e^{\alpha t} D(e^{-\alpha t} u)\} = e^{\alpha t} DD(e^{-\alpha t} u) \\
&= e^{\alpha t} D^2(e^{-\alpha t} u). \quad \square
\end{aligned}$$

公式を用いて，具体的に微分方程式を解いてみることにしよう．

例題 10.9

次の微分方程式の一般解を求めよ．

（1） $(D-\alpha)u = 0$ （2） $(D-\alpha)^2 u = 0$
（3） $(D-\alpha)^n u = 0$

【解】（1） 公式 (10.16) を用いると，問題の式は
$$e^{at}D(e^{-at}u) = 0$$
となる．$e^{at} \neq 0$ であるから
$$D(e^{-at}u) = 0$$
であり，例題 10.7 (1) より
$$e^{-at}u = C \quad （ただし，Cは任意定数）$$
となる．すなわち，一般解は
$$u = Ce^{at}$$
である．

（2） 例題 10.8 の結果を用いて，問題の式は
$$e^{at}D^2(e^{-at}u) = 0$$
となる．したがって
$$D^2(e^{-at}u) = 0$$
であり，例題 10.7 (2) より
$$e^{-at}u = C_1 t + C_2 \quad （ただし，C_1, C_2は任意定数）$$
となる．すなわち，一般解は
$$u = e^{at}(C_1 t + C_2)$$
である．

（3） やはり例題 10.8 の結果を用いると，
$$e^{at}D^n(e^{-at}u) = 0$$
である．したがって
$$D^n(e^{-at}u) = 0$$
であるから，例題 10.7 (3) を適用すると，
$$e^{-at}u = C_1 t^{n-1} + C_2 t^{n-2} + \cdots + C_{n-1}t + C_n$$
$$（ただし，C_1, \cdots, C_n は任意定数）$$
となる．すなわち，一般解は
$$u = e^{at}(C_1 t^{n-1} + C_2 t^{n-2} + \cdots + C_{n-1}t + C_n)$$
である． □

例題 10.10

次の微分方程式の一般解を求めよ．ただし，α, β は定数で $\alpha \neq \beta$ とする．
$$(D - \alpha)(D - \beta)u = 0$$

【解】 方程式を $(D - \alpha)\{(D - \beta)u\} = 0$ と見なして，公式を順次用いると
$$e^{\alpha t} D\{e^{-\alpha t}(D - \beta)u\} = 0, \quad D\{e^{-\alpha t}(D - \beta)u\} = 0,$$
$$D\{e^{-\alpha t} \cdot e^{\beta t} D(e^{-\beta t}u)\} = 0$$

となる．したがって，
$$e^{(\beta - \alpha)t} D(e^{-\beta t}u) = C_1 \quad (\text{ただし，} C_1 \text{ は任意定数})$$

となり，
$$D(e^{-\beta t}u) = C_1 e^{(\alpha - \beta)t}$$

が得られる．再び積分すると，$\alpha \neq \beta$ であるから
$$e^{-\beta t}u = \frac{C_1}{\alpha - \beta} e^{(\alpha - \beta)t} + C_2 \quad (\text{ただし，} C_1, C_2 \text{ は任意定数})$$

となる．C_1 は任意定数だから $\dfrac{C_1}{\alpha - \beta}$ を改めて C_1 と書くことにすると，求める一般解は

$$u = C_1 e^{\alpha t} + C_2 e^{\beta t} \quad (\text{ただし，} C_1, C_2 \text{ は任意定数}). \quad \square$$

例題 10.9 の (2) と例題 10.10 の結果をまとめておくと，微分方程式
$$(D - \alpha)(D - \beta)u = 0 \tag{10.17}$$
の一般解は

（ⅰ） $\alpha \neq \beta$ のとき，
$$u = C_1 e^{\alpha t} + C_2 e^{\beta t} \quad (\text{ただし，} C_1, C_2 \text{ は任意定数})$$

（ⅱ） $\alpha = \beta$ のとき，
$$u = C_1 e^{\alpha t} + C_2 t e^{\alpha t} \quad (\text{ただし，} C_1, C_2 \text{ は任意定数})$$

で与えられる．なお，(ⅱ) では t の昇べきの順に解を書いている．

注意 2 $\alpha \neq \beta$ のとき $\{e^{\alpha t}, e^{\beta t}\}$ を微分方程式 (10.17) の**基本解**という．$\alpha = \beta$ のときは $\{e^{\alpha t}, t e^{\alpha t}\}$ が (10.17) の基本解である．上式は一般解が基本解の一次結合で表されることを示している．なお，基本解は線形代数で現れるベクトル空間の基底と同じ働きをしており，各解は独立である．すなわち，互いに比例関係にない．

さらに，微分方程式
$$(D-\alpha_1)(D-\alpha_2)\cdots(D-\alpha_n)u = 0 \tag{10.18}$$
の解は，次のように分類することができる．

（ⅰ）$\alpha_1, \alpha_2, \cdots, \alpha_n$ が相異なるとき，
$$u = C_1 e^{\alpha_1 t} + C_2 e^{\alpha_2 t} + \cdots + C_n e^{\alpha_n t}$$
（ただし，$C_1, C_2, \cdots, C_n$ は任意定数）．

（ⅱ）$\alpha_1(=\alpha_2), \alpha_3, \cdots, \alpha_n$ が相異なるとき，
$$u = C_1 e^{\alpha_1 t} + C_2 t e^{\alpha_1 t} + C_3 e^{\alpha_3 t} + \cdots + C_n e^{\alpha_n t}$$
（ただし，$C_1, C_2, C_3, \cdots, C_n$ は任意定数）．

$\cdots\cdots\cdots\cdots$

（n）$\alpha_1 = \alpha_2 = \cdots = \alpha_n$ のとき，
$$u = C_1 e^{\alpha_1 t} + C_2 t e^{\alpha_1 t} + C_3 t^2 e^{\alpha_1 t} + \cdots + C_n t^{n-1} e^{\alpha_1 t}$$
（ただし，$C_1, C_2, \cdots, C_n$ は任意定数）．

なお，ここでは1つの解 α_1 だけ重解である場合を示したが，重解が複数ある場合にはその重複度に応じて t のべきを掛ければよい．また，

（ⅰ）のとき $\{e^{\alpha_1 t}, e^{\alpha_2 t}, \cdots, e^{\alpha_n t}\}$；（ⅱ）のとき $\{e^{\alpha_1 t}, t e^{\alpha_1 t}, e^{\alpha_3 t}, \cdots, e^{\alpha_n t}\}$ が基本解である．以下（n）の場合も同様である．例えば，微分方程式
$$(D-\alpha)(D-\beta)^2(D-\gamma)^3 u = 0$$
の基本解は，$\{e^{\alpha t}, e^{\beta t}, t e^{\beta t}, e^{\gamma t}, t e^{\gamma t}, t^2 e^{\gamma t}\}$ である．ただし，α, β, γ は相異なる定数とする．

10.5　定数係数の斉次線形微分方程式

10.4節の結果を用いると，定数係数の斉次線形微分方程式
$$u^{(n)} + a_{n-1} u^{(n-1)} + \cdots + a_1 u' + a_0 u = 0 \tag{10.19}$$
（ただし，$a_{n-1}, \cdots, a_1, a_0$ は定数）

の一般解は容易に求めることができる．まず，微分演算子 D を用いて上式を
$$(D^n + a_{n-1} D^{n-1} + \cdots + a_1 D + a_0) u = 0 \tag{10.20}$$

と書き換え，微分の部分を因数分解すればよいのである．

例題 10.11

次の微分方程式の基本解と一般解を求めよ．
（1） $u'' - 3u' + 2u = 0$ （2） $u'' - 4u' + 4u = 0$
（3） $u'' + u = 0$

【解】（1） 方程式を微分演算子で表すと
$$(D^2 - 3D + 2)u = 0 \quad \text{より} \quad (D-1)(D-2)u = 0$$
となる．よって，基本解は $\{e^t, e^{2t}\}$ であり，一般解は
$$u = C_1 e^t + C_2 e^{2t} \quad (\text{ただし，} C_1, C_2 \text{は任意定数})$$
である．

（2） 方程式を微分演算子で表すと
$$(D^2 - 4D + 4)u = 0 \quad \text{より} \quad (D-2)^2 u = 0$$
となる．よって，基本解は $\{e^{2t}, te^{2t}\}$ であり，一般解は
$$u = C_1 e^{2t} + C_2 t e^{2t} \quad (\text{ただし，} C_1, C_2 \text{は任意定数})$$
である．

（3） 方程式を微分演算子で表すと，$i^2 = -1$ を用いて
$$(D^2 + 1)u = 0 \quad \text{より} \quad (D-i)(D+i)u = 0$$
となる．よって，基本解は $\{e^{it}, e^{-it}\}$ であり，一般解は
$$u = C_1 e^{it} + C_2 e^{-it} \quad (\text{ただし，} C_1, C_2 \text{は任意定数})$$
である．ここでオイラーの公式を用いると，
$$\begin{aligned} u &= C_1(\cos t + i\sin t) + C_2(\cos t - i\sin t) \\ &= (C_1 + C_2)\cos t + i(C_1 - C_2)\sin t \\ &= \tilde{C}_1 \cos t + \tilde{C}_2 \sin t \quad (\text{ただし，} \tilde{C}_1, \tilde{C}_2 \text{は任意定数}) \end{aligned}$$
と書くこともできる．この表現においては，基本解は $\{\cos t, \sin t\}$ である．したがって，任意定数を改めて C_1, C_2 と書くと，一般解は
$$u = C_1 \cos t + C_2 \sin t \quad (\text{ただし，} C_1, C_2 \text{は任意定数})$$
である． □

例題 10.12

次の微分方程式の基本解と一般解を求めよ。
（1） $u^{(4)} - 3u''' + 2u'' = 0$
（2） $u^{(4)} - 3u''' + 3u'' - 3u' + 2u = 0$
（3） $u^{(4)} - 4u''' + 8u'' - 8u' + 3u = 0$

【解】 （1） 方程式を微分演算子で表すと
$$(D^4 - 3D^3 + 2D^2)u = 0$$
であるから，微分の部分を因数分解して
$$D^2(D-1)(D-2)u = 0$$
となる．D^2 に対応してでてくる基本解は，$1, t$ であることに注意すると方程式の基本解は $\{1, t, e^t, e^{2t}\}$ となり，一般解は
$$u = C_1 + C_2 t + C_3 e^t + C_2 e^{2t} \quad (\text{ただし，} C_1, C_2, C_3, C_4 \text{は任意定数})$$
で与えられる．

（2） 微分演算子を用いて表すと
$$(D^4 - 3D^3 + 3D^2 - 3D + 2)u = 0$$
であるから，微分の部分を因数分解して
$$(D-i)(D+i)(D-1)(D-2)u = 0$$
を得る．よって，基本解は $\{e^{it}, e^{-it}, e^t, e^{2t}\}$ であり，一般解は
$$u = C_1 e^{it} + C_2 e^{-it} + C_3 e^t + C_4 e^{2t} \quad (\text{ただし，} C_1, C_2, C_3, C_4 \text{は任意定数})$$
で与えられる．三角関数を用いると，基本解は $\{\cos t, \sin t, e^t, e^{2t}\}$ で，一般解は
$$u = C_1 \cos t + C_2 \sin t + C_3 e^t + C_4 e^{2t} \quad (\text{ただし，} C_1, C_2, C_3, C_4 \text{は任意定数})$$
と書くこともできる．

（3） 微分演算子を用いて表すと
$$(D^4 - 4D^3 + 8D^2 - 8D + 3)u = 0$$
であるから，微分の部分を因数分解して
$$(D-1)^2\{D-(1-\sqrt{2}\,i)\}\{D-(1+\sqrt{2}\,i)\}u = 0$$
となる．よって，基本解は $\{e^t, te^t, e^{(1+\sqrt{2}\,i)t}, e^{(1-\sqrt{2}\,i)t}\}$ であり，一般解は
$$u = C_1 e^t + C_2 t e^t + C_3 e^{(1+\sqrt{2}\,i)t} + C_4 e^{(1-\sqrt{2}\,i)t}$$
$$(\text{ただし，} C_1, C_2, C_3, C_4 \text{は任意定数})$$

である．三角関数を用いると，基本解は $\{e^t, te^t, e^t\cos(\sqrt{2}\,t), e^t\sin(\sqrt{2}\,t)\}$ であり，一般解は
$$u = C_1 e^t + C_2 t e^t + C_3 e^t \cos(\sqrt{2}\,t) + C_4 e^t \sin(\sqrt{2}\,t)$$
（ただし，C_1, C_2, C_3, C_4 は任意定数）

と書くこともできる．　□

問題 1　次の微分方程式の一般解を求めよ．
（1）　$u''' - u'' + 2u = 0$　　　　（2）　$u^{(4)} - u = 0$

10.6　定数係数の非斉次線形微分方程式

ここでは，定数係数の非斉次線形微分方程式
$$u^{(n)} + a_{n-1} u^{(n-1)} + \cdots + a_1 u' + a_0 u = f(t) \tag{10.21}$$
（ただし，$a_{n-1}, a_{n-2}, \cdots, a_1, a_0$ は定数）

の解を求めよう．微分演算子 D を用いて表すと上式は
$$(D^n + a_{n-1} D^{n-1} + \cdots + a_1 D + a_0) u = f(t) \tag{10.22}$$
となる．対応する斉次線形微分方程式は
$$(D^n + a_{n-1} D^{n-1} + \cdots + a_1 D + a_0) u = 0 \tag{10.23}$$
である．1 階の線形微分方程式の場合と同様に，解の関係は

| 非斉次方程式の一般解 | $=$ | 斉次方程式の一般解 | $+$ | 非斉次方程式の特解 |

となっている．このことを利用して非斉次方程式の特解を求めることを考える．すなわち，与えられた方程式の両辺に微分演算子を施して<u>微分の階数の高い斉次方程式に帰着させ</u>，その一般解の中から特解を探すのである．

例題によって説明しよう．

例題 10.13

次の非斉次微分方程式の特解を求め，さらに，一般解を求めよ．
$$u'' - 3u' + 2u = t$$

【解】 左辺を演算子 D を用いて表し，演算子の部分を因数分解すると
$$(D-1)(D-2)u = t$$
となる．対応する斉次方程式 $(D-1)(D-2)u = 0$ の基本解は $\{e^t, e^{2t}\}$ だから，求める一般解は
$$C_1 e^t + C_2 e^{2t} + \text{〔特解〕} \quad (\text{ただし，} C_1, C_2 \text{は任意定数}) \quad (10.24)$$
という形をしているはずである．そこで，この形をもとにして特解を探し出す．

与えられた方程式の右辺 t に微分 D をほどこすと，$Dt = t' = 1$, $D^2 t = D(Dt) = D(1) = 0$ である．したがって，方程式の両辺に D^2 を掛けると
$$D^2\{(D-1)(D-2)u\} = D^2 t,$$
$$D^2(D-1)(D-2)u = 0$$
となり，特解はこの 4 階の斉次微分方程式の解でもあることがわかる．ところが，この微分方程式の一般解は，前節の例題 10.12 (1) で示したように
$$C_1 e^t + C_2 e^{2t} + C_3 + C_4 t \quad (\text{ただし，} C_1, C_2, C_3, C_4 \text{は任意定数}) \quad (10.25)$$
である．(10.24) と (10.25) を比べてみると，第 1 項と第 2 項は対応する斉次方程式の一般解であるから，特解は
$$C_3 + C_4 t$$
の形をしていなければならないことがわかる．

簡単のため，特解を $\varphi = pt + q$ (p, q は定数) とおき，方程式
$$(D-1)(D-2)\varphi = t$$
を満たすような p, q を求める．$D\varphi = p$, $D^2\varphi = 0$ より
$$[\text{上式の左辺}] = (D^2 - 3D + 2)\varphi = D^2\varphi - 3D\varphi + 2\varphi$$
$$= -3p + 2(pt + q) = 2pt + (2q - 3p).$$
これが，右辺の t と一致しなければならないから
$$2p = 1, \quad 2q - 3p = 0$$
である．すなわち，$p = \dfrac{1}{2}$, $q = \dfrac{3}{4}$ である．したがって
$$\varphi = \frac{1}{2}t + \frac{3}{4}$$
は特解である．以上より，一般解は
$$u = C_1 e^{2t} + C_2 e^t + \frac{1}{2}t + \frac{3}{4} \quad (\text{ただし，} C_1, C_2 \text{は任意定数})$$
である．□

10.6 定数係数の非斉次線形微分方程式

注意 1 非斉次方程式の右辺が 0 となるような微分演算子を方程式の両辺に掛けて特解の形を見抜くところがポイントである．特解の形がわかれば，方程式に代入して係数の比較を行えばよい．

非斉次方程式の右辺が 0 となるような微分演算子を見つけるために 10.4 節で計算したことを整理しておくと次のようになる．

(1) $t^n \quad \Rightarrow \quad D^{n+1}(t^n) = 0$,

(2) $e^{at} \quad \Rightarrow \quad (D-\alpha)(e^{at}) = 0$,

(3) $t^n e^{at} \quad \Rightarrow \quad (D-\alpha)^{n+1}(t^n e^{at}) = 0$,

(4) $e^{\mu t}\cos\nu t \quad \Rightarrow \quad \{D-(\mu+i\nu)\}\{D-(\mu-i\nu)\}(e^{\mu t}\cos\nu t) = 0$,

$e^{\mu t}\sin\nu t \quad \Rightarrow \quad \{D-(\mu+i\nu)\}\{D-(\mu-i\nu)\}(e^{\mu t}\sin\nu t) = 0$.

なお，このような演算子がうまく求められない場合については，積分表示の形で求める方法がある．これについては，次の 10.7 節において説明する．

例題 10.14

次の非斉次方程式の特解を求めよ．
$$u'' - 3u' + 2u = e^{2t}$$

【解】 対応する斉次方程式は例題 10.11 (1) と同じであるから，基本解は $\{e^t, e^{2t}\}$ である．また，$(D-2)e^{2t}=0$ に注意する．

方程式の両辺に $(D-2)$ を施すと
$$(D-2)\{(D-2)(D-1)u\} = (D-2)e^{2t}$$
となる．したがって，
$$(D-2)^2(D-1)u = 0$$
を得る．この方程式の基本解は $\{e^t, e^{2t}, te^{2t}\}$ である．斉次方程式の基本解は $\{e^t, e^{2t}\}$ であったから，特解を
$$\varphi = pte^{2t} \quad (\text{ただし，}p\text{ は定数})$$
と仮定し，方程式 $(D-2)(D-1)\varphi = e^{2t}$ に代入して p を定める．$(D-2)^2\varphi = 0$ に注意すると
$$(D-2)(D-1)\varphi = (D-2)\{(D-2)+1\}\varphi = (D-2)^2\varphi + (D-2)\varphi$$
$$= (D-2)\varphi = \varphi' - 2\varphi = pe^{2t} + 2pte^{2t} - 2pte^{2t} = pe^{2t}$$
となるから，方程式の右辺と比較して $p=1$ が得られる．したがって，特解は $\varphi = te^{2t}$ である．□

第 10 章　線形微分方程式

注意 2　この例題からわかるように右辺が指数関数だからといって，単に pe^{2t} の形で特解をさがしても見つからない．それは e^{2t} が方程式の左辺の基本解だからである．左辺を無視して山勘で特解の形を推測しても駄目である．この例題のように，右辺を 0 とする微分演算子を用いて特解の候補をしぼればうまくいく．

最後に，非斉次項に三角関数が含まれる場合を例題で考えよう．

例題 10.15

次の非斉次微分方程式の特解を求めよ．
$$u'' - 3u' + 2u = \sin t$$

【解】　微分演算子を用いて表すと
$$(D^2 - 3D + 2)u = \sin t$$
である．前述の注意 1 の (4) により $(D+i)(D-i)\sin t = 0$ であるから，方程式の両辺に $(D+i)(D-i)$ を掛けると
$$(D+i)(D-i)(D^2 - 3D + 2)u = 0$$
となる．微分の部分を因数分解すると
$$(D+i)(D-i)(D-1)(D-2)u = 0$$
が得られる．この微分方程式の基本解は $\{e^t, e^{2t}, \cos t, \sin t\}$ である．$\{e^t, e^{2t}\}$ は対応する斉次方程式の基本解であるから，特解を
$$\varphi = p\cos t + q\sin t \quad (\text{ただし，} p, q \text{ は定数})$$
と仮定し，方程式に代入して p, q を定める．$(D^2+1)\varphi = 0$ に注意すると
$$(D^2 - 3D + 2)\varphi = \{(D^2+1) - 3D + 1\}\varphi$$
$$= -3D\varphi + \varphi$$
$$= 3p\sin t - 3q\cos t + p\cos t + q\sin t$$
$$= (3p + q)\sin t - (3q - p)\cos t$$
となるから，与えられた方程式の右辺と比較して $p = \dfrac{3}{10}$, $q = \dfrac{1}{10}$ が得られる．よって，特解は
$$\varphi = \frac{3}{10}\cos t + \frac{1}{10}\sin t$$
である．　□

10.6 定数係数の非斉次線形微分方程式

これまで特解の求め方について述べてきたが，線形方程式の場合はさらに次のような重要な性質（**重ね合わせの原理**）があることを注意しておく．

例題 10.16

非斉次方程式
$$u'' + au' + bu = f_1 + f_2$$
の特解は，2つの非斉次方程式
$$u'' + au' + bu = f_1, \qquad u'' + au' + bu = f_2$$
のそれぞれの特解 $\varphi_1(t)$ および $\varphi_2(t)$ の和 $\varphi(t) = \varphi_1(t) + \varphi_2(t)$ で求められることを示せ．

【解】 $\varphi_1'' + a\varphi_1' + b\varphi_1 = f_1$, $\varphi_2'' + a\varphi_2' + b\varphi_2 = f_2$ であるから
$$(\varphi_1 + \varphi_2)'' + a(\varphi_1 + \varphi_2)' + b(\varphi_1 + \varphi_2) = f_1 + f_2$$
が成り立つ．ゆえに $\varphi = \varphi_1 + \varphi_2$ は
$$\varphi'' + a\varphi' + b\varphi = f_1 + f_2$$
を満たす．したがって，φ は与えられた方程式の特解である． □

注意3 ここで用いた $\varphi_1(t)$ および $\varphi_2(t)$ はどんな手法（次節で述べるものも含めて）で求めたものでもかまわない．

例題 10.17

次の非斉次方程式の特解を1つ求めよ．
$$(D-2)(D-1)u = e^{2t} + \sin t$$

【解】 例題 10.14, 10.15 より $(D-2)(D-1)u = e^{2t}$, $(D-2)(D-1)u = \sin t$ の特解としてそれぞれ te^{2t}, $\dfrac{3}{10}\cos t + \dfrac{1}{10}\sin t$ がある．したがって
$$te^{2t} + \frac{3}{10}\cos t + \frac{1}{10}\sin t$$
は，与えられた方程式の特解である． □

問題 1 次の微分方程式の特解を求めよ．
$$u'' - u' - 2u = 2t^2 + \cos t$$

10.7　定数変化法と階数低下法

これまで，微分演算子を用いて定数係数の非斉次線形方程式の特解をさがす基本的な方法を説明してきた．ここでは，**定数変化法**および**階数低下法**とよばれ，古くから使われている手法を紹介する．この方法は変数係数の場合でも適用できるという利点をもっている．

定数変化法　すでに 10.3 節の 1 階非斉次方程式 (10.14) の解法として紹介した手法であるが，ここでは 2 階の非斉次線形微分方程式

$$u'' + a(t)\,u' + b(t)\,u = f(t) \tag{10.26}$$

の特解を求めるのに用いることにする．いま，対応する斉次方程式

$$u'' + a(t)\,u' + b(t)\,u = 0 \tag{10.27}$$

の基本解を $\{u_1, u_2\}$ とし，特解を

$$\phi(t) = p_1(t)\,u_1(t) + p_2(t)\,u_2(t) \tag{10.28}$$

とおいて，$\phi(t)$ が (10.26) を満たすように $p_1(t)$, $p_2(t)$ を求める．ϕ は (10.27) の一般解において任意定数 C_1, C_2 の代わりに $p_1(t)$, $p_2(t)$ とおいたものである．つまり斉次方程式の一般解の定数を変化させて非斉次方程式 (10.26) を満たすように工夫する．これが定数変化法という言葉の由来である．

例題 10.18

u_1, u_2 を (10.27) の基本解とするとき，p_1, p_2 が連立方程式

$$\begin{cases} u_1 p_1' + u_2 p_2' = 0 & \cdots ① \\ u_1' p_1' + u_2' p_2' = f & \cdots ② \end{cases} \tag{10.29}$$

を満たすならば，(10.28) は (10.26) の特解であることを示せ．

【解】　(10.28) を t で微分して，(10.29) の ① を用いると

$$\phi' = p_1' u_1 + p_2' u_2 + p_1 u_1' + p_2 u_2' = p_1 u_1' + p_2 u_2'$$

となる．さらに微分して (10.29) の ② を用いると，

10.7 定数変化法と階数低下法

$$\phi'' = p_1'u_1' + p_2'u_2' + p_1 u_1'' + p_2 u_2'' = p_1 u_1'' + p_2 u_2'' + f$$

を得る．ϕ およびこれらの ϕ', ϕ'' を (10.26) に代入すると

$$\phi'' + a\phi' + b\phi = p_1(u_1'' + au_1' + bu_1) + p_2(u_2'' + au_2' + bu_2) + f$$

となる．ここで u_1, u_2 は (10.27) の基本解であるから右辺第 1, 2 項は 0 となり，

$$\phi'' + a\phi' + b\phi = f$$

を得る．すなわち，ϕ は (10.26) の 1 つの特解となる． □

次に，(10.28) の p_1, p_2 を具体的に基本解 u_1, u_2 で表そう．そのためには連立方程式 (10.29) を用いればよい．まず，① $\times u_2'$ − ② $\times u_2$ より

$$(u_1 u_2' - u_1' u_2) p_1' = -u_2 f,$$

また，② $\times u_1$ − ① $\times u_1'$ より

$$(u_1 u_2' - u_1' u_2) p_2' = u_1 f$$

が得られる．そこで

$$W(u_1, u_2) = u_1 u_2' - u_1' u_2$$

とおくと，$W(u_1, u_2) \neq 0$ のとき

$$p_1' = \frac{-u_2 f}{W(u_1, u_2)}, \qquad p_2' = \frac{u_1 f}{W(u_1, u_2)}$$

と表すことができる．さらにこれらを積分すると，p_1, p_2 が求まるわけである．なお，p_1', p_2' から p_1, p_2 を求める際に，積分定数の任意性が生じるが，それらは斉次方程式 (10.27) の一般解に含むことができるので，気にしなくてもよい．

注意 1 $W(u_1, u_2), p_1', p_2'$ は行列式を用いて表すと

$$W(u_1, u_2) = \begin{vmatrix} u_1 & u_2 \\ u_1' & u_2' \end{vmatrix}, \quad p_1' = \frac{\begin{vmatrix} 0 & u_2 \\ f & u_2' \end{vmatrix}}{W}, \quad p_2' = \frac{\begin{vmatrix} u_1 & 0 \\ u_1' & f \end{vmatrix}}{W}$$

である．行列式 $W(u_1, u_2)$ を**ロンスキアン**(Wronskian) という．u_1, u_2 が基本解ならば $W(u_1, u_2) \neq 0$ であることを示すことができる (191 ページの注意 2 参照)．ロンスキアンは微分方程式の解の構造を調べるのに重要な行列式である．

例題 10.19

定数変化法を用いて次の方程式の特解を求めよ．
$$u'' - 3u' + 2u = e^{3t}$$

【解】 対応する斉次方程式は，$(D^2 - 3D + 2)u = 0$, すなわち $(D-2)(D-1)u = 0$ だから，基本解は $\{e^t, e^{2t}\}$ である．そこで，求める特解を
$$\phi(t) = p_1(t)\, e^t + p_2(t)\, e^{2t}$$
とおき，連立方程式
$$\begin{cases} e^t p_1' + e^{2t} p_2' = 0, \\ e^t p_1' + 2e^{2t} p_2' = e^{3t} \end{cases}$$
より $p_1'(t)$, $p_2'(t)$ を求める．
$$W(e^t, e^{2t}) = e^t (e^{2t})' - (e^t)' e^{2t} = e^t \cdot 2e^{2t} - e^t e^{2t} = e^{3t}$$
であるから
$$p_1' = \frac{-e^{2t}\, e^{3t}}{e^{3t}} = -e^{2t}, \qquad p_2' = \frac{e^t\, e^{3t}}{e^{3t}} = e^t$$
が得られる．これらより，$p_1(t) = -\dfrac{1}{2} e^{2t}$, $p_2(t) = e^t$ ととることができ
$$\phi(t) = \left(-\frac{1}{2} e^{2t}\right) e^t + (e^t) e^{2t} = \frac{1}{2} e^{3t}$$
が1つの特解となる． □

注意 2 定数変化法は2階だけでなく，3階や4階などの高階の線形微分方程式にも適用できる．

階数低下法 これまで述べてきた定数変化法では，ひと組の基本解がわかっている必要があった．以下で述べる階数低下法は，斉次方程式の・1・つの特解を知るだけで，他の基本解や非斉次方程式の特解を求めることのできる強力な方法である．

非斉次の微分方程式
$$u'' + a(t)\, u' + b(t)\, u = f(t) \tag{10.30}$$
が与えられたとき，もし，対応する斉次方程式の1つの解 $v(t)$ がわかっているならば，求める特解を $\varphi(t) = p(t)\, v(t)$ とおいて (10.30) に代入する

と，$p'(t)$ に関する 1 階の微分方程式に帰着させることができる．すなわち
$$\varphi = pv, \qquad \varphi' = p'v + pv', \qquad \varphi'' = p''v + 2p'v' + pv''$$
であるから，これらを方程式 (10.30) に代入して
$$(p''v + 2p'v' + pv'') + a(p'v + pv') + b(pv) = f$$
すなわち，
$$p''v + p'(2v' + av) + p(v'' + av' + bv) = f$$
となる．ここで，v が斉次方程式の解であることを用いると
$$p''v + (2v' + av)p' = f$$
を得る．$q(t) = p'(t)$ とおくと，上式は
$$q' + \left(\frac{2v'}{v} + a\right)q = \frac{f}{v}$$
となる．これは q に関する 1 階の線形微分方程式である．すなわち微分の階数が低下したのである．上式の解 q を求め，さらに積分して p を得て，$\varphi(t) = p(t)v(t)$ より特解が求められる．

例題 10.20

階数低下法を用いて次の方程式の特解を求めよ．
$$u'' - 3u' + 2u = e^{3t}$$
ただし，対応する斉次方程式の解として e^t を用いよ．

【解】 特解を $\varphi(t) = p(t)e^t$ とおく．$\varphi(t)$ を方程式に代入すると
$$p''e^t + 2p'e^t - 3p'e^t = e^{3t}$$
である．整理すると
$$p'' - p' = e^{2t}$$
となる．ここで $q = p'$ とおくと，q に関する 1 階の線形方程式
$$q' - q = e^{2t}$$
が得られる．両辺に e^{-t} を掛けて
$$(e^{-t}q)' = e^t$$
とし，これより
$$e^{-t}q = e^t + C_1 \qquad (\text{ただし，} C_1 \text{ は任意定数})$$

を得る．したがって，$q(t) = e^{2t} + C_1 e^t$ となる．これをさらに積分すると
$$p(t) = \frac{1}{2}e^{2t} + C_1 e^t + C_2 \quad (\text{ただし，} C_1, C_2 \text{ は任意定数})$$
であり，$C_1 = C_2 = 0$ とすると，1つの特解として $\varphi(t) = \frac{1}{2}e^{3t}$ を得る． □

問題 1 定数変化法により次の微分方程式の特解を求めよ．
$$u'' - u' - 2u = e^{-t}$$

問題 2 対応する斉次方程式の1つの解が $u_0 = t$ であることを知って，次の微分方程式の特解を階数低下法により求めよ．
$$u'' - tu' + u = t^2$$

第 10 章　練習問題

1. 次の線形微分方程式の一般解を求めよ．
（1）$u'' - 3u' - 4u = 0$
（2）$u'' + 2u' + 5u = 0$
（3）$u'' - 6u' + 9u = 0$
（4）$u''' + u'' - u' - u = 0$
（5）$u''' + 3u'' + 3u' + u = 0$
（6）$u''' + u'' - 2u' = 0$
（7）$u^{(4)} - u''' - 3u'' + 5u' - 2u = 0$
（8）$u^{(4)} - 4u''' + 8u'' - 16u' + 16u = 0$

2. 次の微分方程式の特解を求めよ．
（1）$u'' - 3u' + 4u = t^2$
（2）$u'' + 4u = e^t$
（3）$u'' - 2u' + u = e^t$
（4）$u'' + u = \sin t$
（5）$u'' - 2u' + u = e^t \sin t$
（6）$u''' + u = t^2$
（7）$u''' + u' + u = te^{-t}$
（8）$u''' - u'' + u' = t^3$
（9）$u'' - u' + u = e^{-2t}$
（10）$u'' - u = t \sin t$

3. 次の微分方程式の特解を定数変化法を用いて求めよ．
（1）$u'' + u' - 2u = e^{-t}$
（2）$u'' - 4u' + 3u = t$

4. 次の非斉次線形微分方程式の特解を，対応する斉次方程式の1つの解が $u_0 = t$ であることを用いて階数低下法により求めよ．
$$t^2 u'' - tu' + u = t^2 + t$$

第 11 章

求 積 法

　微分方程式に対し，不定積分や式変形を繰り返し用いて，既知の関数形で解を表現しようとすることを求積法という．前章で見たように，線形方程式に対しては一貫した解法が存在する．しかし，変数およびその微分について1次式以外の項も含む非線形方程式については，決め手となる手法はない．そうした場合，求積法が有効になることがある．18, 19世紀の数学者は，応用上重要な方程式に対し，さまざまな求積法を提案してきた．本章ではその一端を垣間見ていくことにしよう．

11.1 線形化できる微分方程式

見かけは非線形微分方程式であるが，線形微分方程式に帰着できる場合がある．この節ではそうした方程式を考えてみよう．

ベルヌーイ (Bernoulli) の方程式　　微分方程式
$$u' + p(t)u = q(t)u^n \quad (\text{ただし，} n \neq 0, 1) \quad (11.1)$$
を**ベルヌーイの方程式**という．特徴は u^n という非線形項である．ベルヌーイの方程式は次のようにして線形微分方程式に帰着できる．

(11.1) の両辺に u^{-n} を掛けて，右辺を $q(t)$ のみにすると
$$u^{-n}u' + p(t)u^{-n+1} = q(t)$$
となる．ここで $(u^{-n+1})' = (-n+1)u^{-n}u'$ に着目し，両辺に $(-n+1)$ を掛けると
$$(-n+1)u^{-n}u' + (-n+1)p(t)u^{-n+1} = (-n+1)q(t)$$
である．したがって
$$\{u^{-n+1}\}' + (-n+1)p(t)u^{-n+1} = (-n+1)q(t)$$
となる．さらに，$v = u^{-n+1}$ とおくと
$$v' + (-n+1)p(t)v = (-n+1)q(t)$$
となり，これは v についての1階非斉次線形微分方程式である．

例題 11.1

次の初期値問題の解を求めよ (次節例題 11.3 参照)．
$$u' = u(1-u), \quad u(0) = u_0$$

【解】　与式の両辺に $-u^{-2}$ を掛けると
$$-u^{-2}u' = -u^{-1} + 1 \quad \text{より} \quad (u^{-1})' = -u^{-1} + 1$$
となる．さらに，$v = u^{-1}$ とおくと
$$v' = -v + 1 \quad \text{より} \quad (v-1)' + (v-1) = 0$$
となる．したがって，両辺に e^t を掛けると

11.1 線形化できる微分方程式

$$\{e^t(v-1)\}' = 0$$

となり，これを区間 $[0, t]$ 上で積分して

$$e^t(v-1) = e^0(v(0)-1)$$

が得られる．$v(0) = u^{-1}(0) = u_0^{-1}$ だから

$$e^t(u^{-1}-1) = u_0^{-1} - 1 \quad \text{より} \quad u^{-1} = 1 + e^{-t}(u_0^{-1} - 1)$$

したがって

$$u = \frac{1}{1 + e^{-t}(u_0^{-1} - 1)}$$

となり，求める解は

$$u = \frac{u_0 e^t}{1 - u_0 + u_0 e^t}$$

である．なお，この解のグラフは図 11.1 のようになる． □

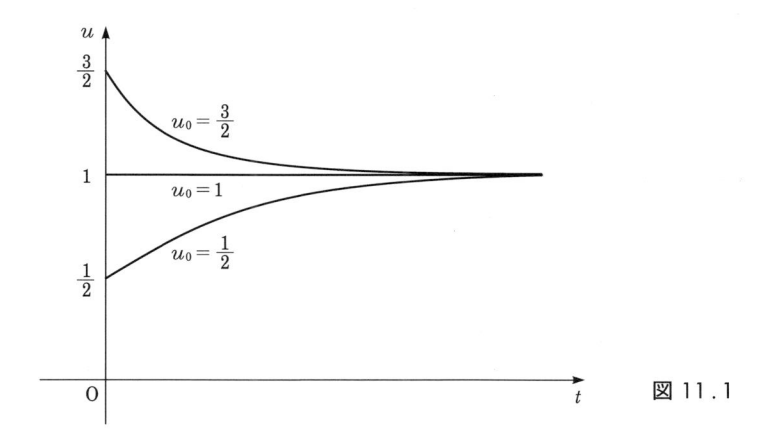

図 11.1

リッカチ(Riccati)方程式　次の微分方程式を**リッカチ方程式**とよぶ．

$$\frac{du}{dt} + p(t)u^2 + q(t)u + r(t) = 0. \tag{11.2}$$

この形の方程式は，1つの特解 $u = u_0(t)$ がわかると線形微分方程式に変形でき，その解を用いて一般解が求められる．実際，

$$u = u_0 + v$$

とおき，(11.2) に代入すると

$$u_0' + v' + p(u_0 + v)^2 + q(u_0 + v) + r = 0,$$

すなわち
$$v' + \{2pu_0 + q\}v + pv^2 + (u_0' + pu_0^2 + qu_0 + r) = 0$$

となる．ここで u_0 が特解であることを用いると
$$v' + \{2pu_0 + q\}v + pv^2 = 0$$

を得る．これは $n = 2$ のベルヌーイの方程式である．したがって，$V = \dfrac{1}{v}$ とおくと
$$-V' + \{2u_0 p + q\}V + p = 0$$

となるが，これは V の非斉次線形微分方程式である．

以上をまとめると，リッカチ方程式 (11.2) は，1つの特解 u_0 がわかっていれば，$u = u_0 + \dfrac{1}{V}$ とおいて，V についての線形微分方程式
$$-V' + \{2u_0 p(t) + q(t)\}V + p(t) = 0 \tag{11.3}$$

に帰着されることになる．

例題 11.2

次の微分方程式の一般解を求めよ．
$$u' + u^2 + \frac{1}{t}u - \frac{1}{t^2} = 0.$$

(ヒント：まず，a/t の形で1つの特解をさがす．)

【解】 $u = \dfrac{a}{t}$ とおいて，与式に代入し，整理すると
$$\frac{a^2 - 1}{t^2} = 0 \qquad \therefore \quad a = \pm 1$$

である．したがって，1つの特解 $u_0 = \dfrac{1}{t}$ がわかった．これを用いて
$$u = \frac{1}{t} + \frac{1}{V}$$

とおき，与式に代入すると
$$V' - \frac{3}{t}V = 1$$

が得られる．上式の両辺に t^{-3} を掛けると

11.1 線形化できる微分方程式

となり,積分して
$$(t^{-3}V)' = t^{-3}$$

$$t^{-3}V = -\frac{1}{2}t^{-2} + C \quad (ただし,Cは任意定数),$$

すなわち

$$V = -\frac{1}{2}t + Ct^3$$

となる.したがって,一般解は

$$u = \frac{1}{t} + \frac{1}{Ct^3 - \frac{1}{2}t} = \frac{2Ct^2 + 1}{(2Ct^2 - 1)t} \quad (ただし,Cは任意定数)$$

である. □

注意1 特解がわからなくてもリッカチ方程式は2階の線形方程式に帰着できる.すなわち,リッカチ方程式
$$u' + pu^2 + qu + r = 0$$
において $u = \dfrac{1}{p} \cdot \dfrac{v'}{v}$ とおくと
$$u' = -\frac{p'}{p^2} \cdot \frac{v'}{v} + \frac{1}{p} \cdot \frac{v''v - (v')^2}{v^2}$$
$$= \frac{1}{p} \cdot \frac{v''}{v} - \frac{p'}{p^2} \cdot \frac{v'}{v} - \frac{(v')^2}{pv^2}$$
であるから,これを与式に代入すると
$$\frac{1}{p} \cdot \frac{v''}{v} - \frac{p'}{p^2} \cdot \frac{v'}{v} + \frac{q}{p} \cdot \frac{v'}{v} + r = 0$$
が得られる.これを整理すると
$$v'' - \left(\frac{p'}{p} - q\right)v' + prv = 0$$
となる.これは,2階斉次線形微分方程式である.

この方程式の一般解を求めることができれば,それからリッカチ方程式の一般解が得られるというわけである.

問題1 次の微分方程式の一般解を求めよ.

(1) $u' + \dfrac{u}{t} = t^2 u^3$ (2) $u' = u^2 - 3u + 2$

11.2 変数分離形

微分方程式

$$\frac{du}{dt} = g(t)\,h(u) \tag{11.4}$$

のように，右辺の関数が，t のみの関数 $g(t)$ と u のみの関数 $h(u)$ の積の形に分離できるとき，この方程式を**変数分離形**という．

10.3 節で取り扱った 1 階斉次線形微分方程式 (10.7) も

$$u' = -a(t)\,u$$

と書き換えられるから，変数分離形である．変数分離形の方程式は，左辺を u のみの関数，右辺を t のみの関数にまとめることができる．これが解法の糸口になる．次の例題は，11.1 節の例題 11.1 で線形化できる微分方程式の例として取りあげたが，ここでは変数分離法で解いてみよう．

例題 11.3

次の初期値問題を変数分離法で解け．

$$u' = u(1-u), \qquad u(0) = u_0$$

【解】 $\quad \dfrac{du}{dt} = u(1-u) \quad$ より $\quad \dfrac{1}{u(1-u)}\dfrac{du}{dt} = 1$

と変形し，t で積分すると

$$\int \frac{1}{u(1-u)}\frac{du}{dt}\,dt = \int 1\,dt \qquad \therefore \quad \int \frac{1}{u(1-u)}\,du = \int dt$$

となる．形式的には，$\dfrac{1}{u(1-u)}\,du = dt$ の両辺を積分した形になっている．積分を計算すると

$$\log|u| - \log|1-u| = t + C' \qquad (\text{ただし，}C' \text{ は任意定数}),$$

$$\therefore \quad \log\left|\frac{u}{1-u}\right| = t + C'$$

が得られる．したがって

$$\left|\frac{u}{1-u}\right| = e^{t+C'}$$

より

11.2 変数分離形

$$\frac{u}{1-u} = Ce^t \quad (\text{ただし, } C\,(=\pm e^{c'}) \text{ は任意定数})$$

となる．ところが $t=0$ において，$u=u_0$ であるから $C = \dfrac{u_0}{1-u_0}$ となり

$$\frac{u}{1-u} = \frac{u_0}{1-u_0}e^t$$

を得る．ゆえに，求める解は

$$u = \frac{u_0 e^t}{1-u_0+u_0 e^t}$$

である． □

注意 1 $u_0=0$ のとき $u=0$，$u_0=1$ のとき $u = \dfrac{e^t}{1-1+e^t} = 1$ となり，$u=0,1$ という解も含んでいる．途中の計算では，u や $1-u$ が分母に現れ気持ちが悪いが，ちゃんと答えはでている．変数分離法の計算においては，細かいことは考えず大胆に計算した方がよい．解が見つかってしまえば，直接もとの方程式に代入して検算できるので途中で神経質になる必要はないのである．なお，この事実は第 13 章の「解の一意性」の結果を使えば正当化できるが，ここでは触れないことにする．

また，上の例題 11.3 では，初期条件を考慮して次のように計算してもよい．

$$\int_{u_0}^{u} \frac{1}{w(1-w)}\,dw = \int_0^t ds \quad \text{より} \quad \left[\log\left|\frac{w}{1-w}\right|\right]_{u_0}^{u} = t,$$

$$\therefore \ \log\left|\frac{u}{1-u}\right| = \log\left|\frac{u_0}{1-u_0}\right| + t.$$

したがって

$$\frac{u}{1-u} = \frac{u_0}{1-u_0}e^t \quad \therefore \ u = \frac{u_0 e^t}{1-u_0+u_0 e^t}.$$

以上をまとめると，変数分離形の方程式

$$u' = g(t)\,h(u)$$

を解くための基本的考え方は，変数を両辺に分離し

$$\frac{1}{h(u)}\,du = g(t)\,dt$$

と書き，積分することにある．$t=t_0$ で $u(t_0)=u_0$ が与えられている場合には，

$$\int_{u_0}^{u} \frac{1}{h(w)}\,dw = \int_{t_0}^{t} g(s)\,ds$$

としてもよい．なお，この解法は形式的なものであるから，$h(u)=0$ とかは気にせずに計算してよい．

問題 1 次の初期値問題の解を求めよ．

$$u' = t(1-u^2), \qquad u(0) = 0$$

11.3 同次形

微分方程式

$$u' = f\left(\frac{u}{t}\right) \tag{11.5}$$

のように，右辺が $\dfrac{u}{t}$ の関数になっているとき，**同次形**という．

同次形の方程式は，$v = \dfrac{u}{t}$ とおき，未知関数を $u = u(t)$ から $v = v(t)$ に変換すると，変数分離形に帰着できる．すなわち，$u = vt$，$u' = v't + v$ であるから，これらを (11.5) に代入すると

$$v't + v = f(v)$$

となり，整理して次の変数分離形の微分方程式を得る．

$$\frac{dv}{dt} = \frac{f(v) - v}{t}.$$

例題 11.4

次の微分方程式の一般解を求めよ．

$$u' = \frac{t^2 + u^2}{2tu}$$

【解】 $v = \dfrac{u}{t}$ とおくと，$u = vt$，$u' = v't + v$ であるから，与式に代入して

$$v't + v = \frac{1 + v^2}{2v} \qquad \therefore \quad v' = \frac{1 - v^2}{2vt}.$$

これは変数分離形であるから，以下前節で行ったように計算すると

$$\int \frac{2v}{v^2 - 1}\,dv = -\int \frac{1}{t}\,dt \quad \text{より} \quad \log|v^2 - 1| = -\log t + C_1 \quad (C_1 \text{ は任意定数})$$

となり，

$$\log|v^2 - 1| = \log\frac{1}{t} + \log e^{C_1} \qquad \text{すなわち} \quad |v^2 - 1| = \frac{e^{C_1}}{t}$$

を得る．したがって $v = \pm\sqrt{1 \pm e^{C_1} t^{-1}}$ となるが，$\pm e^{C_1}$ を改めて $-2C$ と書き，$u = vt$ に代入すると，求める解として

$$u = \pm\sqrt{t^2 - 2Ct} \qquad (C \text{ は任意定数})$$

を得る．特に，$C = 0$ のとき，$u = \pm t$ である． □

11.3 同次形

注意 1 例題 11.4 の方程式が
$$2tuu' = t^2 + u^2$$
の形で与えられているとき，初期条件を $u(0) = 0$ とすると $u(t) = t$, $u(t) = -t$ のいずれも解となり，この初期値問題の解は一意に決まらない．u' の係数が 0 になってしまう場合，このようなことが起こる．

例題 11.5

次の微分方程式の一般解を求めよ．
$$u' = -\frac{2t+u}{t+2u} \tag{11.6}$$

【解】 与式の右辺の分母分子を t で割ると
$$u' = -\frac{2+\dfrac{u}{t}}{1+2\dfrac{u}{t}}$$
となるから，同次形である．したがって，$v = \dfrac{u}{t}$ とおくと
$$tv' + v = -\frac{2+v}{1+2v} \quad \text{より} \quad tv' = \frac{-2-v}{1+2v} - v = \frac{-2(1+v+v^2)}{1+2v}$$
となり
$$\frac{2v+1}{v^2+v+1}\frac{dv}{dt} = -\frac{2}{t}$$
が得られる．両辺を t で積分して
$$\int \frac{2v+1}{v^2+v+1}\,dv = -\int \frac{2}{t}\,dt$$
より
$$\log(v^2+v+1) = -2\log|t| + C_1 \quad (\text{ただし，} C_1 \text{ は任意定数}),$$
$$\therefore \quad v^2+v+1 = \frac{C}{t^2} \quad (C = e^{C_1}).$$
よって
$$t^2(v^2+v+1) = C$$
となるから，$v = \dfrac{u}{t}$ を代入して，
$$u^2 + tu + t^2 = C \quad \text{あるいは} \quad u = \frac{-t \pm \sqrt{-3t^2+4C}}{2} \quad (C \text{ は任意定数})$$
を得る． □

問題 1 次の微分方程式の一般解を求めよ．

（1） $u' = \dfrac{t-u}{t+u}$ 　　　　　　（2） $tu' = u + \sqrt{t^2 + u^2}$

11.4　完全微分形の微分方程式

まず，例題を見てみよう．

例題 11.6

微分方程式
$$(2t + u) + (t + 2u)\frac{du}{dt} = 0 \tag{11.7}$$
の一般解を求めよ（例題 11.5 参照）．

【解】　例題 11.5 で得られた結果を参考にして
$$\varphi(t, u) = t^2 + tu + u^2$$
を考える．u が t の関数であるとき，φ を t で微分すると（例題 3.8 参照）
$$\frac{d\varphi(t, u(t))}{dt} = \frac{\partial \varphi}{\partial t} + \frac{\partial \varphi}{\partial u}\frac{du}{dt} = (2t + u) + (t + 2u)\frac{du}{dt}$$
を得る．特に u が微分方程式 (11.7) の解とすると，
$$\frac{d\varphi(t, u(t))}{dt} = 0$$
となる．ゆえに
$$\varphi(t, u(t)) = C \quad (\text{ただし，} C \text{ は任意定数})$$
である．したがって，求める一般解は
$$t^2 + tu + u^2 = C \quad (\text{ただし，} C \text{ は任意定数})$$
となる．

なお，tu 平面での解 $u = u(t)$ のグラフは，$C > 0$ のとき楕円，$C = 0$ のとき原点のみ，$C < 0$ のとき空集合（条件を満たす実数の組 (t, u) がないこと）である．　□

上の例題 11.6 をさらに一般化して考えよう．

11.4 完全微分形の微分方程式

例題 11.7

なめらかな関数 $\varphi(t, u)$ が与えられているとき，微分方程式
$$\frac{\partial \varphi(t,u)}{\partial t} + \frac{\partial \varphi(t,u)}{\partial u}\frac{du}{dt} = 0 \tag{11.8}$$
の一般解を求めよ．

【解】 u が t の関数であるとき
$$\frac{d}{dt}\varphi(t, u(t)) = \frac{\partial \varphi(t,u)}{\partial t} + \frac{\partial \varphi(t,u)}{\partial u}\frac{du}{dt}$$
である．よって，u が微分方程式 (11.8) の解とすると
$$\frac{d}{dt}\varphi(t, u(t)) = 0$$
となる．したがって，一般解は
$$\varphi(t, u) = C \quad (\text{ただし，}C \text{ は任意定数})$$
である． □

上の例題の微分方程式 (11.8) を**完全微分形**とよぶ．この微分方程式は，形式的に分母の dt を払って
$$\frac{\partial \varphi}{\partial t}dt + \frac{\partial \varphi}{\partial u}du = 0 \tag{11.9}$$
と書くことも多い．左辺は 3.4 節にでてきた全微分 $d\varphi$ に他ならない．例題の結果を簡略して書くと
$$d\varphi = 0 \quad \text{ならば} \quad \varphi = C \quad (\text{ただし，}C \text{ は任意定数})$$
ということになる．さて，与えられた方程式が完全微分形であるためにはどのような条件が必要であろうか．

例題 11.8

$P(t, u)$, $Q(t, u)$ がなめらかな関数であるとき，
$$P(t, u)\, dt + Q(t, u)\, du = 0 \tag{11.10}$$
が完全微分形となるための P, Q に関する条件を求めよ．さらに，一般解を求めよ．

【解】 完全微分形であるとすると，適当な $\varphi(t,u)$ が存在して

$$P(t,u) = \frac{\partial \varphi(t,u)}{\partial t}, \qquad Q(t,u) = \frac{\partial \varphi(t,u)}{\partial u}$$

となる．したがって

$$\frac{\partial P(t,u)}{\partial u} = \frac{\partial}{\partial u}\left(\frac{\partial \varphi(t,u)}{\partial t}\right), \qquad \frac{\partial Q(t,u)}{\partial t} = \frac{\partial}{\partial t}\left(\frac{\partial \varphi(t,u)}{\partial u}\right)$$

である．上の 2 式の右辺は同じものであるから，

$$\frac{\partial P(t,u)}{\partial u} = \frac{\partial Q(t,u)}{\partial t} \tag{11.11}$$

でなければならない．

逆に，(11.11) を仮定する．このとき，

$$① : \frac{\partial \varphi}{\partial t} = P(t,u), \qquad ② : \frac{\partial \varphi}{\partial u} = Q(t,u)$$

を満たす $\varphi(t,u)$ が存在することを示せばよい．まず ① を区間 $[t_0, t]$ 上で積分する (t_0 は任意の定数) と

$$\int_{t_0}^{t} \frac{\partial}{\partial t} \varphi(s,u)\, ds = \int_{t_0}^{t} P(s,u)\, ds$$

より

$$\varphi(t,u) - \varphi(t_0,u) = \int_{t_0}^{t} P(s,u)\, ds$$

となり

$$\varphi(t,u) = \int_{t_0}^{t} P(s,u)\, ds + \varphi(t_0,u) \tag{11.12}$$

が得られる．これが ② を満たせばよいから，代入して

$$\frac{\partial}{\partial u}\left(\int_{t_0}^{t} P(s,u)\, ds + \varphi(t_0,u)\right) = Q(t,u),$$

すなわち

$$\int_{t_0}^{t} \frac{\partial}{\partial u} P(s,u)\, ds + \frac{\partial}{\partial u}\varphi(t_0,u) = Q(t,u).$$

ここで条件より，$\frac{\partial}{\partial u}P = \frac{\partial}{\partial t}Q$ であるから，

$$\int_{t_0}^{t} \frac{\partial}{\partial s} Q(s,u)\, ds + \frac{\partial}{\partial u}\varphi(t_0,u) = Q(t,u)$$

より

$$Q(t,u) - Q(t_0,u) + \frac{\partial}{\partial u}\varphi(t_0,u) = Q(t,u)$$

となり
$$\frac{\partial}{\partial u}\varphi(t_0, u) = Q(t_0, u)$$
が得られる．上式を $[u_0, u]$ 上で積分する（u_0 は任意の定数）と
$$\varphi(t_0, u) - \varphi(t_0, u_0) = \int_{u_0}^{u} Q(t_0, w)\, dw$$
となり，$\varphi(t_0, u_0) = 0$ として (11.12) に代入すると
$$\varphi(t, u) = \int_{t_0}^{t} P(s, u)\, ds + \int_{u_0}^{u} Q(t_0, w)\, dw$$
が得られる．このとき ①, ② は確かに成立し
$$\frac{\partial \varphi(t, u)}{\partial t} + \frac{\partial \varphi(t, u)}{\partial u}\frac{du}{dt} = 0$$
となるので，例題 11.7 より
$$\varphi(t, u) = C \qquad (\text{ただし，} C \text{ は任意定数})$$
が求める解である．

以上より，完全微分形となるための必要十分条件は
$$\frac{\partial P(t, u)}{\partial u} = \frac{\partial Q(t, u)}{\partial t}$$
であり，その一般解は
$$\int_{t_0}^{t} P(s, u)\, ds + \int_{u_0}^{u} Q(t_0, w)\, dw = C \tag{11.13}$$
となる．ただし，t_0, u_0, C は任意の定数である． □

注意 1 C は任意定数だから，通常は $t_0 = 0$，$u_0 = 0$ としてよい．例題 11.6 の方程式は $P(t, u) = 2t + u$，$Q(t, u) = t + 2u$ とおくと，$\frac{\partial P}{\partial u} = \frac{\partial Q}{\partial t}$ であるから，完全微分形である．またこの方程式について例題 11.8 の解 (11.13) に P, Q を代入し $t_0 = 0$，$u_0 = 0$ とおくと
$$\int_0^t (2s + u)\, ds + \int_0^u 2w\, dw = C$$
となり，前出の一般解 $t^2 + tu + u^2 = C$ が得られる．

積分因子と完全微分形

微分方程式 (11.10) がそのままでは完全微分形でなくても，適当な関数 $M(t, u)$ を P, Q に掛けて完全微分形にできる場合があることを注意しておこう．すなわち，
$$MP\, dt + MQ\, du = 0$$

において $\dfrac{\partial(MP)}{\partial u} = \dfrac{\partial(MQ)}{\partial t}$ が成立するというわけである．こうした関数 M を**積分因子**とよぶ．一般に M を求めるのはそう簡単ではないが，これまでの節で取り扱ってきた例題は，積分因子を用いれば完全微分形になることがわかる．ここではもう一つ例を与えておこう．

例題 11.9

1 階線形微分方程式
$$\dfrac{du}{dt} + u = q(t)$$
に対して，積分因子を用いると完全微分形になることを示せ．

【解】 与式の両辺に，形式的に dt を掛けて整理すると
$$(u - q(t))\,dt + 1\,du = 0$$
である．ところが
$$\dfrac{\partial}{\partial u}(u - q(t)) = 1 \neq 0 = \dfrac{\partial}{\partial t}(1)$$
であるから，このままでは完全微分形ではない．しかし，両辺に e^t を掛けると
$$e^t(u - q(t))\,dt + e^t\,du = 0$$
となり
$$\dfrac{\partial}{\partial u}\{e^t(u - q(t))\} = e^t = \dfrac{\partial}{\partial t}\{e^t\}$$
であるから，完全微分形となる．　□

10.3 節で 1 階線形微分方程式を解く際に，適当な関数を掛けて積の微分の形を作った．完全微分形の立場から見ると，その関数が積分因子なのである．

問題 1 次の微分方程式の一般解を求めよ．
(1) $(u + t^2)\,dt + (t - u^2)\,du = 0$
(2) $(u\sin t - t)\,dt + (u^2 - \cos t)\,du = 0$

第11章 練習問題

1. 次の微分方程式の一般解を求めよ．
  (1)　$4tu' + 2u = tu^5$
  (2)　$3u' - u \tan t = u^{-2} \cos t$
  (3)　$u' = u^2 - u - 2$
  (4)　$u' = -u^2 + \dfrac{u}{t} + t^2$

2. 次の微分方程式の一般解を求めよ．
  (1)　$u' = \cot t \cdot \cot u$
  (2)　$(1+t)u + (1-u)tu' = 0$
  (3)　$u' = \dfrac{-2tu}{t^2 + u^2}$
  (4)　$t \cdot \tan \dfrac{u}{t} - u + tu' = 0$

3. 次の微分方程式について完全微分形であるかどうか調べ，一般解を求めよ．
  (1)　$(u + 2t)dt + t\,du = 0$
  (2)　$(t^2 + au)dt + (u^2 + at)du = 0$

第12章

変数係数の微分方程式

　例えば2次元平面上の運動を解析するとき，2変数関数やその偏微分を含む方程式，すなわち偏微分方程式を取り扱う必要の生じることがある．偏微分方程式に変数変換を行い，何らかの条件を課して，1つの独立変数のみの微分方程式にしたとき，その独立変数を係数に含む微分方程式がしばしば現れる．それを変数係数の微分方程式という．ここでは，変数係数の微分方程式の解を求めることを主な目的とする．そのためには，全く新しい手法を導入しなければならない．

12.1 べき級数展開による解

微分方程式の解法として，これまで述べてきたのと全く異なる手法がある．それは，第6章で扱った関数のべき級数展開を用いる手法である．与えられた微分方程式の係数がべき級数に展開できるとき，その解もべき級数の形で求めることができるのである．微分方程式全体を級数の形に展開し，その中から解となる級数を見つけだす手法である．

まず，簡単な微分方程式を級数展開によって解いてみよう．

例題 12.1

次の微分方程式をべき級数展開によって解け．
$$u' - u = 0 \tag{12.1}$$

【解】 求める解を
$$u(t) = c_0 + c_1 t + c_2 t^2 + \cdots + c_n t^n + \cdots$$
とおく．べき級数はあたかも多項式と同じように項別微分や加減乗除ができることを認めて計算する．まず (12.1) の左辺は

$u' - u$
$= (c_0 + c_1 t + c_2 t^2 + \cdots + c_n t^n + \cdots)' - (c_0 + c_1 t + c_2 t^2 + \cdots + c_n t^n + \cdots)$
$= (c_1 + 2c_2 t + \cdots + n c_n t^{n-1} + \cdots) - (c_0 + c_1 t + c_2 t^2 + \cdots + c_n t^n + \cdots)$
$= (c_1 - c_0) + (2c_2 - c_1) t + \cdots + (n c_n - c_{n-1}) t^{n-1} + \cdots$

となる．したがって，$u(t)$ が方程式を満たすためには，
$$c_1 - c_0 = 0, \quad 2c_2 - c_1 = 0, \quad \cdots, \quad n c_n - c_{n-1} = 0, \quad \cdots$$
となればよい．c_0 は一般解の任意定数として残すことができるから，c_0 を用いて c_n を順次求めていくと，
$$c_1 = c_0, \quad c_2 = \frac{1}{2} c_1 = \frac{1}{2} c_0, \quad c_3 = \frac{1}{3} c_2 = \frac{1}{3} \cdot \frac{1}{2} c_0 = \frac{1}{3!} c_0, \quad \cdots$$
となり，一般項として
$$c_n = \frac{1}{n} c_{n-1} = \frac{1}{n} \cdot \frac{1}{n-1} \cdots \frac{1}{3} \cdot \frac{1}{2} \cdot \frac{1}{1} c_0 = \frac{1}{n!} c_0 \quad (n = 1, 2, \cdots)$$
が得られる．したがって，求める解は c_0 を任意定数として，

12.1 べき級数展開による解

$$u(t) = c_0 + c_0 t + \frac{c_0}{2!} t^2 + \cdots + \frac{c_0}{n!} t^n + \cdots \tag{12.2}$$

である． □

注意 1 指数関数のべき級数展開は

$$e^t = 1 + t + \frac{t^2}{2!} + \cdots + \frac{t^n}{n!} + \cdots$$

であるから，例題 12.1 の解 (12.2) は

$$u(t) = c_0 e^t \quad (\text{ただし，}c_0 \text{ は任意定数})$$

と表すことができる．

なお，この例題では，べき級数解を既知の関数 e^t によって表すことができたが，いつもこのようなことが期待できるわけではない．

ここで，べき級数

$$c_0 + c_1 t + c_2 t^2 + \cdots + c_n t^n + \cdots$$

の収束半径を調べよう．6.1 節で述べたダランベールの判定法を用いると，

$$\lim_{n \to \infty} \left| \frac{c_{n+1} t^{n+1}}{c_n t^n} \right| = |t| \lim_{n \to \infty} \left| \frac{c_{n+1}}{c_n} \right| < 1 \quad (> 1)$$

が成り立つとき，級数は絶対収束（発散）する．すなわち

$$|t| < \lim_{n \to \infty} \left| \frac{c_n}{c_{n+1}} \right|$$

によって絶対収束（発散）が決まる．これをまとめると次のようになる．

（ⅰ） $\displaystyle\lim_{n \to \infty} \left| \frac{c_n}{c_{n+1}} \right| = 0$ のとき，　収束半径 $= 0$　（$t \neq 0$ では発散）

（ⅱ） $\displaystyle\lim_{n \to \infty} \left| \frac{c_n}{c_{n+1}} \right| > 0$ のとき，　収束半径 $= \displaystyle\lim_{n \to \infty} \left| \frac{c_n}{c_{n+1}} \right|$

（ⅲ） $\displaystyle\lim_{n \to \infty} \left| \frac{c_n}{c_{n+1}} \right| = \infty$ のとき，　収束半径 $= \infty$（任意の t で絶対収束）

例題 12.2

べき級数

$$1 + t + \frac{t^2}{2!} + \cdots + \frac{t^n}{n!} + \cdots$$

の収束半径を求めよ．

【解】 $c_n = \dfrac{1}{n!}$ であるから，
$$\left|\dfrac{c_n}{c_{n+1}}\right| = n+1 \to \infty \qquad (n \to \infty)$$
である．ゆえに収束半径は ∞ である． □

注意 2 例えば，べき級数の奇数番目がすべて零で，偶数番目のみの項からなるとき，すなわち，
$$c_0 + c_2 t^2 + c_4 t^4 + \cdots + c_{2m} t^{2m} + \cdots$$
のときを考える．
$$\lim_{m \to \infty} \left|\dfrac{c_{2m+2} t^{2m+2}}{c_{2m} t^{2m}}\right| = |t|^2 \lim_{m \to \infty} \left|\dfrac{c_{2m+2}}{c_{2m}}\right| < 1$$
が成り立つときは
$$|t| \leq \sqrt{\dfrac{1}{\lim\limits_{m \to \infty}\left|\dfrac{c_{2m+2}}{c_{2m}}\right|}} = \lim_{m \to \infty} \sqrt{\left|\dfrac{c_{2m}}{c_{2m+2}}\right|}$$
となるので，ダランベールの判定法より収束半径は $\lim\limits_{m \to \infty} \sqrt{\left|\dfrac{c_{2m}}{c_{2m+2}}\right|}$ となる．奇数番目のみの場合も同じである．

これまでの例題では原点 ($t=0$) のまわりでのべき級数展開を考えたが，任意の点 $t=a$ のまわりでのべき級数解を求めるときは，解を
$$u(t) = c_0 + c_1(t-a) + c_2(t-a)^2 + \cdots + c_n(t-a)^n + \cdots$$
とおいて考えればよい．

12.2　2 階微分方程式のべき級数解

ここでは，応用上重要な 2 階の微分方程式のべき級数解を求めてみよう．

例題 12.3

微分方程式
$$u'' - 2tu' + 4u = 0$$
の $t=0$ におけるべき級数解を求めよ．

【解】 求める解を
$$u(t) = c_0 + c_1 t + c_2 t^2 + \cdots + c_n t^n + \cdots$$
とおくと
$$-2t\,u'(t) = -2c_1 t - 4c_2 t^2 - \cdots - 2nc_n t^n - \cdots,$$
$$u''(t) = 1\cdot 2 c_2 + 2\cdot 3 c_3 t + \cdots + (n+1)(n+2)c_{n+2} t^n + \cdots$$
である．これらを方程式に代入し，t で整理すると
$$(2c_2 + 4c_0) + (2\cdot 3 c_3 - 2c_1 + 4c_1)t + \cdots$$
$$+ [(n+1)(n+2)c_{n+2} - 2nc_n + 4c_n]t^n + \cdots = 0$$
となる．この式が任意の t について成り立つように係数を決めると，t の各べきの係数より
$$(n+1)(n+2)c_{n+2} - 2(n-2)c_n = 0 \quad (n = 0, 1, 2, \cdots)$$
となり，漸化式
$$c_{n+2} = \frac{2(n-2)}{(n+1)(n+2)} c_n \tag{12.3}$$
が得られる．与えられた方程式は2階微分方程式であるから，解は2つの任意定数を含むことができる．c_0, c_1 をそれらの定数としよう．すなわち，c_0, c_1 を用いて c_n を順次求めていく．また，漸化式の分子に $n-2$ という項があることに注意しよう．これは $n=2$ で0になる．したがって，$c_4 = 0$ であり，以降の偶数番目の係数は漸化式から0となる．すなわち
$$c_2 = -2c_0, \quad c_4 = 0, \quad c_6 = 0, \quad \cdots, \quad c_{2m} = 0, \quad \cdots$$
である．奇数番目の係数は
$$c_3 = \frac{2\cdot(-1)}{2\cdot 3} c_1, \quad c_5 = \frac{2\cdot 1}{4\cdot 5} c_3 = \frac{2^2(-1)(1)}{2\cdot 3\cdot 4\cdot 5} c_1$$
となり，一般に
$$c_{2m+1} = \frac{2^m(-1)1\cdot 3\cdot 5\cdots(2m-3)}{(2m+1)!} c_1 \quad (m = 1, 2, \cdots) \tag{12.4}$$
を得る．したがって，一般解は
$$u(t) = c_0(1 - 2t^2) + c_1\Big\{ t + \frac{2(-1)}{3!} t^3 + \frac{2^2(-1)\cdot 1}{5!} t^5 + \cdots$$
$$+ \frac{2^m(-1)\cdot 1\cdot 3\cdots(2m-3)}{(2m+1)!} t^{2m+1} + \cdots \Big\}$$
である．　□

注意 1 このべき級数解の収束半径は (12.4) と例題 12.2 の注意 2 より

$$\lim_{m\to\infty}\sqrt{\left|\frac{c_{2m+1}}{c_{2m+3}}\right|}=\lim_{m\to\infty}\sqrt{\frac{(m+1)(2m+3)}{2m-1}}=\infty$$

である．

微分方程式

$$u''-2tu'+2au=0 \qquad (a：定数)$$

を**エルミート (Hermite) の微分方程式**という（例題 12.3 は $a=2$ の場合である）．この方程式は

$a=0$ のとき：

$$u(t)=\underline{c_0}+c_1\Bigl\{t+\frac{2\cdot 1}{3!}t^3+\frac{2^2 1\cdot 3}{5!}t^5+\cdots$$
$$+\frac{2^m 1\cdot 3\cdots(2m-1)}{(2m+1)!}t^{2m+1}+\cdots\Bigr\},$$

$a=1$ のとき：

$$u(t)=c_0\Bigl\{1+\frac{2\cdot(-1)}{2!}t^2+\frac{2^2(-1)\cdot 1}{4!}t^4+\frac{2^3(-1)1\cdot 3}{6!}t^6+\cdots$$
$$+\frac{2^m(-1)1\cdot 3\cdots(2m-3)}{(2m)!}t^{2m}+\cdots\Bigr\}+\underline{c_1 t}$$

という解をもつ．

$a=2$ のときは，上の例題 12.3 より

$$u(t)=\underline{c_0(1-2t^2)}+c_1\Bigl\{t+\frac{2(-1)}{3!}t^3+\frac{2^2(-1)\cdot 1}{5!}t^5+\cdots$$
$$+\frac{2^m(-1)\cdot 1\cdot 3\cdots(2m-3)}{(2m+1)!}t^{2m+1}+\cdots\Bigr\}$$

である．

このようにエルミートの微分方程式の解は，漸化式 (12.3) の分子に $n-a$ が現れるから a が正の整数のとき，基本解の 1 つは a 次の多項式（上の各式で下線 印をつけた項）となる．

12.2 2階微分方程式のべき級数解

べき級数で解けるもう一つのよく知られた例として**ルジャンドル**(Legendre)**の微分方程式**

$$(1-t^2)u'' - 2tu' + \alpha(\alpha+1)u = 0$$

がある．

非負の整数 $\alpha = n$ に対して，ルジャンドルの微分方程式の一般解は，

$$u(t) = C_0 P_n(t) + C_1 Q_n(t) \quad (C_0, C_1 \text{は任意定数})$$

と表される．ただし $P_n(t)$ は多項式であり，これを**ルジャンドルの多項式**とよぶ．

例えば，

$$P_0(t) = 1,$$
$$P_1(t) = t,$$
$$P_2(t) = \frac{1}{2}(3t^2 - 1),$$
$$P_3(t) = \frac{1}{2}(5t^3 - 3t)$$

である．係数は $P_n(1) = 1$ となるようにとっている(図 12.1 参照)．

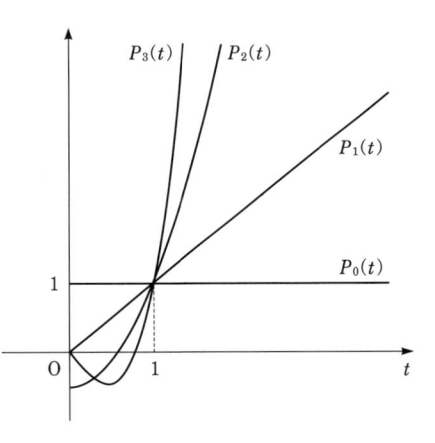

図 12.1

実は一般の $P_n(t)$ は

$$P_n(t) = \frac{1}{2^n n!} \frac{d^n}{dt^n}\{(t^2-1)^n\}$$

と表すことができる．この式を**ロドリグ**(Rodrigues)**の公式**という．また，$Q_n(t)$ は無限級数であり，第2種のルジャンドル関数という．なお，$t=1$ のとき $Q_n(t)$ は発散している．

問題 1 エルミートの微分方程式の $\alpha = 0$ に対する $t = 0$ のまわりのべき級数解を求めよ．

問題 2 ルジャンドルの微分方程式の $\alpha = 0$ に対する $t = 0$ のまわりのべき級数解を求めよ．

12.3 確定特異点とは

これまで，与えられた微分方程式の係数が級数展開可能な点におけるべき級数解を求めてきたが，ここでは係数が**特異点**(係数の分母が0になる点)をもつ場合について考えよう．

例題 12.4

1階微分方程式
$$u' + \frac{1}{t}u = 0 \tag{12.5}$$
について，

（1） $t = 0$ におけるべき級数
$$u(t) = c_0 + c_1 t + c_2 t^2 + \cdots + c_n t^n + \cdots \tag{12.6}$$
の形の解を求めることができるかどうか調べよ．

（2） $t = 0$ における解を $c_0 \neq 0$ として
$$\begin{aligned}u(t) &= t^\lambda (c_0 + c_1 t + c_2 t^2 + \cdots + c_n t^n + \cdots) \\ &= c_0 t^\lambda + c_1 t^{\lambda+1} + \cdots + c_n t^{\lambda+n} + \cdots \end{aligned} \tag{12.7}$$
の形で解を求めよ．

【解】（1）
$$u = c_0 + c_1 t + c_2 t^2 + \cdots + c_n t^n + \cdots,$$
$$tu' = c_1 t + 2c_2 t^2 + \cdots + n c_n t^n + \cdots$$
を $tu' + u = 0$ に代入して t で整理すると
$$tu' + u = c_0 + 2c_1 t + 3c_2 t^2 + \cdots + (n+1) c_n t^n + \cdots = 0$$
となる．上の式が任意の t に対して成り立たなければならないから
$$c_0 = 0, \quad c_1 = 0, \quad c_2 = 0, \quad \cdots, \quad c_n = 0, \quad \cdots$$
である．よって $u(t) = 0$ しか求めることはできない．

（2）
$$u = c_0 t^\lambda + c_1 t^{\lambda+1} + \cdots + c_n t^{\lambda+n} + \cdots,$$
$$tu' = \lambda c_0 t^\lambda + (\lambda+1) c_1 t^{\lambda+1} + \cdots + (\lambda+n) c_n t^{\lambda+n} + \cdots$$
を $tu' + u = 0$ に代入して t で整理すると
$$(\lambda+1) c_0 t^\lambda + (\lambda+2) c_1 t^{\lambda+1} + \cdots + (\lambda+n+1) c_n t^{\lambda+n} + \cdots = 0$$

である．$c_0 \neq 0$ だから $\lambda + 1 = 0$ より $\lambda = -1$ が決まる．これより $c_1 = 0$，$c_2 = 0$，… となり，求める解は

$$u(t) = c_0 t^{-1}$$

である． □

注意 1 上の例題 12.4 (1) で得た解 $u(t) = 0$ を自明な解という．例題 12.4 (2) の目的は自明でない解を求めることにある．また，(2) において，λ を決定する $\lambda + 1 = 0$ を **決定方程式**という．これは指数を決定するという意味である．

例題 12.5

1 階微分方程式

$$u' + \frac{1}{t^2} u = 0 \tag{12.8}$$

は

$$u(t) = t^\lambda (c_0 + c_1 t + c_2 t^2 + \cdots + c_n t^n + \cdots) \quad (c_0 \neq 0) \tag{12.9}$$

の形の解をもつかどうか調べよ．

【解】
$$u = c_0 t^\lambda + c_1 t^{\lambda+1} + c_2 t^{\lambda+2} + \cdots + c_n t^{\lambda+n} + \cdots,$$
$$t^2 u' = \lambda c_0 t^{\lambda+1} + (\lambda+1) c_1 t^{\lambda+2} + \cdots + (\lambda+n) c_n t^{\lambda+n+1} + \cdots$$

を $t^2 u' + u = 0$ に代入して t で整理すると

$$c_0 t^\lambda + (\lambda c_0 + c_1) t^{\lambda+1} + \cdots + \{(\lambda + n - 1) c_{n-1} + c_n\} t^{\lambda+n} + \cdots = 0$$

である．したがって，$c_0 = 0$ となり $c_0 \neq 0$ に矛盾する．ゆえに，(12.9) の形の解をもたない． □

注意 2 実は微分方程式 (12.8) の解は，10.3 節の例題 10.5 の結果より，

$$u(t) = C e^{\frac{1}{t}} \quad (\text{ただし，} C \text{ は任意定数})$$

である．これを級数展開すると

$$C e^{\frac{1}{t}} = C \left\{ 1 + \frac{1}{t} + \frac{1}{2!} \left(\frac{1}{t}\right)^2 + \frac{1}{3!} \left(\frac{1}{t}\right)^3 + \cdots \right\}$$

となる．このことは負べき（$t^{-1}, t^{-2}, \cdots$）まで許す展開（**ローラン**(Laurent)**展開**という）を用いれば級数解が得られることを示している．

例題 12.4 と例題 12.5 の違いは単に u' の係数が t と t^2 という点にある．しかしながら，解の形は $\dfrac{C}{t}$ と $C + \dfrac{C}{t} + \dfrac{C}{2t^2} + \dfrac{C}{6t^3} + \cdots$ となり，全く様子が変わる．すなわち，後者は $\dfrac{1}{t}, \dfrac{1}{t^2}, \cdots$ という負べきが無限個続いている．このように方程式の係数が特異点をもつ場合は，その特異性の強さによって解の特異性も著しく異なることがある．

それでは，解の負べきが有限個で止まるのはどのような方程式であろうか．このことについて，2階線形微分方程式

$$u'' + \frac{p(t)}{t-a} u' + \frac{q(t)}{(t-a)^2} u = 0 \qquad (12.10)$$

あるいは

$$(t-a)^2 u'' + (t-a) p(t) u' + q(t) u = 0 \qquad (12.11)$$

においては，$p(t)$, $q(t)$ が $t = a$ で**解析的**，すなわち，

$$p(t) = \sum_{n=0}^{\infty} p_n (t-a)^n, \qquad q(t) = \sum_{n=0}^{\infty} q_n (t-a)^n$$

$$(p_0 \neq 0, \; q_0 \neq 0)$$

のように級数展開できるときに限ることが知られている．このとき $t = a$ を微分方程式 (12.10) (または (12.11))の**確定特異点**という．

まず，確定特異点をもつが，係数 $p(t)$, $q(t)$ が定数である微分方程式の場合を例で見ていこう．この場合は，例題 12.4 (2) と同様，級数の形でなくて $u = c_0 t^\lambda$ を直接代入することによって容易に決定方程式が得られ，解を求めることができる．

例題 12.6

次の微分方程式の一般解を求めよ．

$$t^2 u'' + 4t u' + 2u = 0 \qquad (12.12)$$

【解】 λ を後で決める定数として，$u = t^\lambda$ を代入すると

$$t^2 (t^\lambda)'' + 4t (t^\lambda)' + 2t^\lambda = \{\lambda(\lambda-1) + 4\lambda + 2\} t^\lambda$$
$$= (\lambda^2 + 3\lambda + 2) t^\lambda = 0$$

12.3 確定特異点とは

となるから，λ は決定方程式

$$\lambda^2 + 3\lambda + 2 = 0 \tag{12.13}$$

を満たす．したがって，$\lambda = -1, \lambda = -2$ が得られ，一般解は

$$u(t) = C_1 t^{-1} + C_2 t^{-2} \quad (\text{ただし，} C_1, C_2 \text{は任意定数})$$

である． □

注意 3 この例題で用いた手法は，方程式の各項の未知関数の微分の階数とその係数 t のべきが等しい ($t^m u^{(m)}$ の形の) ときにはつねに適用できることを注意しておく．

次に，決定方程式が重解をもつ例を考えよう．

例題 12.7

次の微分方程式の一般解を求めよ．

$$t^2 u'' - 3tu' + 4u = 0 \tag{12.14}$$

【解】 λ を後で決める定数として，$u = t^\lambda$ を代入すると

$$t^2 (t^\lambda)'' - 3t(t^\lambda)' + 4t^\lambda = \{\lambda(\lambda-1) - 3\lambda + 4\} t^\lambda$$
$$= (\lambda - 2)^2 t^\lambda = 0$$

となり，決定方程式 $(\lambda - 2)^2 = 0$ より $\lambda = 2$ (重解) が得られる．これより 1 つの解 t^2 を得ることができる．

1 つの解がわかっているとき，もう一つの解を求めるには，10.7 節で扱った階数低下法を用いるのが一般的である．すなわち，もう一つの解を $v(t) t^2$ とおいて方程式に代入し，$v(t)$ を求める．

$$t^2 (v'' t^2 + 4v't + 2v) - 3t(v't^2 + 2vt) + 4vt^2 = v''t^4 + v't^3 = 0$$

から，

$$tv'' + v' = 0 \quad \text{より} \quad (tv')' = 0$$
$$\therefore \quad v' = C_1 t^{-1} \quad (\text{ただし，} C_1 \text{は任意定数}).$$

したがって

$$v(t) = C_1 \log t + C_2 \quad (\text{ただし，} C_2 \text{は任意定数})$$

が得られ，一般解は

$$u(t) = C_1 (\log t) t^2 + C_2 t^2$$

である． □

参考 例題 12.7 では，階数低下法を用いたが，決定方程式が重解をもつ場合については，重解であることを利用してもっと直接的に計算する方法がある．

方程式 (12.14) の左辺に t^λ を代入すると
$$t^2(t^\lambda)'' - 3t(t^\lambda)' + 4t^\lambda = (\lambda-2)^2 t^\lambda \qquad (*)$$
である．これは全ての λ について成り立つ式である．両辺を λ で偏微分すると
$$\frac{\partial}{\partial \lambda}\{t^2(t^\lambda)'' - 3t(t^\lambda)' + 4t^\lambda\} = \frac{\partial}{\partial \lambda}\{(\lambda-2)^2 t^\lambda\}.$$
左辺は微分の順序を入れ換え，右辺は積の微分公式を用いると
$$t^2\left(\frac{\partial}{\partial \lambda}t^\lambda\right)'' - 3t\left(\frac{\partial}{\partial \lambda}t^\lambda\right)' + 4\left(\frac{\partial}{\partial \lambda}t^\lambda\right) = 2(\lambda-2)t^\lambda + (\lambda-2)^2 \frac{\partial}{\partial \lambda}t^\lambda$$
となる．ところで
$$\frac{\partial}{\partial \lambda}t^\lambda = \frac{\partial}{\partial \lambda}(e^{\lambda \log t}) = (\log t)e^{\lambda \log t} = (\log t)t^\lambda$$
であるから，
$$t^2[(\log t)t^\lambda]'' - 3t[(\log t)t^\lambda]' + 4[(\log t)t^\lambda] = 2(\lambda-2)t^\lambda + (\lambda-2)^2 (\log t)t^\lambda \tag{12.15}$$
が成り立つ．(12.15) は全ての λ について成り立つから $\lambda = 2$ とおくと，右辺 $= 0$，すなわち
$$t^2[(\log t)t^2]'' - 3t[(\log t)t^2]' + 4[(\log t)t^2] = 0$$
である．したがって，$(\log t)t^2$ がもう一つの解であることがわかる．$\lambda = 2$ が重解（$(*)$ に $(\lambda-2)^2$ の項がある）であり，λ で 1 回微分して得られる (12.15) の右辺に $(\lambda-2)$ の項が残るため，$\lambda = 2$ とおくと 0 になることがポイントである．

例題 12.6 および例題 12.7 の形の微分方程式を**オイラー(Euler)の微分方程式**という．これまでの結果をまとめておこう．p, q を定数とするとき，オイラーの微分方程式
$$t^2 u'' + ptu' + qu = 0 \tag{12.16}$$
の決定方程式は
$$\lambda^2 + (p-1)\lambda + q = 0$$
である．この λ に関する 2 次方程式の根(解)を λ_1, λ_2 とすると

（ⅰ）$\lambda_1 \neq \lambda_2$ ならば，一般解は
$$u(t) = C_1 t^{\lambda_1} + C_2 t^{\lambda_2} \quad (\text{ただし，} C_1, C_2 \text{は任意定数})$$
である．

（ⅱ）$\lambda_1 = \lambda_2$ のときは，1つの解は t^{λ_1}，もう一つの解は，例題 12.7 と同じようにして $(\log t) t^{\lambda_1}$ が得られるから，一般解は
$$u(t) = C_1 t^{\lambda_1} + C_2 (\log t) t^{\lambda_1} \quad (\text{ただし，} C_1, C_2 \text{は任意定数})$$
である．

問題 1 次の微分方程式の一般解を求めよ．
（1）$t^2 u'' - 2tu' + 2u = 0$ （2）$t^2 u'' - 5tu' + 9u = 0$

12.4 確定特異点をもつ微分方程式

前節のオイラーの微分方程式 (12.16) は確定特異点をもつが，係数 $p(t)$, $q(t)$ が定数である簡単な微分方程式であった．ここではより一般的な場合について，例を用いて考えることにする．

決定方程式が重解をもつ場合や，異なる解をもつがその差が整数となる場合，1つの解は容易に求めることができるが，もう一つの解を求めるには工夫が必要である．以下では決定方程式が重解をもつ場合について例題 12.7 の参考で述べた "λ で偏微分する方法" を用いて説明していく．これは**フロベニウス**(Frobenius)**の理論**とよばれているものである．

α をパラメータ*）とする微分方程式
$$t^2 u'' + tu' + (t^2 - \alpha^2) u = 0 \tag{12.17}$$
を**ベッセル**(Bessel)**の微分方程式**という．この方程式の係数は (12.10) において $a = 0$, $p = 1$, $q(t) = t^2 - \alpha^2$ としたものであり，$t = 0$ は方程式の確定特異点である．

---

*）パラメータは本来の独立変数 t とは別に，自由に値を選べる数である．

例題 12.8

$a=0$ のベッセルの微分方程式（0次ベッセル微分方程式という）
$$t^2 u'' + tu' + t^2 u = 0 \tag{12.18}$$
の $t=0$ のまわりの一般解を求めよ．

【解】 解を $c_0 \neq 0$ として
$$u(t) = t^\lambda \sum_{n=0}^{\infty} c_n t^n = c_0 t^\lambda + c_1 t^{\lambda+1} + \cdots + c_n t^{\lambda+n} + \cdots$$
の形で求める．

$t^2 u = c_0 t^{\lambda+2} + c_1 t^{\lambda+3} + \cdots + c_{n-2} t^{\lambda+n} + \cdots,$

$tu' = \lambda c_0 t^\lambda + (\lambda+1) c_1 t^{\lambda+1} + \cdots + (\lambda+n) c_n t^{\lambda+n} + \cdots,$

$t^2 u'' = \lambda(\lambda-1) c_0 t^\lambda + (\lambda+1)\lambda c_1 t^{\lambda+1} + \cdots + (\lambda+n)(\lambda+n-1) c_n t^{\lambda+n} + \cdots$

より
$$\begin{aligned}t^2 u'' + tu' + t^2 u =& \{\lambda(\lambda-1) + \lambda\} c_0 t^\lambda + \{(\lambda+1)\lambda + (\lambda+1)\} c_1 t^{\lambda+1} \\ & + [\{(\lambda+2)(\lambda+1) + (\lambda+2)\} c_2 + c_0] t^{\lambda+2} + \cdots \\ & + [\{(\lambda+n)(\lambda+n-1) + (\lambda+n)\} c_n + c_{n-2}] t^{\lambda+n} + \cdots\end{aligned}$$

である．整理すると
$$\begin{aligned}t^2 u'' + tu' + t^2 u =& \lambda^2 c_0 t^\lambda + (\lambda+1)^2 c_1 t^{\lambda+1} + \{(\lambda+2)^2 c_2 + c_0\} t^{\lambda+2} \\ & + \cdots + \{(\lambda+n)^2 c_n + c_{n-2}\} t^{\lambda+n} + \cdots\end{aligned} \tag{12.19}$$

となる．

(12.19) で「右辺 $= 0$」とするためには，$c_0 \neq 0$ だから，

第 1 項より　　　$\lambda^2 = 0$　　　（決定方程式）　　　　　　　(12.20)

第 2 項より　　　$(\lambda+1)^2 c_1 = 0$　　　　　　　　　　　　　(12.21)

第 n 項より　　　$(\lambda+n)^2 c_n + c_{n-2} = 0$　　$(n=2,3,\cdots)$　(12.22)

であればよい．決定方程式 (12.20) より $\lambda = 0$（重解）である．よって，(12.21) より $c_1 = 0$ である．また，漸化式 (12.22) から
$$c_n = -\frac{1}{n^2} c_{n-2} \quad (n=2,3,\cdots)$$
が得られる．よって，奇数項については
$$c_3 = 0, \quad c_5 = 0, \quad \cdots, \quad c_{2m+1} = 0, \quad \cdots$$
となる．$c_0 = 1$ とすると（1つの特解を求めればよいのであるから，式をなるべく

12.4 確定特異点をもつ微分方程式

簡潔に表すために，$c_0 = 1$ とした)，漸化式 (12.22) より

$$c_0 = 1, \quad c_2 = \frac{-1}{2^2}, \quad c_4 = \frac{(-1)^2}{2^2 \cdot 4^2}, \quad \cdots, \quad c_{2m} = \frac{(-1)^m}{2^2 \cdots (2m)^2} = \frac{(-1)^m}{2^{2m}(m!)^2}$$

である．したがって

$$u_1(t) = 1 - \frac{1}{2^2}t^2 + \frac{1}{2^2 \cdot 4^2}t^4 + \cdots + \frac{(-1)^m}{2^{2m}(m!)^2}t^{2m} + \cdots \tag{12.23}$$

が1つの解である．

$\lambda = 0$ が重解であるため，もう一つの解を求めるには工夫がいる．以下では，前節の例題 12.7 の参考で述べた "λ で微分する手法" を用いることにする．

$c_0 = 1$, $c_1 = 0$ として，c_2 以降は，λ をパラメータとして含んだまま漸化式 (12.22) から求めていくと

$$c_0 = 1, \quad c_2(\lambda) = \frac{-1}{(\lambda+2)^2}, \quad c_4(\lambda) = \frac{(-1)^2}{(\lambda+2)^2(\lambda+4)^2},$$

$$\cdots, \quad c_{2m}(\lambda) = \frac{(-1)^m}{(\lambda+2)^2 \cdots (\lambda+2m)^2}, \quad \cdots,$$

$$c_1 = 0, \quad c_3 = 0, \quad \cdots, \quad c_{2m+1} = 0, \quad \cdots$$

が得られる．この係数によってできるべき級数を

$$u(t, \lambda) = t^\lambda + c_2(\lambda) t^{\lambda+2} + \cdots + c_{2m}(\lambda) t^{\lambda+2m} + \cdots \tag{12.24}$$

とおく．もちろん，$u(t, 0) = u_1(t)$ である．$u(t, \lambda)$ を与えられた方程式 (12.18) の左辺に代入すると，(12.19) 式の右辺第 2 項以降で，奇数項は $c_1 = 0$ により，また，偶数項の係数は漸化式 (12.22) を満たしているから 0 になる．すなわち

$$t^2 u''(t, \lambda) + t u'(t, \lambda) + t^2 u(t, \lambda) = \lambda^2 t^\lambda \tag{12.25}$$

が得られる．(12.25) を λ で微分する．すなわち，左辺は微分の順序を交換し，右辺は積の微分公式を用いると

$$t^2 \left(\frac{\partial}{\partial \lambda} u(t, \lambda) \right)'' + t \left(\frac{\partial}{\partial \lambda} u(t, \lambda) \right)' + t^2 \left(\frac{\partial}{\partial \lambda} u(t, \lambda) \right) = 2\lambda t^\lambda + \lambda (\log t) t^{\lambda-1}$$

となる．ここで $\lambda = 0$ とおくと，「右辺 $= 0$」となるから，もう一つの解として $\dfrac{\partial u(t, \lambda)}{\partial \lambda}\bigg|_{\lambda=0}$ が得られることになる．これを具体的に計算しよう．

$$\frac{\partial}{\partial \lambda} (t^{\lambda+2m}) = (\log t)\, t^{\lambda+2m} \quad (m = 0, 1, 2, \cdots)$$

であるから，(12.24) を λ で微分すると

$$\frac{\partial}{\partial \lambda} u(t, \lambda) = (\log t)\{t^\lambda + c_2(\lambda) t^{\lambda+2} + c_4(\lambda) t^{\lambda+4} + \cdots\}$$
$$+ \{c_2'(\lambda) t^{\lambda+2} + c_4'(\lambda) t^{\lambda+4} + \cdots + c_{2m}'(\lambda) t^{\lambda+2m} + \cdots\}$$
$$= (\log t) u(t, \lambda)$$
$$+ \{c_2'(\lambda) t^{\lambda+2} + c_4'(\lambda) t^{\lambda+4} + \cdots + c_{2m}'(\lambda) t^{\lambda+2m} + \cdots\}$$

となる．ここで $\lambda = 0$ とおくと，

$$\left.\frac{\partial}{\partial \lambda} u(t, \lambda)\right|_{\lambda=0} = (\log t) u(t, 0)$$
$$+ \{c_2'(0) t^2 + c_4'(0) t^4 + \cdots + c_{2m}'(0) t^{2m} + \cdots\}$$

である．$u(t, 0) = u_1(t)$ であり，第2項の各べきの係数については

$$c_2'(\lambda) = \left(\frac{-1}{(\lambda+2)^2}\right)' = -\{(\lambda+2)^{-2}\}' = 2\{(\lambda+2)^{-3}\} = \frac{2}{(\lambda+2)^2}\left(\frac{1}{\lambda+2}\right),$$

$$c_4'(\lambda) = \left(\frac{(-1)^2}{(\lambda+2)^2(\lambda+4)^2}\right)' = -2(\lambda+2)^{-3}(\lambda+4)^{-2} - 2(\lambda+2)^{-2}(\lambda+4)^{-3}$$
$$= \frac{-2}{(\lambda+2)^2(\lambda+4)^2}\left(\frac{1}{\lambda+2} + \frac{1}{\lambda+4}\right), \quad \cdots$$

$$c_{2m}'(\lambda) = \frac{(-1)^{m+1} 2}{(\lambda+2)^2 \cdots (\lambda+2m)^2}\left(\frac{1}{\lambda+2} + \cdots + \frac{1}{\lambda+2m}\right), \quad \cdots$$

より

$$c_2'(0) = \frac{1}{2^2}, \quad c_4'(0) = \frac{-1}{2^2 \cdot 4^2}\left(1 + \frac{1}{2}\right), \quad \cdots,$$

$$c_{2m}'(0) = \frac{(-1)^{m+1}}{2^2 \cdot 4^2 \cdots (2m)^2}\left(1 + \frac{1}{2} + \cdots + \frac{1}{m}\right), \quad \cdots$$

となる．ゆえに，もう一つの解 $\left.\dfrac{\partial u(t, \lambda)}{\partial \lambda}\right|_{\lambda=0}$ は

$$(\log t) u_1(t) - \left\{\frac{-1}{2^2} t^2 + \frac{1}{2^2 \cdot 4^2}\left(1 + \frac{1}{2}\right) t^4 + \cdots\right.$$
$$\left.+ \frac{(-1)^m}{2^{2m}(m!)^2}\left(1 + \frac{1}{2} + \cdots + \frac{1}{m}\right) t^{2m} + \cdots\right\}$$
$$= (\log t) u_1(t) - \sum_{n=1}^{\infty} \frac{(-1)^n}{(n!)^2}\left(1 + \frac{1}{2} + \cdots + \frac{1}{n}\right)\left(\frac{t}{2}\right)^{2n}$$

である．したがって，一般解は C_1, C_2 を任意定数として

$$u(t) = C_1 u_1(t) + C_2\left\{(\log t) u_1(t) - \sum_{n=1}^{\infty} \frac{(-1)^n}{(n!)^2}\left(1 + \frac{1}{2} + \cdots + \frac{1}{n}\right)\left(\frac{t}{2}\right)^{2n}\right\}$$

となる． □

12.4 確定特異点をもつ微分方程式

参考 (12.23)で与えられる $u_1(t)$ は **0次の第1種ベッセル関数**とよばれ $J_0(t)$ で表される．すなわち

$$J_0(t) = \sum_{n=0}^{\infty} \frac{(-1)^n}{(n!)^2} \left(\frac{t}{2}\right)^{2n} \tag{12.26}$$

である（図12.2参照）．この記号を用いると，0次ベッセル微分方程式の解 $u(t)$ は

$$C_1 J_0(t) + C_2 \left\{ (\log t) J_0(t) - \sum_{n=1}^{\infty} \frac{(-1)^n}{(n!)^2} \left(1 + \frac{1}{2} + \cdots + \frac{1}{n}\right) \left(\frac{t}{2}\right)^{2n} \right\}$$

と書ける．この解を通常

$$u(t) = C_1 J_0(t) + C_2 N_0(t) \quad (\text{ただし},\ C_1, C_2\ \text{は任意定数})$$

と書く．ここで，

$$N_0(t) = \frac{2}{\pi} \left\{ J_0(t)\left(\log\frac{t}{2} + \gamma\right) - \sum_{n=1}^{\infty} \frac{(-1)^n}{(n!)^2} \left(1 + \frac{1}{2} + \cdots + \frac{1}{n}\right)\left(\frac{t}{2}\right)^{2n} \right\},$$

ただし，$\gamma = \lim_{n\to\infty}\left(1 + \frac{1}{2} + \frac{1}{3} + \cdots + \frac{1}{n} - \log n\right) = 0.57721566\cdots$

である．$N_0(t)$ を **0次の第2種ベッセル関数**（あるいは，**0次ノイマン (Neumann) 関数**）といい，γ を**オイラーの定数**という（図12.3参照）．

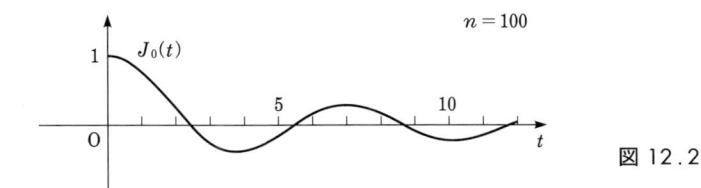

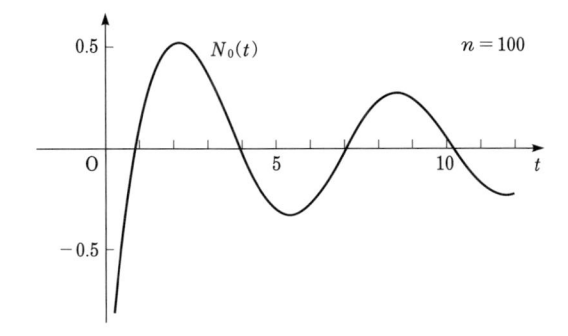

図12.2

図12.3

第12章 練習問題

1. 次の微分方程式の初期条件「$t=0$ のとき $u(0)=1$」を満たす解をべき級数展開によって求めよ．

（1） $u' = 1 + u + t$　　　（2） $u' = \dfrac{t^2 - t - u}{t - 1}$　　　（3） $u' = u^2$

2. 次の線形微分方程式の基本解を求めよ．

（1） $u'' - tu' - 2u = 0$　　　（2） $u'' + 3t^2 u' - tu = 0$

（3） $u'' + 2tu' + 4u = 0$　　　（4） $4tu'' + 2u' + u = 0$

3. エルミートの微分方程式
$$u'' - 2tu' + 2au = 0$$
の $a=1$ に対する，$t=0$ のまわりのべき級数解を求めよ．

4. ルジャンドルの微分方程式
$$(1-t^2)u'' - 2tu' + a(a+1)u = 0$$
の $a=1, 2$ に対する $t=0$ のまわりのべき級数解を求めよ．

5. 次のオイラーの微分方程式の基本解を求めよ．

（1） $t^2 u'' - 2tu' - 4u = 0$　　　（2） $t^2 u'' + 5tu' + 4u = 0$

また，オイラーの方程式は変数変換 $r = \log t$，すなわち $t = e^r$ によって定数係数の線形微分方程式に帰着されることを確かめよ．

6. $a=1$ のベッセルの微分方程式（1次ベッセル微分方程式という）
$$t^2 u'' + tu' + (t^2 - 1)u = 0$$
を解いて，$t=0$ で値が有限である解（1次の第1種ベッセル関数 $J_1(t)$）を求めよ．

第 13 章

解の存在と一意性

　ここまで，いろいろな微分方程式の解を具体的に求めるということを行ってきた．しかし，幅広い現象を記述する微分方程式のうち，特に非線形方程式は，求積法などで解ける場合がきわめて限られている．そればかりではない．解は存在するのか，解があってもそれはただ 1 つに限るのかといったことすらそう簡単にわからない場合も多い．この問題は現代解析学の 1 つのテーマである．最後の章では，そうした問題解決に対する戦略の一端を紹介することにしよう．

13.1　なぜ存在と一意性なのか？

　求積法を用いて解ける微分方程式の種類は，微分方程式全体からするとほんの限られたものである．そこで，求積法で取り扱えない方程式をどうするかが問題となる．

　多くの微分方程式は物理学からきており，少なくともそのような微分方程式には対応する物理的現象があるのだから具体的な式で書けるかどうかは別にして，解が存在すると考えるのは自然に思われる．しかし，よく考えてみると，微分方程式を立てる段階で大胆な仮定をおいたり，近似を行う．したがって物理的な現象があるからといって解が存在するというのには疑問が残る．**解の存在**すなわち解が存在するかどうかは，数学的にきちんと調べなければならないことである．

　また，何らかの方法で解を見つけた場合でも，その解以外に解がないかどうか確認することも必要である．解がただ一つしかないのかという問題を，**解の一意性**の問題とよぶ．

　どのような問題設定で，またどのような条件のもとで，解の存在や一意性が成り立つかというのが微分方程式理論の基本的な問題の1つである．問題設定の例としては，出発する時刻で条件を与えてその後の解について調べる**初期値問題**，あらかじめ決められた2つの時刻で条件を満たす解を探す**境界値問題**といったものがある．境界値問題を調べるには，関連する初期値問題を詳しく調べることが有用である．したがって，初期値問題の解の存在と一意性が基本的で重要な問題となる．

　解の挙動や解全体の構造を解明することが微分方程式を調べる際の最終目的であるが，ここではそのための第一歩となる初期値問題に焦点を絞って話を進めていく．

13.2 解の存在とは

では,解が存在するとはどういうことだろうか,通常長さを測るとき小数を用いて表す.ものさしは,基準となる長さ1をもとに,それを等分割して目盛りが付けられているからである.それでは,無理数の長さをもったものを,ものさしで測るだけでわかるだろうか.答は不可能である.例えば $\sqrt{2}$ の長さをものさしで測ることはできない.しかし,$\sqrt{2}$ は一辺が1の正方形の対角線の長さなので,ものさしで近似の長さを求めることは可能で,その近似値の極値として $\sqrt{2}$ が求められる.

微分方程式の場合に,ものさしで測ることに対応するのが,積分により解を具体的に求めることである.しかし,これだけにこだわっていては扱える範囲に限界があり,かえって不自然である.したがって,極限操作を使って解を求めることも許すことにする.

微分方程式の初期値問題の解の存在と一意性についてはじめて一般的に研究したのはコーシー(Cauchy)である.1820年頃高等理工学校(École Polytechnique)で講義を行い1835年に発表している.微分方程式を差分方程式で置き換え,解を折れ線で近似し,この折れ線が収束することを示した.その結果は**コーシーの折れ線による存在定理**とよばれている.コーシーは折れ線法以外にも何種類かの方法で初期値問題の解の存在と一意性を扱っている.例えば,解を級数の形に展開して求めるもので,コーシーの優級数法とよばれている.コーシーの折れ線法は1753年にオイラーが数値解法として用いたもので,数値解析の分野で**オイラー法**とよばれている.コーシーは,オイラー法を数学的に正当化したのである.

リプシッツ(Lipschitz)は1876年に解の存在と一意性が成り立つための条件を明確にし改良した.今日,**リプシッツ条件**とよばれているものである.

1890年にピカール(Picard)は微分方程式を積分方程式(未知関数の積分を含む方程式)に書き直し,それを**逐次近似法**(successive approximation)により解の存在を示した.逐次近似法の考え方は,いろいろな形に一般化され,

基本的な手法となっている．

同年，ペアノ (Peano) は，解の存在だけなら，コーシーの折れ線法の証明を改良することにより，リプシッツ条件より弱い仮定（成立範囲が広いことを意味する）で証明可能であることを示した．ペアノの結果は，解の存在定理と一意性定理を分けて研究することの重要性を示唆した．

13.3　コーシーの折れ線法

初期値問題
$$\frac{du}{dt} = u, \qquad u(0) = 1$$
を例にとってコーシーの折れ線法の考えを説明していく．これは線形微分方程式であり，10.3 節によると初期値問題の解は $u(t) = e^t$ である．

この問題を，求積法に頼らずに，コーシーの折れ線法で説明する．微分の定義,
$$\frac{du}{dt} = \lim_{\Delta t \to 0} \frac{u(t + \Delta t) - u(t)}{\Delta t}$$
を思い出して，微分方程式を**差分方程式**
$$\frac{u(t + \Delta t) - u(t)}{\Delta t} = u(t), \qquad u(0) = 1 \qquad (t = 0, \Delta t, 2\Delta t, \cdots)$$
に置き換える．このように微分方程式を差分方程式に置き換えることを**差分化**という．特に，微分を上のような差分に置き換える方法が**オイラー法**である．

例題 13.1

上の差分方程式の解を求めよ．

【解】　差分方程式を書き直すと
$$u(t + \Delta t) = (1 + \Delta t)\, u(t), \qquad u(0) = 1 \qquad (13.1)$$

となる．(13.1) において，$t=0$ とおき，$u(0)=1$ を用いると
$$u(\Delta t) = (1+\Delta t)\,u(0) = 1+\Delta t$$
である．また，$t=\Delta t$ とおくと
$$u(2\Delta t) = (1+\Delta t)\,u(\Delta t) = (1+\Delta t)^2$$
である．以下同様にして
$$u(n\Delta t) = (1+\Delta t)^n \qquad (n=0,1,2,\cdots)$$
となる．□

 こうして差分方程式から，分点 $t=0,\Delta t,2\Delta t,\cdots$ における解の近似値が求められた．点列 $(0,u(0))$, $(\Delta t, u(\Delta t))$, $(2\Delta t, u(2\Delta t))$, $\cdots$ を結んでできる折れ線をグラフとする関数を近似解とする．これを**コーシーの折れ線関数**とよぶ (図 13.1 参照)．

 例えば，閉区間 $[0,1]$ を n 等分して，$t=1$ における近似解の値と真の解の値 e とを比較してみよう．$\Delta t = \dfrac{1}{n}$ であるので，$t=1$ における近似解の値は
$$u(n\Delta t) = (1+\Delta t)^n = \left(1+\frac{1}{n}\right)^n$$
となる．ところが，e の定義 (5.5) を見てみると分割数 n を大きくすることにより，$t=1$ における近似解が真の解に近づくことが確認できる．

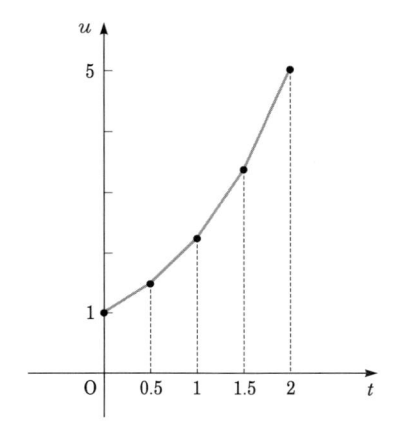

図 13.1 　$u=e^t$ についてのコーシーの折れ線関数．$\Delta t = 0.5$

例題 13.2

初期値問題

$$\frac{du}{dt} = f(t, u), \qquad u(0) = u_0$$

をオイラー法により差分化せよ．また，$u(0)$, $u(\Delta t)$, $u(2\Delta t)$, $\cdots$ をどのように定めればよいか説明せよ．

【解】 オイラー法による差分化は

$$\frac{u(t + \Delta t) - u(t)}{\Delta t} = f(t, u(t)), \qquad u(0) = u_0 \qquad (t = 0, \Delta t, 2\Delta t, \cdots)$$

である．これより

$$u(t + \Delta t) = u(t) + f(t, u(t))\Delta t, \qquad u(0) = u_0 \qquad (t = 0, \Delta t, 2\Delta t, \cdots)$$

となる．上式で $t = 0$ とおくと，初期条件を用いて

$$u(\Delta t) = u_0 + f(0, u_0)\Delta t$$

が得られる．

以下，同様にして

$$u(2\Delta t) = u(\Delta t) + f(\Delta t, u(\Delta t))\Delta t, \qquad \cdots$$

により定めればよい． □

上で求めた分点での値からコーシーの折れ線関数を作ると，次節以降で示すように，その近似解は $f(t, u)$ が連続であるという条件と 13.5 節で述べるリプシッツ条件の下で，$\Delta t \to 0$ のとき真の解に収束することがわかる．しかし実は，$f(t, u)$ の連続性のみが仮定されていれば，リプシッツ条件が満たされていなくても，少なくとも初期時刻から十分近いところでは解が存在することを証明できることが知られている．これは**コーシー・ペアノの定理**とよばれているものである．

なお，初期値問題の近似解を求める一般的な方法としては，**ルンゲ・クッタ(Runge-Kutta)法**が有名である．オイラー法に比べ高精度である．

13.4 逐次近似法

前節と同様に初期値問題

$$\frac{du}{dt} = u, \qquad u(0) = 1 \tag{13.2}$$

を例にとって説明していく．

まず，微分方程式を積分方程式に書き直す．微積分の基本定理より

$$u(t) = u(0) + \int_0^t u'(s)\, ds$$

が成り立つ．念のために積分変数を s と書いたが，便宜上以降 s を t で代用することにする．すなわち

$$u(t) = u(0) + \int_0^t u'(t)\, dt$$

と表す．

さて，上式に初期条件 $u(0) = 1$ および微分方程式 $u' = u$ を代入すると積分方程式

$$u(t) = 1 + \int_0^t u(t)\, dt$$

が得られる．

この積分方程式の解を求めよう．解となる関数は，積分して1を足しても形の変わらないものである．試しに，

$$u_0(t) \equiv 1$$

を代入して計算したものを $u_1(t)$ とおく．すなわち

$$u_1(t) = 1 + \int_0^t u_0(t)\, dt = 1 + \int_0^t 1\, dt$$

とする．さらに $u_1(t)$ から $u_2(t)$ を

$$u_2(t) = 1 + \int_0^t u_1(t)\, dt$$

で定める．これを繰り返して $u_3(t),\ u_4(t),\ u_5(t),\ \cdots$ を定義する．こうして近似解を求める方法を**逐次近似法**とよぶ．

例題 13.3

上で定義した $u_1(t)$, $u_2(t)$, $\cdots$, $u_n(t)$, $\cdots$ を具体的に求めよ．

【解】 $u_0(t) \equiv 1$ であるから，
$$u_1(t) = 1 + \int_0^t 1\, dt = 1 + t$$
である．これより
$$u_2(t) = 1 + \int_0^t (1+t)\, dt = 1 + t + \frac{t^2}{2}$$
となる．さらに
$$u_3(t) = 1 + \int_0^t \left(1 + t + \frac{t^2}{2}\right) dt = 1 + t + \frac{t^2}{2!} + \frac{t^3}{3!}$$
となる．以下，同様に計算する．結論は，次のようになる．
$$u_1(t) = 1 + t,$$
$$u_2(t) = 1 + t + \frac{t^2}{2!},$$
$$u_3(t) = 1 + t + \frac{t^2}{2!} + \frac{t^3}{3!},$$
$$\vdots$$
$$u_n(t) = 1 + t + \frac{t^2}{2!} + \frac{t^3}{3!} + \cdots + \frac{t^n}{n!},$$
$$\vdots$$
□

ところで，指数関数 e^t の $t=0$ におけるテイラー展開は
$$e^t = 1 + t + \frac{t^2}{2!} + \cdots + \frac{t^n}{n!} + \cdots$$
である．したがって，$n \to \infty$ のとき，$u_n(t)$ は真の解に収束している．

この例題では，$u_0(t) \equiv 1$ として逐次近似を行い，$u_1(t)$, $u_2(t)$, $\cdots$, $u_n(t)$, $\cdots$ を求め，$n \to \infty$ の極限として真の解を求めたが，いろんな疑問がわいてくると思う．はじめに与える関数 $u_0(t)$ を別の関数として，先ほどと同様に関数列 $u_1(t)$, $u_2(t)$, $\cdots$, $u_n(t)$, $\cdots$ を求めて，$n \to \infty$ とすると極限が存在するだろうか，存在しても本当に真の解に収束するだろうか，などである．答えを先にいってしまうと，はじめに与える関数 $u_0(t)$ に無関係に真の解に収束する．

次の節では，一般的な状況のもとで，逐次近似法について考えてみることにする．

13.5 リプシッツ条件

1階微分方程式の初期値問題

$$\frac{du}{dt} = f(t, u) \quad (t \in [t_0, t_1]), \qquad u(t_0) = u_0$$

の解の存在について調べる．ただし，関数 $f(t, u)$ は，t, u に関して連続であることを大前提とする．

逐次近似法を用いることにする．まず，微分方程式を積分方程式に書き直す．微積分の基本定理より

$$u(t) = u(t_0) + \int_{t_0}^{t} u'(s)\, ds$$

が成り立つ．初期条件 $u(t_0) = u_0$ および $u' = f(t, u)$ を代入すると

$$u(t) = u_0 + \int_{t_0}^{t} f(s, u(s))\, ds$$

となる．そこで

$$\begin{cases} u_0(t) = u_0 \\ u_{n+1}(t) = u_0 + \displaystyle\int_{t_0}^{t} f(s, u_n(s))\, ds \quad (n = 0, 1, 2, \cdots) \end{cases}$$

(13.3)

により関数列 $u_0(t), u_1(t), u_2(t), \cdots$ を定義する．これらの関数は，積分で定義されており，積分区間の右端である t に関して連続である．

微分方程式の右辺の $f(t, u)$ が，t, u に関して連続という条件だけでは，連続関数の列 $\{u_n(t)\}$ が $n \to \infty$ のとき真の解に収束することを証明するのは困難である．そこでどのような条件を満たせば，関数列 $\{u_n(t)\}$ は収束し，その極限が真の解になるかが問題となる．

1つの十分条件は，**リプシッツ条件**とよばれている次のものである．

『適当な正の数 L を選んで
$$|f(t,u) - f(t,v)| \leq L|u-v|$$
が任意の $t \in [t_0, t_1]$，u, v に対して成り立つようにできる．』

例えば $f(t,u) = u$ のときは $L = 1$ ととることができるので，リプシッツ条件が満たされている．

さしあたり，上のリプシッツ条件を仮定して[1]：「関数列 $\{u_n(t)\}$ が収束し」，[2]：「その極限関数が真の解になる」ことを示そう．

[1] 以下においては，任意に a, b（$a < b$）をとってそれらを固定し，閉区間 $[a, b]$ 上で考察していくことにする．関数列 $\{u_n(t)\}$ のとなりあった番号をもつ関数の差を調べよう．

例題 13.4

(13.3) で定義した関数列 $\{u_n(t)\}$ に対して，次の不等式が成り立つことを示せ．$n = 0, 1, 2, \cdots$ に対して

$$|u_{n+1}(t) - u_n(t)| \leq ML^n \frac{|t-a|^{n+1}}{(n+1)!}, \qquad a \leq t \leq b. \tag{13.4}$$

ただし，M は関数 $|f(t, u_0)|$ の閉区間 $[a, b]$ における最大値，すなわち $M = \max\{|f(t, u_0)| : t \in [a, b]\}$.

【解】 関数 $u_0(t)$，$u_1(t)$ の定義 (13.3) より
$$u_1(t) - u_0(t) = \int_a^t f(s, u_0(s))\, ds$$
である．ゆえに
$$|u_1(t) - u_0(t)| = \left|\int_a^t f(s, u_0(s))\, ds\right|$$
$$\leq \int_a^t |f(s, u_0(s))|\, ds$$
$$\leq \int_a^t M\, ds = M|t - a|$$
となる．次に $u_1(t)$，$u_2(t)$ の定義と上式より

13.5 リプシッツ条件

$$|u_2(t) - u_1(t)| = \left| \int_a^t \{f(s, u_1(s)) - f(s, u_0(s))\} ds \right|$$
$$\leq \int_a^t |f(s, u_1(s)) - f(s, u_0(s))| ds$$
$$\leq \int_a^t L |u_1(s) - u_0(s)| ds \quad (リプシッツ条件)$$
$$\leq LM \int_a^t |s - a| ds = LM \frac{|t-a|^2}{2}$$

を得る．同様にして

$$|u_3(t) - u_2(t)| \leq \int_a^t |f(s, u_2(s)) - f(s, u_1(s))| ds$$
$$\leq \int_a^t L |u_2(s) - u_1(s)| ds$$
$$\leq \frac{L^2 M}{2} \int_a^t |s - a|^2 ds = L^2 M \frac{|t-a|^3}{3!}$$

となる．以上，こうした計算を繰り返して結論が得られる． □

さらに，一般的に異なる番号をもった関数の差を評価しよう．以後，リプシッツ条件の L や，例題 13.4 における M を断わりなく用いる．

例題 13.5

任意の自然数 n, m ($n < m$) に対して次の式が成り立つことを示せ．
$$|u_n(t) - u_m(t)| \leq \epsilon_n, \quad t \in [a, b],$$
ただし，
$$\epsilon_n = \frac{M}{L} \left(\frac{A^{n+1}}{(n+1)!} + \frac{A^{n+2}}{(n+2)!} + \cdots + \frac{A^m}{m!} \right), \quad A = L|b-a|.$$

【解】 差 $u_n(t) - u_m(t)$ を書き直して絶対値をとると
$$|u_n(t) - u_m(t)|$$
$$= |u_n(t) - u_{n+1}(t) + u_{n+1}(t) - u_{n+2}(t) + \cdots + u_{m-1}(t) - u_m(t)|$$
$$\leq |u_n(t) - u_{n+1}(t)| + |u_{n+1}(t) - u_{n+2}(t)| + \cdots + |u_{m-1}(t) - u_m(t)|$$

となる．さらに，例題 13.4 の不等式を使うと
$$|u_n(t) - u_m(t)| \leq \frac{M}{L} \left(\frac{A^{n+1}}{(n+1)!} + \frac{A^{n+2}}{(n+2)!} + \cdots + \frac{A^m}{m!} \right)$$

が成り立つ． □

さて，指数関数のテイラー展開

$$e^A = 1 + A + \frac{A^2}{2!} + \cdots + \frac{A^n}{n!} + \frac{A^{n+1}}{(n+1)!} + \frac{A^{n+2}}{(n+2)!} + \cdots$$

を思い出そう．この右辺は収束しているから，$n \to \infty$ のとき

$$\epsilon_n = \frac{M}{L}\left(\frac{A^{n+1}}{(n+1)!} + \frac{A^{n+2}}{(n+2)!} + \cdots + \frac{A^m}{m!}\right) \to 0$$

であることがわかる．したがって，任意の自然数 n, m（$n < m$）に対して

$$|u_n(t) - u_m(t)| \leq \epsilon_n, \qquad t \in [a, b]$$

が満たされ，$n \to \infty$ のとき $\epsilon_n \to 0$ であることがわかった．

次の例題 13.6 より，$n \to \infty$ のとき連続関数の列 $\{u_n(t)\}$ はある連続関数 $u(t)$ に閉区間 $[a, b]$ で**一様収束**することがわかる．ここで，$n \to \infty$ のとき $u_n(t)$ が $u(t)$ に閉区間 $[a, b]$ で一様収束するとは

『$n \to \infty$ としたとき，

　　閉区間 $[a, b]$ における $|u_n(t) - u(t)|$ の最大値 $\to 0$

となること』

である．ここで新しい記号

$$\|u\| := \max\{|u(t)| : t \in [a, b]\}$$

を用いると，一様収束するとは

$$\|u_n - u\| \to 0 \qquad (n \to \infty)$$

となることである．

例題 13.6

閉区間 $[a, b]$ 上で定義された連続関数の列 $\{u_n(t)\}$ が，任意の自然数 n, m（$n < m$）に対して

$$|u_n(t) - u_m(t)| \leq \epsilon_n, \qquad t \in [a, b] \tag{13.5}$$

を満たし，$n \to \infty$ のとき $\epsilon_n \to 0$ とする．

このとき，ある連続関数 $u(t)$ が存在して，$n \to \infty$ のとき $u_n(t)$ は $u(t)$ に閉区間 $[a, b]$ 上で一様収束することを証明せよ．

13.5 リプシッツ条件

【解】 仮定 (13.5) と $\epsilon_n \to 0$ であることより,各 t ごとに $n(<m) \to \infty$ のとき
$$|u_n(t) - u_m(t)| \to 0,$$
すなわち,各 t ごとに

点列 $u_0(t),\ u_1(t),\ u_2(t),\ \cdots$ はコーシー列

である.したがって,実数が完備であること(付録 A.3 節 コーシーの判定条件)より,ある極限値に収束する.極限値は,各 t ごとに決まるから,その極限値を $u(t)$ と書く.

再び,(13.5) に戻って考える.任意の自然数 n, m ($n<m$) に対して
$$|u_n(t) - u_m(t)| \leq \epsilon_n, \qquad t \in [a, b]$$
であり,m は $m > n$ である限り,任意であるから,上式において $m \to \infty$ とすると
$$|u_n(t) - u(t)| \leq \epsilon_n, \qquad t \in [a, b], \tag{13.6}$$
すなわち,すべての自然数 n に対して (13.6) が成り立つ.

関数 $u(t)$ の連続性を示そう.$T \in [a, b]$ を任意にとり
$$t \to T \text{ のとき,} \quad |u(t) - u(T)| \to 0$$
を示せばよい.

(13.6) を用いることにより
$$|u(t) - u(T)| = |u(t) - u_n(t) + u_n(t) - u_n(T) + u_n(T) - u(T)|$$
$$\leq |u(t) - u_n(t)| + |u_n(t) - u_n(T)| + |u_n(T) - u(T)|$$
$$\leq \epsilon_n + |u_n(t) - u_n(T)| + \epsilon_n.$$
が得られる.上式の右辺において,任意に n を固定して $t \to T$ とすると,$u_n(t)$ の連続性より,右辺の第 2 項は
$$|u_n(t) - u_n(T)| \to 0$$
となるので,極限で右辺は $2\epsilon_n$ である.(t を動かしても ϵ_n に影響がないところが,(13.6) すなわち,一様収束の有り難さである.) 一方,$n \to \infty$ のとき,$\epsilon_n \to 0$ であるので,固定する n を十分大きくとっておけば,$2\epsilon_n$ はいくらでも小さくできる.したがって,左辺 $|u(t) - u(T)|$ は極限では 0 にならなければならない.

なお,一様収束であることは (13.6) よりわかる. □

[2] いよいよ,$u(t)$ が微分方程式の解であることを示そう.

例題 13.7

連続関数の列 $\{u_n(t)\}$ は

$$u_{n+1}(t) = u_0 + \int_a^t f(s, u_n(s))\, ds \qquad (n = 0, 1, 2, \cdots) \qquad (13.7)$$

を満たし，$n \to \infty$ のとき，$u_n(t)$ が連続関数 $u(t)$ に閉区間 $[a, b]$ 上で一様収束する．このとき，$u(t)$ は次の積分方程式を満たすことを示せ．

$$u(t) = u_0 + \int_a^t f(s, u(s))\, ds$$

【解】 閉区間 $[a, b]$ 上で，$u_n(t)$ が $u(t)$ に一様収束することを用いて，

$$\int_a^t f(s, u_n(s))\, ds \to \int_a^t f(s, u(s))\, ds \qquad (n \to \infty) \qquad (13.8)$$

となることを示そう．リプシッツ条件を用いて差を計算すると

$$\left| \int_a^t f(s, u_n(s))\, ds - \int_a^t f(s, u(s))\, ds \right| = \left| \int_a^t \{f(s, u_n(s)) - f(s, u(s))\}\, ds \right|$$

$$\leq \int_a^t |f(s, u_n(s)) - f(s, u(s))|\, ds \leq \int_a^t L|u_n(s) - u(s)|\, ds$$

$$\leq \int_a^t L\|u_n - u\|\, ds = L\|u_n - u\|\,|t - a|$$

が得られる．$n \to \infty$ のとき，$u_n(t)$ が $u(t)$ に一様収束することより，$\|u_n - u\| \to 0$ であるから，(13.8) が示された．

したがって，(13.7) で $n \to \infty$ として，$u(t)$ に関する積分方程式を得る． □

以上より，逐次近似列の一様収束極限として得られた連続関数 $u(t)$ は

$$u(t) = u_0 + \int_a^t f(s, u(s))\, ds$$

を満たすことがわかった．

定積分の性質より，$u(a) = u_0$ であり，右辺の被積分関数 $f(s, u(s))$ は，s に関して連続であるから，t に関して微分可能であり，微分したものは $f(t, u(t))$ となる．したがって

$$\frac{du}{dt} = f(t, u), \qquad u(a) = u_0$$

となり，$u(t)$ は初期値問題の解である．

13.6 グロンウォールの不等式

1階の微分方程式に関する初期値問題

$$\frac{du}{dt} = f(t, u), \qquad u(a) = u_0, \qquad t \in [a, b]$$

の解が存在するためには

・関数 $f(t, u)$ は t, u に関して連続
・関数 $f(t, u)$ は u に関してリプシッツ条件を満たす

が1つの十分条件であることを前節で示した．この2つの条件は，解の一意性も保証することを示そう．

いま，$u(t), v(t)$ を微分方程式の2つの解とし，それらが一致することを示す．まず u, v はともに次の積分方程式を満たすことに気づこう．

$$u(t) = u_0 + \int_a^t f(s, u(s))\, ds,$$

$$v(t) = u_0 + \int_a^t f(s, v(s))\, ds.$$

この2つの等式の差をとり，リプシッツ条件を用いると

$$|u(t) - v(t)| = \left| \int_a^t \{f(s, u(s)) - f(s, v(s))\}\, ds \right|$$

$$\leq \int_a^t |f(s, u(s)) - f(s, v(s))|\, ds$$

$$\leq \int_a^t L\,|u(s) - v(s)|\, ds$$

が成り立つ．したがって，$w(t) = |u(t) - v(t)|$ とおくと

$$0 \leq w(t) \leq L \int_a^t w(s)\, ds \tag{13.9}$$

が得られる．これは，積分を含む不等式だから，**積分不等式**とよばれる．解の一意性を示すには，$a \leq t$ のとき，上式の右辺が0となることを証明すればよい．なぜなら，そのとき $w(t) = 0$，すなわち $u(t) = v(t)$ となるからである．そのためには，以下で行うように，右辺を新しい関数に置き直して，微分不等式に書き直すのがポイントとなる．

具体的に計算してみよう．
$$W(t) = L\int_a^t w(s)\,ds$$
とおくと，仮定 (13.9) より
$$0 \le w(t) \le W(t) \tag{13.10}$$
である．上式の右側の不等式の両辺に L を掛けると
$$Lw(t) \le LW(t).$$
ところで，$W(t)$ の定義より，$W'(t) = Lw(t)$ であることを用いると
$$W'(t) \le LW(t),$$
すなわち
$$W'(t) - LW(t) \le 0$$
が成り立つ．ここで1階線形微分方程式の解法を応用する．上式の両辺に $e^{-L(t-a)}$ を掛けると
$$e^{-L(t-a)}W'(t) - Le^{-L(t-a)}W(t) \le 0,$$
したがって
$$\left(e^{-L(t-a)}W(t)\right)' \le 0$$
が成り立つ．$e^{-L(t-a)}W(t)$ は単調減少だから $t = a$ での値と比較して
$$e^{-L(t-a)}W(t) \le W(a),$$
すなわち
$$W(t) \le W(a)\,e^{L(t-a)} = \left\{L\int_a^a w(s)\,ds\right\}e^{L(t-a)} = 0$$
である．再び (13.10) に戻って，上式を用いると
$$0 \le w(t) \le W(t) \le 0$$
となるので，$a \le t$ のとき $w(t) = 0$ が証明された．

前節で，逐次近似列の一様収束極限として得られた関数 $u(t)$ は，微分方程式の解であることを確認したが，その他に解はなく，それがただ一つの解であることがわかった．なお，逐次近似関数列 $\{u_n(t)\}$ は $u_0(t)$ のとり方によって変わるが，その極限は，ただ1つの解 $u(t)$ であることもわかる．

13.6 グロンウォールの不等式

本書では，リプシッツ条件の強い形で仮定した．例えば，$f(t, u) = u$ は条件を満たすが，$f(t, u) = u^2$ は満たしていないので，u の動く範囲を制限する必要がある(練習問題 **2** 参照)．しかし，同様にして解の存在と一意性を示すことができる(例えば，長瀬道弘「微分方程式」(裳華房)を見よ)．

上で述べた証明のアイデアを用いると次の不等式を証明できる．これは微分方程式の解の性質を調べる際に基本的なもので，**グロンウォール (Gronwall) の補題**とよばれている．

グロンウォールの補題 連続関数 $w(t)$ が不等式

$$w(t) \leq C + \int_a^t p(s)\, w(s)\, ds \quad (a \leq t) \tag{13.11}$$

を満たすとする．ここで，$p(s)$ は非負連続関数であり，C は定数とする．このとき，不等式

$$w(t) \leq C e^{P(t)} \quad (a \leq t) \tag{13.12}$$

が成り立つ．ただし，

$$P(t) = \int_a^t p(s)\, ds$$

である．

【証明】 (13.11) の右辺を

$$W(t) = C + \int_a^t p(s)\, w(s)\, ds$$

とおく．$w(t) \leq W(t)$ に注意すると

$$W'(t) = p(t)\, w(t) \leq p(t)\, W(t)$$

が成り立つ．したがって，

$$W'(t) - p(t)\, W(t) \leq 0$$

であるから，両辺に $e^{-\int_a^t p(s)\,ds}\, (>0)$ を掛けてまとめると

$$e^{-\int_a^t p(s)\,ds}\, W'(t) - p(t)\, e^{-\int_a^t p(s)\,ds}\, W(t) \leq 0,$$

$$(e^{-\int_a^t p(s)\,ds}\, W(t))' \leq 0$$

が成り立つ．$W(a) = C$ に注意して上式を閉区間 $[a, t]$ で積分すると
$$e^{-\int_a^t p(s)\,ds} W(t) \leq C$$
となり，
$$w(t) \leq W(t) \leq C e^{\int_a^t p(s)\,ds}$$
が得られる．□

第13章　練習問題

1. 次の初期値問題を逐次近似法で解け．

 (1)　$u' = tu$，$u(0) = 1$　　　(2)　$u' = \dfrac{1}{t} u$，$u(1) = 1$

2. 次の関数は後に書かれた領域（R や S）において，u についてリプシッツ条件を満たすかどうか調べよ．

 (1)　$f(t, u) = tu^2$，$R = \{(t, u) ; |t| \leq 1, |u| \leq 1\}$
 (2)　$f(t, u) = tu^2$，$S = \{(t, u) ; |t| \leq 1, |u| \leq \infty\}$
 (3)　$f(t, u) = u^{\frac{2}{3}}$，$R = \{(t, u) ; |t| \leq 1, |u| \leq 1\}$

3. 次の初期値問題を解き，解の一意性について調べよ．
$$u' = 3u^{\frac{2}{3}}, \qquad u(0) = 0$$

4. 関数 $f(t, u)$ は有界な領域 $[0, T] \times [a, b]$ で連続であり，u についてリプシッツ条件
$$|f(t, u_1) - f(t, u_2)| \leq L |u_1 - u_2| \quad (\text{ただし，} L \text{ は正定数})$$
を満たしているとする．このとき初期値問題

 (1)　$u' = f(t, u)$，$u(0) = \alpha_1$
 (2)　$u' = f(t, u)$，$u(0) = \alpha_2$

の解をそれぞれ $u_1(t)$, $u_2(t)$ とすると
$$|u_1(t) - u_2(t)| \leq e^{LT} |\alpha_1 - \alpha_2| \quad (0 \leq t \leq T)$$
が成り立つことを示せ（初期値に対する解の連続性）．
（ヒント：積分方程式に直し，グロンウォールの不等式を用いる．）

付　録

A.1　上限，下限

まず，第 6 章の 6.1 節で述べた上界，下界の概念を再確認することから始めよう．

定義　X を実数の部分集合とする．実数 M が，X のすべての元 x に対して $x \leq M$ を満たすとき，M を X の**上界**という．また，このとき X は**上に有界**であるという．

M が X の上界ならば M より大きな実数，例えば $M+1$ も上界である．別の言葉でいうと X の上界とは X より上の世界なのである (図 A.1)．

　　　　　下界　　　　集合 X　　　　上界　　　　　図 A.1

定義　X の上界で最も小さいものを X の**上限**といい，$\sup X$ と書く．

上限とは上の世界のメンバーで最も小さいもので，X の方から見ると上限とは上の限界という意味である．sup は英語の supremum を略したものである．集合 X が最大値をもつとき，上限は最大値に一致する．集合 X が上に有界であるが最大値をもたないとき，上限は最大値の代りになるものである．

例 1

集合 X を閉区間 $[0, 2]$ とする．X の上界の集合は $[2, \infty)$ である．したがって，上限は 2 ($\sup X = 2$) である．最大値も 2 である．　◆

例 2

集合 X を開区間 $(0,2)$ とする．すなわち，$X = (0,2)$ とする．例えば，$2, 2.1, 2.2, 4, 5$ は X の上界である．X の上界の集合は $[2, \infty)$ である．上界のうち最も小さいものは 2 である．したがって，開区間 $(0,2)$ の上限は 2 （$\sup X = 2$）である．開区間 $(0,2)$ には最大値はないが，上の限界は 2 というわけである．◆

なお，X に上界が存在しないときは，$\sup X = \infty$ と約束する．例えば，$X = \{1, 2, 3, 4, 5, \cdots\}$ とすると，X には上限は存在せず $\sup X = \infty$ である．

上限と同様に下限を次のように定義する．

定義 X を実数の部分集合とする．実数 m が，X のすべての元 x に対して $m \leq x$ を満たすとき，m を X の**下界**という．また，このとき X は**下に有界**であるという．

定義 X の下界で最も大きいものを X の**下限**といい，$\inf X$ と書く．

下限とは下の世界のメンバーで最も大きいもので，X の方から見ると下限とは下の限界という意味である．inf は英語の infimum を略したものである．集合 X が最小値をもつとき，下限は最小値に一致する．集合 X が下に有界であるが最小値をもたないとき，下限は最小値の代りになるものである．

なお，X に下界が存在しないときは，$\inf X = -\infty$ と約束する．例えば，$X = \{-1, -2, -3, \cdots\}$ とすると，X には下限は存在せず $\inf X = -\infty$ である．

例 3

$X = [0, 2]$ とする．下界の集合は $(-\infty, 0]$ である．X の下界の最も大きいのは 0 である．したがって，下限は 0 （$\inf X = 0$）である．最小値も 0 である．◆

例 4

$X = (0, 2)$ とする．X の下界の集合は $(-\infty, 0]$ である．下界のうち最も大きいものは 0 である．したがって，開区間 $(0, 2)$ の下限は 0 （$\inf X = 0$）である．開区間 $(0, 2)$ には最小値はないが，下の限界は 0 というわけである．◆

一般に $\inf X \leq \sup X$ が成り立つ．

例 5

集合 X_1, X_2, X_3, X_4, X_5 を

$$X_1 = \left\{ 1, -\frac{1}{2}, \frac{1}{3}, -\frac{1}{4}, \frac{1}{5}, -\frac{1}{6}, \frac{1}{7}, \cdots \right\},$$

$$X_2 = \left\{ -\frac{1}{2}, \frac{1}{3}, -\frac{1}{4}, \frac{1}{5}, -\frac{1}{6}, \frac{1}{7}, \cdots \right\},$$

$$X_3 = \left\{ \frac{1}{3}, -\frac{1}{4}, \frac{1}{5}, -\frac{1}{6}, \frac{1}{7}, \cdots \right\},$$

$$X_4 = \left\{ -\frac{1}{4}, \frac{1}{5}, -\frac{1}{6}, \frac{1}{7}, \cdots \right\},$$

$$X_5 = \left\{ \frac{1}{5}, -\frac{1}{6}, \frac{1}{7}, \cdots \right\}$$

とおく．$X_1 \supset X_2 \supset X_3 \supset X_4 \supset X_5$ であり

$$\sup X_1 = 1, \quad \sup X_2 = \frac{1}{3}, \quad \sup X_3 = \frac{1}{3}, \quad \sup X_4 = \frac{1}{5}, \quad \sup X_5 = \frac{1}{5}$$

である．集合が小さくなると，対応する上限は等しくなるか小さくなっていることに注意しよう．また，

$$\inf X_1 = -\frac{1}{2}, \quad \inf X_2 = -\frac{1}{2}, \quad \inf X_3 = -\frac{1}{4}, \quad \inf X_4 = -\frac{1}{4}, \quad \inf X_5 = -\frac{1}{6}$$

である．集合が小さくなると，対応する下限は，等しくなるか大きくなっていることに注意しよう．◆

例 6

集合 A_1, A_2, A_3, A_4 を

$$A_1 = \{ a_1, a_2, a_3, a_4, a_5, a_6, a_7, \cdots \},$$
$$A_2 = \{ a_2, a_3, a_4, a_5, a_6, a_7, \cdots \},$$
$$A_3 = \{ a_3, a_4, a_5, a_6, a_7, \cdots \},$$
$$A_4 = \{ a_4, a_5, a_6, a_7, \cdots \}$$

とおく．$\sup A_1 \geq \sup A_2 \geq \sup A_3 \geq \sup A_4$ であり，$\inf A_1 \leq \inf A_2 \leq \inf A_3 \leq \inf A_4$ である．さらに $\inf A_4 \leq \sup A_4$ であるから

$$\inf A_1 \leq \inf A_2 \leq \inf A_3 \leq \inf A_4 \leq \sup A_4 \leq \sup A_3 \leq \sup A_2 \leq \sup A_1$$

が成り立つ．◆

A.2 上極限, 下極限

有界な数列 $\{a_n\}$ が与えられているとする. これに対して
$$A_1 = \{a_1, a_2, a_3, a_4, a_5, a_6, a_7, \cdots\},$$
$$A_2 = \{\quad a_2, a_3, a_4, a_5, a_6, a_7, \cdots\},$$
$$A_3 = \{\qquad a_3, a_4, a_5, a_6, a_7, \cdots\},$$
$$A_4 = \{\qquad\quad a_4, a_5, a_6, a_7, \cdots\},$$
$$\cdots\cdots\cdots$$

とし,
$$\underline{a}_1 = \inf A_1, \quad \underline{a}_2 = \inf A_2, \quad \underline{a}_3 = \inf A_3, \quad \underline{a}_4 = \inf A_4, \quad \cdots$$
$$\overline{a}_1 = \sup A_1, \quad \overline{a}_2 = \sup A_2, \quad \overline{a}_3 = \sup A_3, \quad \overline{a}_4 = \sup A_4, \quad \cdots$$

とおく. すなわち, $\underline{a}_n$ は n 番目以降の数列の下限, $\overline{a}_n$ は n 番目以降の数列の上限である. 前節で説明したように,
$$\inf A_1 \leq \inf A_2 \leq \inf A_3 \leq \inf A_4 \leq \cdots$$
$$\leq \sup A_4 \leq \sup A_3 \leq \sup A_2 \leq \sup A_1$$

であるから,
$$\underline{a}_1 \leq \underline{a}_2 \leq \underline{a}_3 \leq \underline{a}_4 \leq \cdots \leq \overline{a}_4 \leq \overline{a}_3 \leq \overline{a}_2 \leq \overline{a}_1$$

である. すなわち, 数列 $\{\underline{a}_n\}$ は単調増加, 数列 $\{\overline{a}_n\}$ は単調減少数列である. したがって,
$$\lim_{n\to\infty} \underline{a}_n, \quad \lim_{n\to\infty} \overline{a}_n$$

はつねに極限をもつ. なお, $\{a_n\}$ が下に有界でないときは $\lim_{n\to\infty} \underline{a}_n = -\infty$, 上に有界でないときは $\lim_{n\to\infty} \overline{a}_n = \infty$ である.

定義 $\lim_{n\to\infty} \underline{a}_n$ のことを**下極限**, $\lim_{n\to\infty} \overline{a}_n$ のことを**上極限**という. 数列が収束するための必要十分条件は「下極限と上極限が存在し一致する」ことである. すなわち, 数列 $\{a_n\}$ に対して
$$\underline{a}_n = \inf\{a_n, a_{n+1}, a_{n+2}, \cdots\},$$
$$\overline{a}_n = \sup\{a_n, a_{n+1}, a_{n+2}, \cdots\}$$

と定義する．このとき，次の2つの条件は同値である．

（i） $\lim_{n\to\infty} a_n = \alpha$, （ii） $\varliminf_{n\to\infty} a_n = \varlimsup_{n\to\infty} a_n = \alpha$.

なお，通常は，下極限 $\varliminf_{n\to\infty} a_n$ を $\varliminf_{n\to\infty} a_n$，あるいは $\liminf_{n\to\infty} a_n$，上極限 $\varlimsup_{n\to\infty} a_n$ を $\varlimsup_{n\to\infty} a_n$，あるいは $\limsup_{n\to\infty} a_n$ と書くことが多い．

例 1

数列を
$$a_1 = 1, \quad a_2 = -\frac{1}{2}, \quad a_3 = \frac{1}{3}, \quad a_4 = -\frac{1}{4}, \quad a_5 = \frac{1}{5}, \quad a_6 = -\frac{1}{6}, \quad \cdots$$
とする．このとき
$$\underline{a}_1 = -\frac{1}{2}, \quad \underline{a}_2 = -\frac{1}{2}, \quad \underline{a}_3 = -\frac{1}{4}, \quad \underline{a}_4 = -\frac{1}{4}, \quad \underline{a}_5 = -\frac{1}{6}, \quad \cdots,$$
$$\overline{a}_1 = 1, \quad \overline{a}_2 = \frac{1}{3}, \quad \overline{a}_3 = \frac{1}{3}, \quad \overline{a}_4 = \frac{1}{5}, \quad \overline{a}_5 = \frac{1}{5}, \quad \cdots$$
となる．このとき，
$$\varliminf_{n\to\infty} a_n = 0, \quad \varlimsup_{n\to\infty} a_n = 0$$
であり，
$$\lim_{n\to\infty} a_n = 0$$
となっている．◆

例 2

数列を
$$a_1 = 1, \quad a_2 = -1, \quad a_3 = 1, \quad a_4 = -1, \quad a_5 = 1, \quad a_6 = -1, \quad \cdots,$$
とする．このとき
$$\underline{a}_1 = -1, \quad \underline{a}_2 = -1, \quad \underline{a}_3 = -1, \quad \underline{a}_4 = -1, \quad \underline{a}_5 = -1, \quad \underline{a}_6 = -1, \quad \cdots,$$
$$\overline{a}_1 = 1, \quad \overline{a}_2 = 1, \quad \overline{a}_3 = 1, \quad \overline{a}_4 = 1, \quad \overline{a}_5 = 1, \quad \overline{a}_6 = 1, \quad \cdots$$
となる．このとき，
$$\varliminf_{n\to\infty} a_n = -1, \quad \varlimsup_{n\to\infty} a_n = 1$$
であり，$\lim_{n\to\infty} a_n$ は存在しない．◆

A.3 コーシー列

定義 数列 $\{a_n\}$ が**コーシー列**であるとは，
$$\lim_{n\to\infty}(\sup\{|a_{n+1}-a_n|, |a_{n+2}-a_n|, |a_{n+3}-a_n|, \cdots\}) = 0 \quad (A.1)$$
が成り立つことをいう．

数列 $\{a_n\}$ が収束であるかどうかの判定に次の定理が有用である．

定理 A.1（コーシーの判定条件） 数列 $\{a_n\}$ がコーシー列ならば収束する．

【証明】 まず，数列 $\{a_n\}$ がコーシー列ならば有界であることを示す．定義式 (A.1) より，十分大きな番号 N_0 を選ぶと

$n \geq N_0$ に対して， $\sup\{|a_{n+1}-a_n|, |a_{n+2}-a_n|, |a_{n+3}-a_n|, \cdots\} \leq 1$

とできる．すなわち，$n \geq N_0$ を満たすすべての番号 n に対して
$$|a_n - a_{N_0}| \leq 1$$
が成り立つ．ゆえに $n \geq N_0$ ならば
$$a_{N_0} - 1 \leq a_n \leq a_{N_0} + 1$$
である．ここで，$\{|a_1|, |a_2|, \cdots, |a_{N_0}|, |a_{N_0}-1|, |a_{N_0}+1|\}$ の中の最大値を M とすると，すべての n について $|a_n| \leq M$ である．すなわち，$\{a_n\}$ は有界である．

このことから，下極限を $\varliminf_{n\to\infty} a_n = \underline{a}$, 上極限を $\varlimsup_{n\to\infty} a_n = \overline{a}$ とおくと
$$-\infty < -M \leq \underline{a} \leq \overline{a} \leq M < \infty$$
となっていることがわかる．

次に，数列 $\{a_n\}$ がコーシー列ならば $\underline{a} = \overline{a}$ であることを，背理法によって示そう．いま，等号が成り立たない，すなわち，$\underline{a} < \overline{a}$ と仮定する．$\delta = \dfrac{\overline{a} - \underline{a}}{3}$ とおくと，$\delta > 0$ である．コーシーの条件より，十分大きな番号 N_1 を選ぶと

$n \geq N_1$ ならば， $\sup\{|a_{n+1}-a_n|, |a_{n+2}-a_n|, \cdots\} < \delta$

とできる．この a_{N_1} を固定して考えると，$n \geq N_1$ となるすべての番号 n について $|a_n - a_{N_1}| < \delta$ である．したがって

$$\underline{a}_{N_1} = \inf\{a_{N_1}, a_{N_1+1}, a_{N_1+2}, \cdots\}, \quad \overline{a}_{N_1} = \sup\{a_{N_1}, a_{N_1+1}, a_{N_1+2}, \cdots\}$$

とおくと

$$\overline{a}_{N_1} - \underline{a}_{N_1} = (\overline{a}_{N_1} - a_{N_1}) + (a_{N_1} - \underline{a}_{N_1}) \leq 2\delta$$

である．ところが下極限，上極限の定義より $\underline{a}_{N_1} \leq \underline{a}$, $\overline{a} \leq \overline{a}_{N_1}$ であるから $\overline{a}_{N_1} - \underline{a}_{N_1} \geq \overline{a} - \underline{a} = 3\delta$ となる．ゆえに

$$2\delta \geq \overline{a}_{N_1} - \underline{a}_{N_1} \geq 3\delta$$

となるが，$2\delta \geq 3\delta$ は矛盾である．したがって $\underline{a} = \overline{a}$, すなわち，数列 $\{a_n\}$ は収束する． □

注意 1 逆に，数列 $\{a_n\}$ が収束するならばコーシー列である．実際，$\lim_{n \to \infty} a_n = \alpha$, すなわち，

$$|a_n - \alpha| \to 0 \quad (n \to \infty)$$

が成り立つならば，

$$|a_{n+k} - a_n| \leq |a_{n+k} - \alpha| + |\alpha - a_n| \to 0 \quad (n \to \infty)$$

であるから，(A.1) が成り立つ．

なお，通常は (A.1) を簡略して

$$\lim_{m, n \to \infty} |a_m - a_n| = 0$$

と書く．この表現は m, n の両方が別々に動く印象を与えがちであり，正確には (A.1) であることを確認しておきたい．

A.4 絶対収束

級数 $\sum_{k=1}^{\infty} a_k$ について考える．第 n 項までの部分和を

$$S_n = \sum_{k=1}^{n} a_k$$

とおく．6.1 節でも述べたように $\lim_{n \to \infty} S_n = S$ が存在するとき，級数は収束し，和は S であるという．前節で説明したコーシー列の考えを用いると，このことは次のように表現することができる．

定理 A.2 級数 $\sum_{k=1}^{\infty} a_k$ が収束するための必要十分条件は，数列 $\{S_n\}$ がコーシー列になっていることである．ただし，$S_n = \sum_{k=1}^{n} a_k$ である．

注意 1 数列 $\{S_n\}$ がコーシー列であるとは $\lim_{m,n\to\infty} |S_m - S_n| = 0$ である．より正確には
$$\lim_{n\to\infty}(\sup\{|S_{n+1} - S_n|, |S_{n+2} - S_n|, \cdots\}) = 0$$
ということである．

いま，絶対値を各項とする級数
$$S_n^* = \sum_{k=1}^{n} |a_k|$$
を考える．$\lim_{n\to\infty} S_n^* = S^*$ が存在するとき，級数 $\sum_{k=1}^{\infty} a_k$ は**絶対収束**し，和は S^* であるという．前節で説明したコーシー列の考えを用いることにより，次の定理が得られる．

定理 A.3 級数 $\sum_{k=1}^{\infty} |a_k|$ が収束するならば，級数 $\sum_{k=1}^{\infty} a_k$ は収束する．

【証明】 $\quad S_n^* = \sum_{k=1}^{n} |a_k|, \qquad S_n = \sum_{k=1}^{n} a_k$

とおく．$m > n$ とすると，絶対値の性質より
$$|S_m - S_n| = |a_{n+1} + a_{n+2} + \cdots + a_m|$$
$$\leq |a_{n+1}| + |a_{n+2}| + \cdots + |a_m| = |S_m^* - S_n^*|$$
が成り立つから，
$$0 \leq \sup\{|S_{n+1} - S_n|, |S_{n+2} - S_n|, \cdots\}$$
$$\leq \sup\{|S_{n+1}^* - S_n^*|, |S_{n+2}^* - S_n^*|, \cdots\}$$
となる．絶対収束するという条件より，右辺は
$$\lim_{n\to\infty}(\sup\{|S_{n+1}^* - S_n^*|, |S_{n+2}^* - S_n^*|, \cdots\}) = 0$$
であるから
$$\lim_{n\to\infty}(\sup\{|S_{n+1} - S_n|, |S_{n+2} - S_n|, \cdots\}) = 0$$
が成り立つ．したがって，$\{S_n\}$ は収束列であり，$\sum_{k=1}^{\infty} a_k$ は収束する． □

A.4 絶対収束

コーシーの判定法を用いて級数の収束,発散を調べてみよう.

例題 A.1

級数
$$1 + \frac{1}{2^2} + \frac{1}{3^2} + \cdots + \frac{1}{n^2} + \cdots$$
の収束・発散を調べよ.

【解】 第 n 項までの部分和を S_n とすると,$m > n$ のとき
$$|S_m - S_n| = \frac{1}{(n+1)^2} + \frac{1}{(n+2)^2} + \cdots + \frac{1}{m^2}$$
である.関数 $y = \dfrac{1}{x^2}$ はすべての区間 $[k, k+1]$ ($k = 1, 2, \cdots$) で単調減少だから,6.1 節 例題 6.1 と同様に,
$$\frac{1}{(n+1)^2} < \int_n^{n+1} \frac{1}{x^2} \, dx$$
が成り立つ.したがって,
$$|S_m - S_n| < \int_n^{n+1} \frac{1}{x^2} \, dx + \int_{n+1}^{n+2} \frac{1}{x^2} \, dx + \cdots + \int_{m-1}^m \frac{1}{x^2} \, dx$$
$$= \int_n^m \frac{1}{x^2} \, dx = \left[-\frac{1}{x} \right]_n^m = \frac{1}{n} - \frac{1}{m} < \frac{1}{n}$$
である.すなわち,すべての m, n ($m > n$) について $|S_m - S_n| < \dfrac{1}{n}$ が成り立つから,
$$\sup\{|S_{n+1} - S_n|, |S_{n+2} - S_n|, \cdots\} \leq \frac{1}{n}$$
である.したがって,
$$\lim_{n \to \infty} (\sup\{|S_{n+1} - S_n|, |S_{n+2} - S_n|, \cdots\}) = 0$$
が成り立ち,$\{S_n\}$ はコーシー列である.ゆえに与えられた級数は収束する. □

定理 A.4(優級数の定理) 収束する正項級数 $\sum_{n=1}^{\infty} r_n$ があり,級数 $\sum_{n=1}^{\infty} a_n$ に対して,ある番号 n_0 があって,n_0 から先では
$$n \geq n_0 \text{ のとき } |a_n| \leq r_n$$
が満たされるならば,$\sum_{n=1}^{\infty} a_n$ は絶対収束する.

【証明】 $N > n_0$ とすると,
$$\sum_{n=1}^{N} |a_n| = \sum_{n=1}^{n_0-1} |a_n| + \sum_{n=n_0}^{N} |a_n| \leq \sum_{n=1}^{n_0-1} |a_n| + \sum_{n=n_0}^{\infty} r_n < \infty$$
であるから, $\sum_{n=1}^{\infty} |a_n| < \infty$ である. □

A.5 べき級数の微分・積分

6.6節で述べたように, べき級数の収束半径を r とするとき, $(-r, r)$ において, べき級数で表される関数の微分は, べき級数の各項を微分(これを項別微分という)した級数によって表される関数に等しい. すなわち, $-r < x < r$ ならば,
$$f(x) = \sum_{n=0}^{\infty} a_n x^n$$
とするとき,
$$f'(x) = \frac{d}{dx}\left(\sum_{n=0}^{\infty} a_n x^n\right) = \sum_{n=0}^{\infty} \frac{d}{dx}(a_n x^n) = \sum_{n=1}^{\infty} n a_n x^{n-1}$$
が成り立つ. 以下で, このことを証明しよう.

まず, べき級数 $\sum_{n=0}^{\infty} a_n x^n$ の収束半径 r は
$$r = \frac{1}{\overline{\lim_{n \to \infty}} |a_n|^{\frac{1}{n}}}$$
で与えられる(**コーシー-アダマール(Cauchy-Hadamard)の公式**)ことを示す. ただし, $\frac{1}{0} = +\infty$, $\frac{1}{+\infty} = 0$ とする.

【証明】 いま, べき級数 $\sum_{n=0}^{\infty} a_n x^n$ が点 x で収束しているならば, 6.1節の注意1より, $n \to \infty$ のとき $a_n x^n \to 0$ となる. したがって, 数列 $\{a_n x^n\}$ は有界である. すなわち, ある正の定数 M があって, すべての n について $|a_n x^n| \leq M$ が成り立つ. ゆえに
$$|x||a_n|^{\frac{1}{n}} \leq M^{\frac{1}{n}}$$
がすべての n について成り立つ. また, $\lim_{n \to \infty} M^{\frac{1}{n}} = 1$ であるから

A.5 べき級数の微分・積分

$$\varlimsup_{n\to\infty} |x||a_n|^{\frac{1}{n}} \leq \varlimsup_{n\to\infty} M^{\frac{1}{n}} = 1 \tag{A.2}$$

である．したがって，$0 < \varlimsup_{n\to\infty} |a_n|^{\frac{1}{n}} < \infty$ ならば

$$|x| \leq \frac{1}{\varlimsup_{n\to\infty} |a_n|^{\frac{1}{n}}}$$

が成り立つ．$\varlimsup_{n\to\infty} |a_n|^{\frac{1}{n}} = 0$ のときは (A.2) における $|x|$ には制限はつかない，すなわち，$r = \infty$ である．$\varlimsup_{n\to\infty} |a_n|^{1/n} = \infty$ のときは $r = 0$ とする．この場合は $|x| = 0$ である．なぜならば，$|x| > 0$ とすると，(A.2) より $\varlimsup_{n\to\infty} |a_n|^{\frac{1}{n}} < \infty$ でなければならないからである．よって，べき級数 $\sum_{n=0}^{\infty} a_n x^n$ が収束するならば，$|x| \leq r$ が成り立つ．

次に $|x| < r$ ならばべき級数は収束することを示す．$|x| < \rho < r$ を満たす実数 ρ を選ぶ．$\frac{1}{\rho} > \frac{1}{r} = \varlimsup_{n\to\infty} |a_n|^{\frac{1}{n}}$ となるから，上極限の性質より，n が十分大きいところで，すなわち，ある自然数 n_0 があって，

$$n \geq n_0 \text{ ならば}, \quad |a_n|^{\frac{1}{n}} < \frac{1}{\rho}$$

となる．上式の両辺に $|x|$ を掛けて，n 乗すると，

$$n \geq n_0 \text{ ならば}, \quad |a_n x^n| < \left(\frac{|x|}{\rho}\right)^n$$

が成り立つ．仮定より，$\frac{|x|}{\rho} < 1$ であるから，等比級数 $\sum_{n=n_0}^{\infty} \left(\frac{|x|}{\rho}\right)^n$ は収束する．前節の優級数の定理より，級数 $\sum_{n=n_0}^{\infty} a_n x^n$ は収束する．よって，べき級数 $\sum_{n=0}^{\infty} a_n x^n$ は収束する．□

以上より，$|x| < r$ ならば，べき級数はつねに収束することがわかった．なお，$|x| = r$ のときは収束することもあれば発散することもある．

注意 1 2つのべき級数 $\sum_{n=0}^{\infty} a_n x^n$, $\sum_{n=1}^{\infty} n a_n x^{n-1}$ の収束半径は等しい．なぜならば，(6.27) より $\lim_{n\to\infty} n^{\frac{1}{n}} = 1$ であり，

$$\varlimsup_{n\to\infty} |a_n|^{\frac{1}{n}} = \varlimsup_{n\to\infty} |n a_n|^{\frac{1}{n}}$$

となるからである．

項別微分　　収束域 $|x| < r$ におけるべき級数の微分について考えよう．2つのべき級数を

$$f(x) = \sum_{n=0}^{\infty} a_n x^n, \qquad g(x) = \sum_{n=1}^{\infty} n a_n x^{n-1}$$

とおくとき，

$$\frac{d}{dx} f(x) = g(x), \qquad \text{すなわち} \qquad \left(\sum_{n=0}^{\infty} a_n x^n \right)' = \sum_{n=0}^{\infty} (a_n x^n)'$$

であることを証明する．そのためには，$x \neq x_0$, $|x|, |x_0| < r$ のとき

$$\left| \frac{f(x) - f(x_0)}{x - x_0} - g(x_0) \right| \to 0 \qquad (x \to x_0)$$

を示せばよい．ところで，級数はすべて収束しているから次のように計算できる．

$$\left| \frac{f(x) - f(x_0)}{x - x_0} - g(x_0) \right| = \left| \frac{\sum_{n=0}^{\infty} a_n x^n - \sum_{n=0}^{\infty} a_n x_0^n}{x - x_0} - \sum_{n=1}^{\infty} n a_n x_0^{n-1} \right|$$

$$= \left| \sum_{n=0}^{\infty} \frac{a_n (x^n - x_0^n)}{x - x_0} - \sum_{n=1}^{\infty} n a_n x_0^{n-1} \right|$$

$$= \left| \left(\sum_{n=0}^{N-1} \frac{a_n (x^n - x_0^n)}{x - x_0} - \sum_{n=1}^{N-1} n a_n x_0^{n-1} \right) \right.$$
$$\left. + \left(\sum_{n=N}^{\infty} \frac{a_n (x^n - x_0^n)}{x - x_0} - \sum_{n=N}^{\infty} n a_n x_0^{n-1} \right) \right|$$

$$\leq \left| \sum_{n=0}^{N-1} \frac{a_n (x^n - x_0^n)}{x - x_0} - \sum_{n=1}^{N-1} n a_n x_0^{n-1} \right|$$
$$+ \left| \sum_{n=N}^{\infty} \frac{a_n (x^n - x_0^n)}{x - x_0} \right| + \left| \sum_{n=N}^{\infty} n a_n x_0^{n-1} \right|$$

$$\leq \left| \sum_{n=1}^{N-1} a_n \left(\frac{x^n - x_0^n}{x - x_0} - n x_0^{n-1} \right) \right| + \sum_{n=N}^{\infty} \left| \frac{a_n (x^n - x_0^n)}{x - x_0} \right| + \sum_{n=N}^{\infty} |n a_n x_0^{n-1}|$$

$$\leq \sum_{n=1}^{N-1} |a_n| \left| \frac{x^n - x_0^n}{x - x_0} - n x_0^{n-1} \right| + \sum_{n=N}^{\infty} \left| \frac{a_n (x^n - x_0^n)}{x - x_0} \right| + \sum_{n=N}^{\infty} |n a_n x_0^{n-1}|.$$

$$(A.3)$$

ここで，(A.3) の右辺の第2項と第3項について考えると，$x \to x_0$ とするから，$|x|, |x_0| < \rho < r$ となる ρ を選ぶことができる．この ρ を用いる

と，第2項の分子は
$$x^n - x_0^n = (x - x_0)(x^{n-1} + x^{n-2}x_0 + x^{n-3}x_0^2 + \cdots + x_0^{n-1})$$
と因数分解でき，
$$[\text{第2項}] = \sum_{n=N}^{\infty} \left| \frac{a_n(x^n - x_0^n)}{x - x_0} \right|$$
$$\leq \sum_{n=N}^{\infty} |a_n|(|x|^{n-1} + |x|^{n-2}|x_0| + |x|^{n-3}|x_0|^2 + \cdots + |x_0|^{n-1})$$
$$\leq \sum_{n=N}^{\infty} n|a_n|\rho^{n-1}$$
が得られる．また，第3項については
$$[\text{第3項}] = \sum_{n=N}^{\infty} |na_n x_0^{n-1}| \leq \sum_{n=N}^{\infty} n|a_n||x_0|^{n-1} \leq \sum_{n=N}^{\infty} n|a_n|\rho^{n-1}$$
が成り立つ．以上より，
$$\left| \frac{f(x) - f(x_0)}{x - x_0} - g(x_0) \right| \leq \sum_{n=1}^{N-1} |a_n|\left| \frac{x^n - x_0^n}{x - x_0} - nx_0^{n-1} \right| + 2\sum_{n=N}^{\infty} n|a_n|\rho^{n-1}$$
が成り立つ．N を固定して $x \to x_0$ とすると
$$\left| \frac{x^n - x_0^n}{x - x_0} - nx_0^{n-1} \right| \to 0 \qquad (n = 1, 2, \cdots, N-1)$$
であるから，
$$0 \leq \varlimsup_{x \to x_0} \left| \frac{f(x) - f(x_0)}{x - x_0} - g(x_0) \right| \leq 2\sum_{n=N}^{\infty} n|a_n|\rho^{n-1} \qquad (A.4)$$
が成り立つ．

さて注意1より，$\sum_{n=0}^{\infty} na_n x^{n-1}$ の収束半径は r であり，$\rho < r$ であるから，$\sum_{n=N}^{\infty} n|a_n|\rho^{n-1}$ は収束する．したがって
$$0 \leq \sum_{n=N}^{\infty} n|a_n|\rho^{n-1} = \sum_{n=0}^{\infty} n|a_n|\rho^{n-1} - \sum_{n=0}^{N-1} n|a_n|\rho^{n-1} \to 0 \qquad (N \to \infty)$$
である．これより (A.4) において $N \to \infty$ とすると
$$0 \leq \varlimsup_{x \to x_0} \left| \frac{f(x) - f(x_0)}{x - x_0} - g(x_0) \right| = 0$$
が得られる．したがって，
$$\left| \frac{f(x) - f(x_0)}{x - x_0} - g(x_0) \right| \to 0 \qquad (x \to x_0)$$

が成り立つ．

項別積分　べき級数の積分について考えよう．6.7 節の問題 2 (3) より $\lim_{n\to\infty}\left(\dfrac{1}{n+1}\right)^{\frac{1}{n}}=1$ であるから，べき級数

$$\sum_{n=0}^{\infty}\frac{a_n}{n+1}x^{n+1}$$

の収束半径も r に等しい．そこで，

$$F(x)=\sum_{n=0}^{\infty}\frac{a_n}{n+1}x^{n+1}$$

とおくと $F(0)=0$ であり，項別微分の公式を用いると，$|x|<r$ のとき，

$$F'(x)=\frac{d}{dx}\left(\sum_{n=0}^{\infty}\frac{a_n}{n+1}x^{n+1}\right)=\sum_{n=0}^{\infty}\frac{d}{dx}\left(\frac{a_n}{n+1}x^{n+1}\right)=\sum_{n=0}^{\infty}a_n x^n$$

が成り立つ．一方，4.2 節の微積分の基本定理より，

$$\int_0^x F'(t)\,dt = F(x).$$

すなわち，$|x|<r$ ならば，

$$\int_0^x \sum_{n=0}^{\infty} a_n t^n\,dt = \sum_{n=0}^{\infty}\frac{a_n}{n+1}x^{n+1}$$

が成り立つ．この式は

$$\int_0^x \sum_{n=0}^{\infty} a_n t^n\,dt = \sum_{n=0}^{\infty}\int_0^x a_n t^n\,dt$$

と書けるので，結局項別積分のできることが示された．

A.6　平行四辺形の面積と 2×2 の行列式

ここでは，行列式の定義と簡単な計算およびその図形的な意味を考える．

2×2 の行列式を

$$\begin{vmatrix} a_1 & a_2 \\ b_1 & b_2 \end{vmatrix} := a_1 b_2 - a_2 b_1 \tag{A.5}$$

と定義する．

A.6 平行四辺形の面積と 2×2 の行列式

この行列式が2つのベクトル $\vec{a} = (a_1, a_2)$, $\vec{b} = (b_1, b_2)$ を2辺とする平行四辺形の面積に密接に関連していることを示そう．いま，ベクトル $\vec{a}, \vec{b}$ が図 A.2 のように与えられているとする．このとき，平行四辺形 OACB の面積は，辺 BC を平行移動して得られる平行四辺形 OAC'B' の面積に等しい．点 B' の y 座標は $b_2 - \dfrac{a_2}{a_1} b_1$ であるから，求める面積は

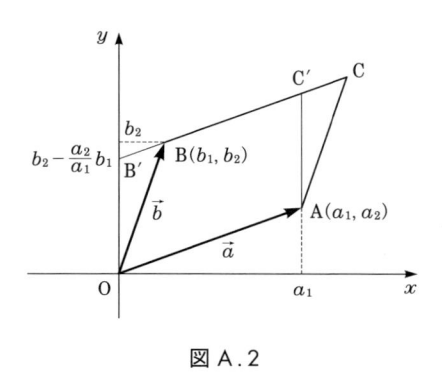

図 A.2

$$a_1 \left(b_2 - \frac{a_2}{a_1} b_1 \right) = a_1 b_2 - a_2 b_1 = \begin{vmatrix} a_1 & a_2 \\ b_1 & b_2 \end{vmatrix}$$

となる．

例えば，ベクトル $\vec{a} = (1, 1)$, $\vec{b} = (2, 5)$ を2辺とする平行四辺形の面積は 3 である．実際，

$$\begin{vmatrix} 1 & 1 \\ 2 & 5 \end{vmatrix} = 5 - 2 = 3$$

となる．なお，ベクトルの順序を変えると

$$\begin{vmatrix} 2 & 5 \\ 1 & 1 \end{vmatrix} = 2 - 5 = -3$$

である．ゆえに，行列式は**符号付きの面積**を表す．したがって，面積を求めるには行列式の絶対値をとればよいのである．

行列式 (A.5) において行と列を入れ換えても行列式の値は変わらない．すなわち，

$$\begin{vmatrix} a_1 & b_1 \\ a_2 & b_2 \end{vmatrix} = \begin{vmatrix} a_1 & a_2 \\ b_1 & b_2 \end{vmatrix} = a_1 b_2 - a_2 b_1$$

である．これより列ベクトル $\begin{pmatrix} a_1 \\ a_2 \end{pmatrix}$, $\begin{pmatrix} b_1 \\ b_2 \end{pmatrix}$ で作られる平行四辺形の符号付き

の面積は

$$\begin{vmatrix} a_1 & b_1 \\ a_2 & b_2 \end{vmatrix}$$

で与えられることを注意しておこう．

また，絶対値の｜｜と混同の恐れのある場合には行列式を

$$\det\begin{pmatrix} a_1 & b_1 \\ a_2 & b_2 \end{pmatrix}$$

と書くこともある．

A.7 ベクトルの内積と外積

内積　2つの空間ベクトル $\vec{a} = (a_1, a_2, a_3)$，$\vec{b} = (b_1, b_2, b_3)$ に対して内積 $\vec{a} \cdot \vec{b}$ を

$$\vec{a} \cdot \vec{b} := a_1 b_1 + a_2 b_2 + a_3 b_3$$

で定義する．内積は

$$\vec{a} \cdot \vec{b} = |\vec{a}||\vec{b}| \cos \theta$$

と書くこともできる．ただし，$|\vec{a}|, |\vec{b}|$ はそれぞれベクトル $\vec{a}, \vec{b}$ の大きさであり，θ は2つのベクトルのなす角である．この式から，$\vec{a}$ と $\vec{b}$ が垂直であることを式で $\vec{a} \cdot \vec{b} = 0$ と書き表すことができる．

外積　2つのベクトル $\vec{a} = (a_1, a_2, a_3)$，$\vec{b} = (b_1, b_2, b_3)$ の外積 $\vec{a} \times \vec{b}$ をベクトル

$$\vec{a} \times \vec{b} := \left(\begin{vmatrix} a_2 & a_3 \\ b_2 & b_3 \end{vmatrix}, \ -\begin{vmatrix} a_1 & a_3 \\ b_1 & b_3 \end{vmatrix}, \ \begin{vmatrix} a_1 & a_2 \\ b_1 & b_2 \end{vmatrix} \right)$$

で定義する．このとき，

(1)　$\vec{a} \times \vec{b}$ は $\vec{a}, \vec{b}$ に垂直

(2)　$\vec{a} \times \vec{b}$ の大きさは，$\vec{a}$ と $\vec{b}$ を2辺とする平行四辺形の面積に等しい

となる．実際，

$$(\vec{a} \times \vec{b}) \cdot \vec{a} = \begin{vmatrix} a_2 & a_3 \\ b_2 & b_3 \end{vmatrix} a_1 - \begin{vmatrix} a_1 & a_3 \\ b_1 & b_3 \end{vmatrix} a_2 + \begin{vmatrix} a_1 & a_2 \\ b_1 & b_2 \end{vmatrix} a_3$$

$$= (a_2 b_3 - a_3 b_2) a_1 - (a_1 b_3 - a_3 b_1) a_2 + (a_1 b_2 - a_2 b_1) a_3 = 0$$

である．同様にして $(\vec{a} \times \vec{b}) \cdot \vec{b} = 0$ も成り立つ．したがって，(1) が示された．

次に，$\vec{a}$ と $\vec{b}$ を2辺とする平行四辺形の面積 S は $S = |\vec{a}||\vec{b}|\sin\theta$ と書かれるから，

$$S^2 = (|\vec{a}||\vec{b}|)^2 \sin^2\theta = (|\vec{a}||\vec{b}|)^2 (1 - \cos^2\theta)$$

$$= (|\vec{a}||\vec{b}|)^2 \left(1 - \left(\frac{\vec{a} \cdot \vec{b}}{|\vec{a}||\vec{b}|}\right)^2\right) = (|\vec{a}||\vec{b}|)^2 - (\vec{a} \cdot \vec{b})^2$$

$$= (a_1{}^2 + a_2{}^2 + a_3{}^2)(b_1{}^2 + b_2{}^2 + b_3{}^2) - (a_1 b_1 + a_2 b_2 + a_3 b_3)^2$$

$$= a_1{}^2 b_1{}^2 + a_1{}^2 b_2{}^2 + a_1{}^2 b_3{}^2 + a_2{}^2 b_1{}^2 + a_2{}^2 b_2{}^2 + a_2{}^2 b_3{}^2$$

$$\qquad + a_3{}^2 b_1{}^2 + a_3{}^2 b_2{}^2 + a_3{}^2 b_3{}^2$$

$$\qquad - a_1{}^2 b_1{}^2 - a_2{}^2 b_2{}^2 - a_3{}^2 b_3{}^2 - 2a_1 a_2 b_1 b_2 - 2a_2 a_3 b_2 b_3 - 2a_1 a_3 b_1 b_3$$

$$= (a_2 b_3 - a_3 b_2)^2 + (a_1 b_3 - a_3 b_1)^2 + (a_1 b_2 - a_2 b_1)^2$$

$$= \begin{vmatrix} a_2 & a_3 \\ b_2 & b_3 \end{vmatrix}^2 + \begin{vmatrix} a_1 & a_3 \\ b_1 & b_3 \end{vmatrix}^2 + \begin{vmatrix} a_1 & a_2 \\ b_1 & b_2 \end{vmatrix}^2 = |\vec{a} \times \vec{b}|^2$$

となる．したがって，(2) が示された．

A.8　平行六面体の体積と 3×3 の行列式

3×3 の行列式を次のように定義する．

$$\begin{vmatrix} a_1 & a_2 & a_3 \\ b_1 & b_2 & b_3 \\ c_1 & c_2 & c_3 \end{vmatrix} := a_1 \begin{vmatrix} b_2 & b_3 \\ c_2 & c_3 \end{vmatrix} - a_2 \begin{vmatrix} b_1 & b_3 \\ c_1 & c_3 \end{vmatrix} + a_3 \begin{vmatrix} b_1 & b_2 \\ c_1 & c_2 \end{vmatrix}. \qquad (A.6)$$

この行列式が $\vec{a} = (a_1, a_2, a_3)$, $\vec{b} = (b_1, b_2, b_3)$, $\vec{c} = (c_1, c_2, c_3)$ を3辺とする平行六面体の符号付きの体積を表すことを示そう．

いま，ベクトル $\vec{a}, \vec{b}, \vec{c}$ が図 A.3 のように与えられているとする．このとき，$\vec{b}, \vec{c}$ を 2 辺とする平行四辺形の面積は $|\vec{b} \times \vec{c}|$ であり，$\vec{b} \times \vec{c}$ はこの平行四辺形に垂直である．いま，$\vec{a}$ と $\vec{b} \times \vec{c}$ のなす角を γ とすると，求める体積 V は

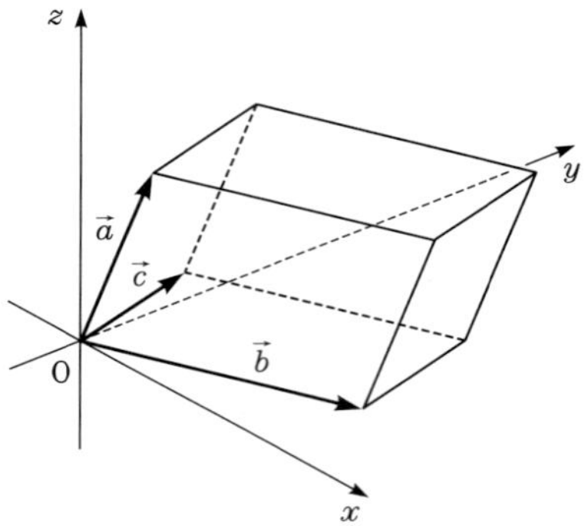

$$
\begin{aligned}
V &= 底面積 \times 高さ \\
&= |\vec{b} \times \vec{c}||\vec{a}| \cos \gamma \\
&= |\vec{a}||\vec{b} \times \vec{c}| \cos \gamma \\
&= \vec{a} \cdot (\vec{b} \times \vec{c}) \\
&= a_1 \begin{vmatrix} b_2 & b_3 \\ c_2 & c_3 \end{vmatrix} - a_2 \begin{vmatrix} b_1 & b_3 \\ c_1 & c_3 \end{vmatrix} + a_3 \begin{vmatrix} b_1 & b_2 \\ c_1 & c_2 \end{vmatrix} \\
&= \begin{vmatrix} a_1 & a_2 & a_3 \\ b_1 & b_2 & b_3 \\ c_1 & c_2 & c_3 \end{vmatrix}
\end{aligned}
$$

図 A.3

となる．

3×3 の行列式の場合も，行と列を入れ換えても行列式の値は変わらないことがわかる．したがって，列ベクトル $\begin{pmatrix} a_1 \\ a_2 \\ a_3 \end{pmatrix}, \begin{pmatrix} b_1 \\ b_2 \\ b_3 \end{pmatrix}, \begin{pmatrix} c_1 \\ c_2 \\ c_3 \end{pmatrix}$ で作られる平行六面体の体積は

$$
\begin{vmatrix} a_1 & b_1 & c_1 \\ a_2 & b_2 & c_2 \\ a_3 & b_3 & c_3 \end{vmatrix}
$$

の絶対値で与えられるのである．

2×2 の行列式のときと同様，行列式を表すのに det を使うことも多い．

$$
\det \begin{pmatrix} a_1 & b_1 & c_1 \\ a_2 & b_2 & c_2 \\ a_3 & b_3 & c_3 \end{pmatrix} = \begin{vmatrix} a_1 & b_1 & c_1 \\ a_2 & b_2 & c_2 \\ a_3 & b_3 & c_3 \end{vmatrix}.
$$

問 題 解 答

第 1 章

1.1 問題 1 $\sqrt{2} = \dfrac{p}{q}$（ただし，p, q は互いに素な整数）とおくと，$2q^2 = p^2$ から p^2 は 2 の倍数となる．これより $q^2 = \dfrac{p^2}{2}$ も 2 の倍数となり，p, q が互いに素であることに矛盾．　**問題 2**　略

1.2 問題 1　（1） 0　（2） 3

1.3 問題 1　（1） 4　（2） 0

1.4 問題 1　（1） 1　（2） -5

1.5 問題 1　略

練習問題

1. 1.1 節の問題 1 参照．
2. （1） 2　（2） $\dfrac{5}{2}$　（3） $\dfrac{1}{2}$　（4） $\dfrac{1}{2}$　（5） 4　（6） $\dfrac{4}{3}$
3. （1） 2　（2） 3　（3） 0　（4） 2　（5） 0
4. （1） -1　（2） 1　（3） -2　（4） 2　（5） -7　（6） 7
5. 連続
6. 1.5 節の例題 1.4 参照．

第 2 章

2.1 問題 1　（1） $3x^2 + 6x + 3$　（2） $(5x^2+1)(x^2+1)$　（3） $\dfrac{-x^2+1}{(x^2+x+1)^2}$

2.2 問題 1　（1） $-10x(1-x^2)^4$　（2） $4(8x^2 - 3x + 2)(2x-1)^3(x^2+1)^5$

（3） $\dfrac{3x^2}{(2x+1)^4}$

問題解答（第2章）

2.3 問題1　(1) $\dfrac{2}{3}x^{-\frac{1}{3}}$　(2) $x(x^2-1)^{-\frac{1}{2}}$　問題2　$\dfrac{dy}{dx}=\dfrac{(3t-2)t}{6t+1}$

2.4 問題1　$c=\dfrac{3}{2},\ \theta=\dfrac{1}{2}$

2.5 問題1　(1) $24x$　(2) $480(2x-1)^2$　(3) $240(4x-1)(2x-1)^2$

練習問題

1. (1) $6x+x^{-\frac{1}{2}}$　(2) $\dfrac{2(1-x)}{x^3}$　(3) $\dfrac{x-1}{2x\sqrt{x}}$

(4) $6x+\dfrac{2}{3\sqrt[3]{x}}-\dfrac{1}{x^2}$

2. (1) $30x^2(2x^3+1)^4$　(2) $3(2x+1)(x^2+x+1)^2$

(3) $6x^2(4x^3+3)^{-\frac{1}{2}}$　(4) $-3x(1-x^2)^{\frac{1}{2}}$　(5) $\dfrac{x}{\sqrt{1+x^2}}$

(6) $\dfrac{2x(6x-1)}{3\sqrt[3]{(4x^3-x^2+1)^2}}$　(7) $\dfrac{-6x}{(3x^2+2)\sqrt{3x^2+2}}$

(8) $\dfrac{1}{3(x+1)\sqrt[3]{x^2(x+1)}}$

3. (1) $12x^3+9x^2+8x+1$　(2) $3x^2-12x+11$

(3) $2(9x^2+4x+2)(x^2+2)^3$　(4) $\dfrac{x^2(x^2+3)}{(x^2+1)^2}$　(5) $(1+4x^2)\sqrt{1+x^2}$

(6) $\dfrac{-1}{\sqrt{x}(\sqrt{x}-1)^2}$

4. それぞれ2階導関数, 3階導関数の順に書いてある.

(1) $2+6x,\ 6$　(2) $20(x-3)^3,\ 60(x-3)^2$

(3) $6(x^2+1)(5x^2+1),\ 24x(5x^2+3)$

(4) $4(10x^3+3x^2+12x+2),\ 24(5x^2+x+2)$　(5) $\dfrac{2!}{(1-x)^3},\ \dfrac{3!}{(1-x)^4}$

(6) $\dfrac{-1}{4(x+1)\sqrt{x+1}},\ \dfrac{3}{8(x+1)^2\sqrt{x+1}}$

5. (1) $1-t$　(2) $4t\sqrt{t+1}$

6. $\theta=\dfrac{1}{2}$

7. ヒント：$g(x)=f(x)-cx$ とおき, 2.4節 例1の結果を用いる.

第 3 章

3.1 問題 1 $f_x = 3x^2 + 3y$, $f_y = 3x + 3y^2$

3.2 問題 1 $15t^2(t^3+1)^4 + 8t(t^2+1)^3$

3.3 問題 1   （1） $-\dfrac{2x+y}{x+2y}$ （2） $\dfrac{x^2-y}{x-y^2}$

3.4 問題 1 $df = (2x+y)\,dx + (x+2y)\,dy$

    問題 2 $2x + 2y - z = 2, \ (-2, -2, 1)$

3.5 問題 1   略

練習問題

1. （1） $z_x = 3x^2 + 4xy + 2y^2$, $z_y = 2x^2 + 4xy + 3y^2$

   （2） $z_x = 3x^2 + 4xy + 2y^2$, $z_y = 2x^2 + 4xy + 3y^2$

   （3） $z_x = -\dfrac{y}{x^2} + \dfrac{1}{y}$, $z_y = \dfrac{1}{x} - \dfrac{x}{y^2}$ （4） $z_x = \dfrac{-2x}{(x^2+y^2)^2}$, $z_y = \dfrac{-2y}{(x^2+y^2)^2}$

   （5） $z_x = \dfrac{-x^2 - 2xy + y^2}{(x^2+y^2)^2}$, $z_y = \dfrac{x^2 - 2xy - y^2}{(x^2+y^2)^2}$

   （6） $z_x = \dfrac{x}{\sqrt{x^2+y^2}}$, $z_y = \dfrac{y}{\sqrt{x^2+y^2}}$

   （7） $z_x = \dfrac{-2x}{3\sqrt[3]{(1-x^2-y^2)^2}}$, $z_y = \dfrac{-2y}{3\sqrt[3]{(1-x^2-y^2)^2}}$

   （8） $z_x = \dfrac{3x^2}{5\sqrt[5]{(x^3+y^3)^4}}$, $z_y = \dfrac{3y^2}{5\sqrt[5]{(x^3+y^3)^4}}$

2. （1） $(t+1)(4t^2 + 5t + 3)$ （2） $\dfrac{2(t^2 - t - 1)}{(1+t^2)^2}$

3. （1） $y' = 1$ （2） $y' = -\dfrac{\sqrt{x^2+y^2} + x}{\sqrt{x^2+y^2} + y}$

4. （1） $dz = x(9x - 4y)\,dx + 2(y - x^2)\,dy$

   （2） $dz = 2(x + 2y + 3)\,dx + 4(x + 2y + 3)\,dy$

5. $x + y + \sqrt{2}\,z = 4$

6. （1） $z_{xx} = 2y$, $z_{xy} = z_{yx} = 2x - 8y$, $z_{yy} = -8x + 12y$

   （2） $z_{xx} = \dfrac{2x(x^2 - 3y^2)}{(x^2+y^2)^3}$, $z_{xy} = z_{yx} = \dfrac{2y(3x^2 - y^2)}{(x^2+y^2)^3}$, $z_{yy} = \dfrac{-2x(x^2 - 3y^2)}{(x^2+y^2)^3}$

   （3） $z_{xx} = \dfrac{y^2}{(x^2+y^2)\sqrt{x^2+y^2}}$, $z_{xy} = z_{yx} = \dfrac{-xy}{(x^2+y^2)\sqrt{x^2+y^2}}$,

$z_{yy} = \dfrac{x^2}{(x^2+y^2)\sqrt{x^2+y^2}}$

7. ヒント：$(0,0)$ では $f_x(0,y) = -y,\ f_y(x,0) = x$ である．

第 4 章

4.1 問題 1 $1^3 + 2^3 + \cdots + n^3 = \left\{\dfrac{n(n+1)}{2}\right\}^2$ を用いる．定積分の値は $\dfrac{1}{4}$

4.2 問題 1 C：積分定数 （1） $x + C$ （2） $x^2 + C$
（3） $\dfrac{1}{3}x^3 + \dfrac{1}{2}x^2 + x + C$

4.3 問題 1 （1） $\dfrac{15}{4}$ （2） 40 （3） $\dfrac{45}{4}$

4.4 問題 1 （1） $-\dfrac{1}{20}$ （2） $-\dfrac{116}{5}$ （3） $-\dfrac{1}{28}$

練習問題

1. （1） 1 （2） $\dfrac{5}{4}$ （3） 1 （4） $\dfrac{3}{8}$ （5） $\dfrac{2}{3}$ （6） $\dfrac{3}{5}$

2. （1） $\dfrac{21}{2}$ （2） 5 （3） $\dfrac{2}{3}$ （4） $\dfrac{1}{5}$ （5） $-\dfrac{1}{4}$
（6） $\dfrac{4(3\sqrt{3}-4)}{5}$

3. （1） $\dfrac{17}{12}$ （2） $\dfrac{71}{10}$ （3） $\dfrac{1}{6}(\alpha-\beta)^3$ （4） $\dfrac{1}{60}$

第 5 章

5.1 問題 1 （1） $2e^{2x}$ （2） $2xe^{x^2}$ （3） $2(x+1)e^{2x+x^2}$

5.2 問題 1 （1） $\dfrac{2}{1+2x}$ （2） $\dfrac{2x}{1+x^2}$ （3） $\dfrac{2\log x}{x}$

5.3 問題 1 （1） $2\cos 2x$ （2） $-2\cos x \sin x$ （3） $\dfrac{2x}{\cos^2(1+x^2)}$

5.4 問題1 （1） $\dfrac{1}{\sqrt{4-x^2}}$ （2） $-\dfrac{2x}{\sqrt{1-x^4}}$ （3） $\dfrac{2}{4+x^2}$

5.5 問題1 （1） $(1+\log x)\,x^x$ （2） $2x(\log 2)\,2^{x^2}$

（3） $\left(\log 2\log x+\dfrac{1}{x}\right)2^x$ **問題2** （1） $z_x=y\,e^{xy},\ z_y=x\,e^{xy}$

（2） $z_x=yx^{y-1},\ z_y=(\log x)\,x^y$

5.6 問題1 積分定数は省略する．（1） $(x-1)e^x$ （2） $\dfrac{1}{3}x^3\log x-\dfrac{1}{9}x^3$

（3） $x\,\mathrm{Tan}^{-1}x-\dfrac{1}{2}\log(1+x^2)$

5.7 問題1 積分定数は省略する．（1） $\dfrac{1}{5}\log\{(x-3)^2|x+2|^3\}$

（2） $\log|x^2+3x+2|$ （3） $\log\left|\dfrac{x-2}{x-1}\right|+\dfrac{1}{x-1}$

（4） $\dfrac{1}{6}\log\dfrac{(x+1)^2}{x^2-x+1}+\dfrac{1}{\sqrt{3}}\mathrm{Tan}^{-1}\dfrac{2x-1}{\sqrt{3}}$

（5） $\log(x^2+2x+2)-\mathrm{Tan}^{-1}(x+1)$ （6） $\log\dfrac{\sqrt{x^2+1}}{|x+1|}+\mathrm{Tan}^{-1}x$

問題2 （1） $\log\left|\dfrac{1+\tan\dfrac{x}{2}}{1-\tan\dfrac{x}{2}}\right|$ （2） $\dfrac{2}{\sqrt{3}}\mathrm{Tan}^{-1}\!\left(\dfrac{2\tan\dfrac{x}{2}+1}{\sqrt{3}}\right)$

5.8 問題1 略 **問題2** （1） 1 （2） 1 （3） π

練習問題

1. （1） $\dfrac{1}{2\sqrt{x}}\left(1-\dfrac{1}{x}\right)$ （2） $\dfrac{3x^2-1}{2\sqrt{x^3-x}}$ （3） $-2(x-a)e^{-(x-a)^2}$

（4） $\log x$ （5） $(1+2ax^2)e^{(ax^2+b)}$ （6） $\dfrac{2a}{a^2-x^2}$

（7） $x(3x+4)\cos(x^3+2x^2)$ （8） $-(3x^2-1)\sin(x^3-x)$

（9） $2x(1+\tan^2 x^2)$ （10） $\dfrac{-1}{\sqrt{2x-x^2}}$ （11） $\dfrac{-1}{\sqrt{a^2-x^2}}$

（12） $\dfrac{a}{a^2+x^2}$ （13） $5(3x^2+1)(x^3+x)^4$ （14） $\dfrac{a^2-2x^2}{\sqrt{a^2-x^2}}$

（15） $n\cos x(\sin x)^{n-1}$ （16） $\dfrac{1}{\sqrt{x}(1-x)}$

（17） $\left(\log(\tan x)+\dfrac{x}{\sin x\cos x}\right)(\tan x)^x$ （18） $\left(\log(\log x)+\dfrac{1}{\log x}\right)(\log x)^x$

2. 積分定数は省略する．

(1) $\dfrac{1}{4}(x+1)^4$　　(2) $\dfrac{1}{6}(x^2+1)^3$　　(3) $(x-1)e^x$

(4) $(x^2-2x+2)e^x$　　(5) $-\dfrac{1}{2}e^{-x^2}$　　(6) $\dfrac{1}{2}(\log x)^2$　　(7) $\dfrac{1}{3}(\log x)^3$

(8) $-\dfrac{1}{x}(\log x+1)$　　(9) $\dfrac{1}{2}(x^2+3)\{\log(x^2+3)-1\}$

(10) $x\log(x^2+1)-2x+2\,\mathrm{Tan}^{-1}x$　　(11) $-x\cos x+\sin x$

(12) $-\dfrac{x}{2}\cos 2x+\dfrac{1}{4}\sin 2x$　　(13) $\dfrac{1}{3}\left(x\sin 3x+\dfrac{1}{3}\cos 3x\right)$

(14) $x\tan x+\log|\cos x|$　　(15) $-x^2\cos x+2x\sin x+2\cos x$

(16) $\dfrac{1}{3}\cos^3 x-\cos x$　　(17) $\dfrac{1}{4}\cos^3 x\sin x+\dfrac{3}{8}(\sin x\cos x+x)$

(18) $\dfrac{1}{5}\sin^5 x-\dfrac{1}{7}\sin^7 x$　　(19) $-\log|\cos x|$　　(20) $\log|\sin x|$

(21) $-\cot\dfrac{x}{2}$　　(22) $\log\left|\tan\dfrac{x}{2}\right|$　　(23) $x\,\mathrm{Tan}^{-1}x-\dfrac{1}{2}\log(1+x^2)$

(24) $\dfrac{1}{2}x^2\,\mathrm{Tan}^{-1}x+\dfrac{1}{2}\mathrm{Tan}^{-1}x-\dfrac{1}{2}x$　　(25) $-\dfrac{1}{12}\cos 6x-\dfrac{1}{8}\cos 4x$

(26) $a\cosh\dfrac{x}{a}$　　(27) $a\sinh\dfrac{x}{a}$

3. 積分定数は省略する．

(1) $\dfrac{1}{4}\log\left|\dfrac{x-2}{x+2}\right|$　　(2) $\dfrac{1}{\sqrt{3}}\mathrm{Tan}^{-1}\left(\dfrac{x}{\sqrt{3}}\right)$　　(3) $\dfrac{1}{2}\mathrm{Tan}^{-1}x^2$

(4) $\mathrm{Tan}^{-1}(x+1)$　　(5) $2\sqrt{3}\,\mathrm{Tan}^{-1}\left(\dfrac{2x+1}{\sqrt{3}}\right)$　　(6) $x-2\,\mathrm{Tan}^{-1}\dfrac{x}{2}$

(7) $\mathrm{Sin}^{-1}\left(\dfrac{x}{3}\right)$　　(8) $\log|x+\sqrt{x^2+2}|$　　(9) $\dfrac{2}{3}(x-2)\sqrt{1+x}$

(10) $\dfrac{2}{15}(5x+4)\sqrt{5x+4}$　　(11) $\dfrac{2}{15}(3x+10)(x-5)\sqrt{x-5}$

(12) $-\dfrac{1}{3}(a^2-x^2)\sqrt{a^2-x^2}$　　(13) $-\sqrt{a^2-x^2}$　　(14) $2\,\mathrm{Tan}^{-1}\sqrt{\dfrac{x}{1-x}}$

(15) $\dfrac{1}{2}\{a^2\log|x+\sqrt{a^2+x^2}|+x\sqrt{a^2+x^2}\}$

(16) $\dfrac{2x^2+1}{4}\log|x+\sqrt{1+x^2}|-\dfrac{1}{4}x\sqrt{1+x^2}$

(17) $\log\left|\dfrac{x^2+2x+2}{x+2}\right|+\mathrm{Tan}^{-1}(x+1)$　　(18) $2\,\mathrm{Tan}^{-1}(\sqrt{x-1})$

(19) $\log\left|\dfrac{e^x-2}{e^x-1}\right|$ (20) $\dfrac{1}{3}\log\left|\dfrac{\sin x}{\sin x+3}\right|$ (21) $\dfrac{1}{ab}\mathrm{Tan}^{-1}\left(\dfrac{b}{a}\tan x\right)$

第6章

6.1 問題1 収束する

6.6 問題1 （1） $x+\dfrac{1}{3}x^3$ （2） $x+x^2+\dfrac{1}{3}x^3$

6.7 問題1 略   **問題2** （1） $-\dfrac{1}{2}$ （2） $-\dfrac{1}{8}$ （3） 1

6.8 問題1 $x-\dfrac{1}{3!}(x^3+3xy^2)$

練習問題

1. （1） $\displaystyle\sum_{n=0}^{\infty}\dfrac{x^{2n}}{(2n)!}$ （$-\infty<x<\infty$）   （2） $\displaystyle\sum_{n=0}^{\infty}\dfrac{x^{2n+1}}{(2n+1)!}$ （$-\infty<x<\infty$）

（3） $\displaystyle\sum_{n=0}^{\infty}\dfrac{(-1)^n(2x)^{2n}}{(2n)!}$ （$-\infty<x<\infty$）

（4） $\displaystyle\sum_{n=0}^{\infty}\dfrac{(-1)^n(2x)^{2n+1}}{(2n+1)!}$ （$-\infty<x<\infty$）

（5） $1+\dfrac{1}{2}\displaystyle\sum_{n=1}^{\infty}\dfrac{(-1)^n(2x)^{2n}}{(2n)!}$ （$-\infty<x<\infty$）

（6） $\dfrac{1}{2}\displaystyle\sum_{n=1}^{\infty}\dfrac{(-1)^n(2x)^{2n}}{(2n)!}$ （$-\infty<x<\infty$）

2. （1） $x+\dfrac{1}{3}x^3+\dfrac{2}{15}x^5$ （2） $x+\dfrac{1}{2}x^2-\dfrac{2}{3}x^3+\dfrac{1}{4}x^4$

（3） $x+\dfrac{1}{2}x^2+\dfrac{1}{3}x^3$

3. （1） $1-\dfrac{1}{2}x-\displaystyle\sum_{n=2}^{\infty}\dfrac{1\cdot3\cdot5\cdots(2n-3)\,x^n}{2^n n!}$ （$-1<x<1$）

（2） $1+\dfrac{1}{2}x+\displaystyle\sum_{n=2}^{\infty}\dfrac{(-1)^{n-1}1\cdot3\cdot5\cdots(2n-3)\,x^n}{2^n n!}$ （$-1<x<1$）

（3） $1+\displaystyle\sum_{n=1}^{\infty}\dfrac{1\cdot3\cdot5\cdots(2n-1)\,x^n}{2^n n!}$ （$-1<x<1$）

4. ヒント：部分積分を使う．

5. （1） $1+(x+y)+\dfrac{1}{2!}(x+y)^2+\dfrac{1}{3!}(x+y)^3$

（2） $1+(x+y)+(x+y)^2+(x+y)^3$

第7章

7.1 問題 1 （1）

x	$x<1$	1	$1<x<3$	3	$3<x$
y'	+	0	−	0	+
y	↗	1	↘	−3	↗

（2）

x	$x<-1$	-1	$-1<x<-\dfrac{1}{3}$	$-\dfrac{1}{3}$	$-\dfrac{1}{3}<x<1$	1	$1<x$
y'	−	微分できない	+	0	−	0	+
y	↘	0	↗	$\dfrac{32}{27}$	↘	0	↗

7.2 問題 1 $(-1,-1)$ で極大値 1 をとる．

7.3 問題 1 点 $\left(\pm\dfrac{1}{\sqrt{2}},\pm\dfrac{1}{\sqrt{2}}\right)$ で最大値 $\dfrac{1}{2}$ をとる（複号同順）．

7.4 問題 1 ヒント：合成関数の微分公式を用いて右辺から左辺を導く．

練習問題

1. （グラフ略）

（1） $x=-\dfrac{2}{3}$ で極大値 $\dfrac{67}{27}$，$x=2$ で極小値 -7

（2） $x=\dfrac{3}{5}$ で極大値 $\dfrac{3}{5}\sqrt[3]{\dfrac{4}{25}}$，$x=1$ で極小値 0

（3） $x=-1$ で極大値 $\dfrac{1}{2}$，$x=0$ で極小値 0，$x=1$ で極大値 $\dfrac{1}{2}$

（4） $x=0$ で極大値 1

（5） $x=-\dfrac{1}{\sqrt{2}}$ で極小値 $\dfrac{-1}{\sqrt{2e}}$，$x=\dfrac{1}{\sqrt{2}}$ で極大値 $\dfrac{1}{\sqrt{2e}}$

問題解答（第 8 章） 283

(6)　$x = -\dfrac{\pi}{4} + 2n\pi$ （$n = 0, \pm 1, \pm 2, \cdots$）のとき極小値 $-\dfrac{1}{\sqrt{2}}e^{-\frac{\pi}{4}+2n\pi}$

　　　$x = \dfrac{3\pi}{4} + 2n\pi$ （$n = 0, \pm 1, \pm 2, \cdots$）のとき極大値 $\dfrac{1}{\sqrt{2}}e^{\frac{3\pi}{4}+2n\pi}$

2. （1）$(2, 0)$ で極小値 -4　（2）$\left(\pm\dfrac{1}{2}, \pm\dfrac{1}{2}\right)$ で極小値 $-\dfrac{1}{8}$，$\left(\pm\dfrac{1}{2}, \mp\dfrac{1}{2}\right)$ で極大値 $\dfrac{1}{8}$（複号同順）

3. （1）$(0, \pm 1)$ で最大値 1

（2）$(\pm\sqrt{3}, \pm\sqrt{6})$ で最大値 45（複号同順）

（3）$\left(\dfrac{1}{3}, -\dfrac{2}{3}, \dfrac{2}{3}\right)$ で最大値 3，$\left(-\dfrac{1}{3}, \dfrac{2}{3}, -\dfrac{2}{3}\right)$ で最小値 -3

（4）$\left(\pm\sqrt{\dfrac{6}{11}}, \pm\dfrac{1}{2}\sqrt{\dfrac{6}{11}}, \pm\dfrac{1}{3}\sqrt{\dfrac{6}{11}}\right)$ で最大値 $\dfrac{11}{6}$（複号同順）

4. 略

5. 略

第 8 章

8.1　**問題 1**　2　　**問題 2**　$\dfrac{1}{8}$

8.2　**問題 1**　（1）$\dfrac{4}{3}$　　（2）$(e^a - 1)^2$

　問題 2　（1）$\displaystyle\int_0^1 \int_y^1 f(x, y)\, dxdy$

（2）$\displaystyle\int_0^1 \int_{-\sqrt{y}}^{\sqrt{y}} f(x, y)\, dxdy + \int_1^4 \int_{y-2}^{\sqrt{y}} f(x, y)\, dxdy$

8.3　**問題 1**　（1）$\dfrac{2\pi}{3}$　　（2）2π　　**問題 2**　(8.7) で x を $\dfrac{x}{\sqrt{2}}$ に置換

8.5　**問題 1**　$\dfrac{4\pi a^5}{5}$

8.6　**問題 1**　ヒント：球面は $z = \pm\sqrt{a^2 - x^2 - y^2}$ と書ける．

練習問題

1. （1）$\dfrac{7}{6}$　　（2）$e - 2$　　（3）1　　（4）$\dfrac{3\pi}{2}$　　（5）$\dfrac{\pi ab}{4}(a^2 + b^2)$

(6) $-\pi$ (7) $\dfrac{1}{3}$ (8) $\dfrac{1}{30}$ (9) $\dfrac{39}{20}$ (10) $\dfrac{3\sqrt{3}+2\pi}{18}$

(11) $4\sin\left(\dfrac{a-b}{2}\right)\sin\left(\dfrac{c-d}{2}\right)\cos\left(\dfrac{a+b+c+d}{2}\right)$

(12) $m \geq 2 : 存在しない, \quad m < 2 : \dfrac{2\pi a^{2-m}}{2-m}$ (13) $\dfrac{4}{15}\pi a^5$ (14) π^2

(15) $\dfrac{1}{8}e^4 - \dfrac{3}{4}e^2 + e - \dfrac{3}{8}$

2. (1) πa^3 (2) $\dfrac{3}{128}\pi a^4$ (3) $\dfrac{\pi}{8}$

3. (1) $8a^2$ (2) $\dfrac{\sqrt{5}+1}{12} + \dfrac{1}{4}\log(2+\sqrt{5})$ (3) $\dfrac{(10^{\frac{3}{2}}-1)\pi}{27}$

第 9 章

9.2 問題 1 (1) $2\left\{\cos\left(\dfrac{\pi}{3}+2n\pi\right)+i\sin\left(\dfrac{\pi}{3}+2n\pi\right)\right\}$ ($n=0,\pm 1,\cdots$)

(2) $2\left\{\cos\left(\dfrac{\pi}{2}+2n\pi\right)+i\sin\left(\dfrac{\pi}{2}+2n\pi\right)\right\}$ ($n=0,\pm 1,\cdots$)

(3) $\sqrt{2}\left\{\cos\left(\dfrac{3\pi}{4}+2n\pi\right)+i\sin\left(\dfrac{3\pi}{4}+2n\pi\right)\right\}$ ($n=0,\pm 1,\cdots$)

9.3 問題 1 $\dfrac{\sqrt{2}}{2}+\dfrac{\sqrt{2}}{2}i, \ -\dfrac{\sqrt{2}}{2}-\dfrac{\sqrt{2}}{2}i$

9.4 問題 1 (1) $\cos t$ (2) $\dfrac{1}{2}(e^t+e^{-t})$ (3) $e^{-t}+te^{-t}$

練習問題

1. (1) $2e^{\left(\frac{5\pi}{6}+2n\pi\right)i}$ ($n=0,\pm 1,\cdots$) (2) $5e^{\left(\frac{\pi}{2}+2n\pi\right)i}$ ($n=0,\pm 1,\cdots$)

(3) $\sqrt{2}e^{\left(-\frac{\pi}{4}+2n\pi\right)i}$ ($n=0,\pm 1,\cdots$)

2. (1) 16 (2) $-16(\sqrt{3}-i)$ (3) $-\dfrac{1}{2}i$

3. (1) $\sqrt{2}\left(\dfrac{1}{2}+\dfrac{\sqrt{3}}{2}i\right), \ \sqrt{2}\left(-\dfrac{1}{2}-\dfrac{\sqrt{3}}{2}i\right)$

(2) $2i, \ -\sqrt{3}-i, \ \sqrt{3}-i$

(3) $\sqrt[6]{2}\left(\dfrac{\sqrt{6}+\sqrt{2}}{4}-\dfrac{\sqrt{6}-\sqrt{2}}{4}i\right)$, $\sqrt[6]{2}\left(-\dfrac{\sqrt{6}-\sqrt{2}}{4}+\dfrac{\sqrt{6}+\sqrt{2}}{4}i\right)$, $\sqrt[6]{2}\left(-\dfrac{\sqrt{2}}{2}-\dfrac{\sqrt{2}}{2}i\right)$

4. C_1, C_2 は任意定数とする． (1) $C_1 e^{3t}+C_2 e^{-4t}$ (2) $C_1 e^{3t}+C_2 t e^{3t}$ (3) $C_1 e^{-t}\cos t+C_2 e^{-t}\sin t$

5. (1) $3e^{-2t}-2e^{-3t}$ (2) e^t (3) $\dfrac{1}{2}e^{-t}\sin 2t$

第 10 章

C および C_1, C_2, C_3, C_4 は任意定数とする．

10.3 問題 1 (1) Ce^{-3t} (2) $Ce^{-2t}+\dfrac{2t-1}{4}$ (3) $Ce^{-\frac{t^2}{2}}$

10.5 問題 1 (1) $C_1 e^{-t}+C_2 e^t \cos t+C_3 e^t \sin t$
(2) $C_1 e^{-t}+C_2 e^t+C_3 \cos t+C_4 \sin t$

10.6 問題 1 $-\dfrac{3}{2}+t-t^2-\dfrac{3}{10}\cos t-\dfrac{1}{10}\sin t$

10.7 問題 1 $-\dfrac{1}{3}te^{-t}$ 問題 2 $-t^2+2$

練習問題

1. (1) $C_1 e^{-t}+C_2 e^{4t}$ (2) $C_1 e^{-t}\cos 2t+C_2 e^{-t}\sin 2t$ (3) $C_1 e^{3t}+C_2 t e^{3t}$
(4) $C_1 e^t+C_2 e^{-t}+C_3 t e^{-t}$ (5) $C_1 e^{-t}+C_2 t e^{-t}+C_3 t^2 e^{-t}$
(6) $C_1+C_2 e^{-2t}+C_3 e^t$ (7) $C_1 e^t+C_2 t e^t+C_3 t^2 e^t+C_4 e^{-2t}$
(8) $C_1 e^{2t}+C_2 t e^{2t}+C_3 \cos 2t+C_4 \sin 2t$

2. (1) $\dfrac{5}{32}+\dfrac{3}{8}t+\dfrac{1}{4}t^2$ (2) $\dfrac{1}{5}e^t$ (3) $\dfrac{1}{2}t^2 e^t$ (4) $-\dfrac{1}{2}t\cos t$
(5) $-e^t \sin t$ (6) t^2 (7) $-4e^{-t}-te^{-t}$ (8) $\dfrac{1}{4}t^4+t^3-6t$
(9) $\dfrac{1}{7}e^{-2t}$ (10) $-\dfrac{1}{2}(\cos t+t\sin t)$

3. (1) $-\dfrac{1}{2}e^{-t}$ (2) $\dfrac{t}{3}+\dfrac{4}{9}$

4. $t^2 + \dfrac{t}{2}(\log t)^2$

第 11 章

C および C_1, C_2 は任意定数とする.

11.1 問題 1　（1）　$\pm \dfrac{1}{\sqrt{Ct^2 - 2t^3}}$　　（2）　$\dfrac{2C_1 + C_2 e^t}{C_1 + C_2 e^t}$

11.2 問題 1　$\dfrac{e^{t^2} - 1}{e^{t^2} + 1}$

11.3 問題 1　（1）　$u^2 + 2tu - t^2 = C$　　（2）　$\dfrac{1}{2}\left(Ct^2 - \dfrac{1}{C}\right)$

11.4 問題 1　（1）　$\dfrac{1}{3}t^3 + tu - \dfrac{1}{3}u^3 = C$　　（2）　$\dfrac{1}{3}u^3 - u\cos t - \dfrac{1}{2}t^2 = C$

練習問題

1.　（1）　$\dfrac{1}{\sqrt[4]{t + Ct^2}}$　　（2）　$\left(\dfrac{\sin 2t + 2t + C}{4\cos t}\right)^{\frac{1}{3}}$　　（3）　$\dfrac{-Ce^{3t} + 2}{Ce^{3t} + 1}$

　　（4）　$\dfrac{t(2Ce^{t^2} + 1)}{2Ce^{t^2} - 1}$

2.　（1）　$\sin t \cdot \cos u = C$　　（2）　$tu = Ce^{u-t}$　　（3）　$u(u^2 + 3t^2) = C$

　　（4）　$\sin \dfrac{u}{t} = \dfrac{C}{t}$

3.　（1）　$tu + t^2 = C$　　（2）　$\dfrac{1}{3}u^3 + aut + \dfrac{1}{3}t^3 = C$

第 12 章

C_1, C_2 は任意定数とする.

12.2 問題 1　本節説明参照

　問題 2.　$C_1 + C_2\left\{t + \dfrac{1}{3}t^3 + \dfrac{1}{5}t^5 + \cdots + \dfrac{1}{2m+1}t^{2m+1} + \cdots\right\}$

12.3 問題 1　（1）　$C_1 t + C_2 t^2$　　（2）　$C_1 t^3 + C_2 t^3 \log t$

練習問題

1. （1） $3e^t - t - 2$ （2） $\dfrac{2t^3 - 3t^2 - 6}{6(t-1)}$ （3） $\dfrac{1}{1-t}$

2. （1） $\left\{ t e^{t^2/2}, \ 1 + \sum\limits_{n=1}^{\infty} \dfrac{t^{2n}}{1\cdot 3\cdots (2n-1)} \right\}$

（2） $\left\{ 1 + \sum\limits_{m=1}^{\infty} \dfrac{(-1)^m (-1) 8\cdot 17 \cdots (9m-10)}{2\cdot 3\cdot 5\cdot 6 \cdots (3m-1) 3m} t^{3m}, \right.$

$\left. t + \sum\limits_{m=1}^{\infty} \dfrac{(-1)^m 2\cdot 11\cdot 20 \cdots (9m-7)}{3\cdot 4\cdot 6\cdot 7 \cdots (3m)(3m+1)} t^{3m+1} \right\}$

（3） $\left\{ t e^{-t^2}, \ 1 + \sum\limits_{m=1}^{\infty} \dfrac{(-1)^m 2^m}{1\cdot 3\cdots (2m-1)} t^{2m} \right\}$ （4） $\{\cos \sqrt{t}, \ \sin \sqrt{t}\}$

3. $\left\{ 1 + \sum\limits_{m=1}^{\infty} \dfrac{2^m (-1) 1 \cdots (2m-3)}{(2m)!} t^{2m}, \ t \right\}$

4. $\alpha = 1 : \left\{ 1 + \sum\limits_{m=1}^{\infty} (-1)^m \dfrac{1\cdot (-1) \cdots (3-2m) 2\cdot 4 \cdots (2m)}{(2m)!} t^{2m}, \ t \right\}$

$\alpha = 2 : \left\{ \dfrac{3}{2} t^2 - \dfrac{1}{2}, \ t + \sum\limits_{m=1}^{\infty} (-1)^m \dfrac{1\cdot (-1) \cdots (3-2m) 4\cdot 6 \cdots (2+2m)}{(2m+1)!} t^{2m+1} \right\}$

5. （1） $\{t^{-1}, \ t^4\}$ （2） $\{t^{-2}, \ t^{-2} \log t\}$

6. $J_1(t) = \dfrac{t}{2} - \dfrac{1}{1!\cdot 2!} \left(\dfrac{t}{2}\right)^3 + \dfrac{1}{2!\cdot 3!} \left(\dfrac{t}{2}\right)^5 - \cdots + (-1)^m \dfrac{1}{m!\cdot (m+1)!} \left(\dfrac{t}{2}\right)^{2m+1} + \cdots$

第 13 章

練習問題

1. （1） $u_n(t) = 1 + \left(\dfrac{t^2}{2}\right) + \dfrac{1}{2!}\left(\dfrac{t^2}{2}\right)^2 + \cdots + \dfrac{1}{n!}\left(\dfrac{t^2}{2}\right)^n$, $n \to \infty$ として $u(t) = e^{\frac{t^2}{2}}$

（2） $u_n(t) = 1 + \log t + \dfrac{1}{2!}(\log t)^2 + \cdots + \dfrac{1}{n!}(\log t)^n$, $n \to \infty$ として $u(t) = e^{\log t} = t$

2. （1） リプシッツ条件を満たす． （2） リプシッツ条件を満たさない．

（3） リプシッツ条件を満たさない．

3. 一意性は満たさない，例えば，$u(t) = 0$, $u(t) = t^3$ はいずれも $u(0) = 0$ を満たす解である．

4. 略

索　引

ア　行

アークコサインエックス　73
アークサインエックス　73
アークタンジェントエックス　74
一次結合　174
一様収束　250
一般解　174, 182
陰関数　42
上極限　260
上に有界　91, 257
n 階導関数　33
(n 階) 微分方程式　182
n 階連続微分可能　47
エルミートの微分方程式　226
演算子　119
　微分——　119, 188
円柱座標　139
オイラーの公式　169
オイラーの定数　237
オイラーの微分方程式　232
オイラー法　241, 242

カ　行

解　173, 182
　——の一意性　240
　——の存在　240
　一般——　174, 182
　基本——　191
　減衰——　176
　　振動——　176
　　臨界——　176
　特殊——　187
　特——　187
開区間　12
階数低下法　200, 202
外積　272
解析的　230
下界　91, 258
下限　258
確定特異点　230
重ね合わせの原理　199
片側極限　10
関数　6
　陰——　42
　n 階導——　33
　逆——　27
　原始——　58
　合成——　25
　コーシーの折れ線——　243

三角——　69
C^n 級の——　47
指数——　64, 66
0 次ノイマン——　237
双曲線——　87
第 1 種ベッセル——　237
第 2 種ベッセル——　237
対数——　66
調和——　137
導——　21
2 階導——　33
偏導——　40
未知——　182
有理——　81
完全微分形　215
基本解　191
逆関数　27
球座標　138
級数　92
　整——　96
　正項——　95
　調和——　94
　べき——　96
　無限——　92
境界値問題　240
共役複素数　167
極　134

索　引

―形式　168
―座標　134
―方程式　134
極限　6
　―値　6, 90
　上―　260
　片側―　10
　下―　260
　左―　11
　右―　11
極小　125, 127
　―値　125, 127
極大　125, 127
　―値　125, 127
極値　125, 127
　条件付―　131
曲線の長さ　160
曲面積　161
虚数単位　166
虚部　166
グロンウォールの補題　255
原始関数　58
減衰解　176
高位の無限小　113
高階偏導関数　47
広義の積分　85
合成関数　25
項別積分　109, 270
項別微分　109, 268
コーシー–アダマールの公式　266
コーシーの折れ線関数　243
コーシーの折れ線による存在定理　241
コーシーの判定条件　262
コーシー・ペアノの定理　244
コーシー列　262
弧度法　69

サ　行

3重積分　154
斉次方程式　184
　非―　184
差分商　20
差分方程式　242
三角関数　69
C^n級の関数　47
指数関数　64, 66
始線　134
自然数　2
自然対数　65, 67
下極限　260
下に有界　91, 258
実数　5
実部　166
重積分　142
収束　92
　―する　6, 90
　―半径　100
　一様―　250
　絶対―　97, 264
従属変数　6

主値　169
循環小数　5
上界　91, 257
上限　257
条件付極値　131
常用対数　67
剰余項　100
初期条件　183
初期値　183
　―問題　183, 240
振動減衰解　176
数列　90
0次ノイマン関数　237
整級数　96
整数　2
正項級数　95
積分因子　218
積分順序の変更　146
積分不等式　253
積分変数　56
積分方程式　241
接線　21
絶対収束　97, 264
絶対値　5, 167
接平面　46
接ベクトル　21, 46
線形結合　174
線形微分方程式　182
　非―　182
全微分　44
双曲線関数　87
増減表　125
増分　20

索引

タ行

第1種ベッセル関数　237
第2種ベッセル関数　237
対数関数　66
対数微分法　76
ダランベールの判定法　95
単調減少　26
　──数列　91
単調増加　26
　──数列　91
値域　6
置換積分の公式　60
逐次近似法　245
中間値の定理　15
調和関数　137
調和級数　94
底　65
定義域　6
定数変化法　186, 200
定積分　54
テイラー展開　104
テイラーの公式　101, 120
同位の無限小　113
同次形　212
導関数　21
　n 階──　33
　高階偏──　47
　2階──　33
　偏──　40
動径　168
特異積分　85
特異点　228

確定──　230
特殊解　187
特性方程式　173
特解　187
独立変数　6
ド・モアブルの公式　170

ナ行

内積　272
なめらか　40
2階導関数　33
2重積分　142
二項係数　34

ハ行

発散　90, 92
　──する　7
パラメータ表示の関数の微分　28
非斉次方程式　184
非線形微分方程式　182
微積分の基本定理　57
微分演算子　119, 188
微分可能　20
　n 階連続──　47
微分係数　20
微分方程式　173, 180
　──の階数　182
　(n階)──　182
　エルミートの──　226
　オイラーの──　232
　確定──　230
　線形──　182
　非──　182
　ベッセルの──　233
　ルジャンドルの──　227
左極限　11
複素数　166
　──平面　167
　共役──　167
複素平面　167
不定形　117
不定積分　59
部分積分の公式　61
部分分数分解　81
部分和　92
フロベニウスの理論　233
平均値の定理　31
平均変化率　20
閉区間　12
べき級数　96
ベッセルの微分方程式　233
ベルヌーイの方程式　206
偏角　168
変数　6
　──分離形　210
　従属──　6
　積分──　56
　独立──　6
偏導関数　40
　高階──　47
偏微分　40
　──係数　39

索　引

法線ベクトル　43, 46

マ 行

マクローリン展開　104
マクローリンの公式　101
右極限　11
未知関数　182
無限級数　92
無限小　113
　——数　5
　高位の——　113
　同位の——　113
無限積分　85
無限大　8
無理数　5

ヤ 行

ヤコビ行列式　153

有限小数　5
有界　55, 91
　上に——　91, 257
　下に——　91, 258
有理関数　81
有理数　2
優級数の定理　265

ラ 行

ライプニッツの公式　34
ラグランジュの未定乗数法　132
ラジアン　69
ラプラシアン　137, 140
ランダウの記号　114
リッカチ方程式　207
リプシッツ条件　241, 248
リーマン積分可能　54
臨界減衰解　176

累次積分　143
ルジャンドルの多項式　227
ルジャンドルの微分方程式　227
ルンゲ・クッタ法　244
連続　13
　——関数の基本性質　15
　——微分可能　47
　n 階——　47
ロジスティック方程式　181
ロドリグの公式　227
ロピタルの定理　116
ロルの定理　29
ロンスキアン　201

著者略歴

川野日郎（かわのにちろう）
1937年　宮崎県生まれ
1963年　熊本大学理学部数学科卒業
1969年　熊本大学大学院理学研究科修士課程修了
　現在　宮崎大学名誉教授　理学博士

薩摩順吉（さつまじゅんきち）
1946年　奈良県生まれ
1968年　京都大学工学部数理工学科卒業
1973年　京都大学大学院工学研究科博士課程単位取得退学
　現在　東京大学名誉教授　武蔵野大学名誉教授　工学博士

四ツ谷晶二（よつたにしょうじ）
1950年　大分県生まれ
1974年　大阪大学理学部数学科卒業
1979年　大阪大学大学院理学研究科博士課程単位取得退学
　現在　龍谷大学理工学部教授　理学博士

理工系の数理　微分積分＋微分方程式

2004年11月20日　第1版　発　行
2022年 1月30日　第5版1刷発行
2023年 4月20日　第5版2刷発行

検印省略

定価はカバーに表示してあります．

著作者	川野日郎　薩摩順吉　四ツ谷晶二
発行者	吉野和浩
発行所	東京都千代田区四番町8-1　電話　03-3262-9166　株式会社　裳華房
印刷所	株式会社　精興社
製本所	牧製本印刷株式会社

増刷表示について
2009年4月より「増刷」表示を「版」から「刷」に変更いたしました．詳しい表示基準は弊社ホームページ
http://www.shokabo.co.jp/
をご覧ください．

一般社団法人
自然科学書協会会員

JCOPY〈出版者著作権管理機構　委託出版物〉
本書の無断複製は著作権法上での例外を除き禁じられています．複製される場合は，そのつど事前に，出版者著作権管理機構（電話03-5244-5088, FAX 03-5244-5089, e-mail: info@jcopy.or.jp）の許諾を得てください．

ISBN 978-4-7853-1536-8

© 川野日郎，薩摩順吉，四ツ谷晶二，2004　　Printed in Japan

理工系の数理 シリーズ

薩摩順吉・藤原毅夫・三村昌泰・四ツ谷晶二　編集

　「理工系の数理」シリーズは，将来数学を道具として使う読者が，応用を意識しながら学習できるよう，数学を専らとする者・数学を応用する者が協同で執筆するシリーズである．応用的側面はもちろん，数学的な内容もきちんと盛り込まれ，確固たる知識と道具を身につける一助となろう．

理工系の数理　微分積分 + 微分方程式

川野日郎・薩摩順吉・四ツ谷晶二　共著　A5判／306頁／定価 2970円

現象解析の最重要な道具である微分方程式の基礎までを，微分積分から統一的に解説．

理工系の数理　線形代数

永井敏隆・永井　敦　共著　A5判／260頁／定価 2420円

初学者にとって負担にならない次数の行列や行列式を用い，理工系で必要とされる平均的な題材を解説した入門書．線形常微分方程式への応用までを収録．

理工系の数理　フーリエ解析 + 偏微分方程式

藤原毅夫・栄 伸一郎　共著　A5判／212頁／定価 2750円

量子力学に代表される物理現象に現れる偏微分方程式の解法を目標に，解法手段として重要なフーリエ解析の概説とともに，解の評価手法にも言及．

理工系の数理　複素解析

谷口健二・時弘哲治　共著　A5判／228頁／定価 2420円

応用の立場であっても複素解析の論理的理解を重視する学科向けに，できる限り証明を省略せずに解説．「解析接続」「複素変数の微分方程式」なども含む．

理工系の数理　数値計算

柳田英二・中木達幸・三村昌泰　共著　A5判／250頁／定価 2970円

数値計算の基礎的な手法を単なる道具として学ぶだけではなく，数学的な側面からも理解できるように解説した入門書．

理工系の数理　確率・統計

岩佐　学・薩摩順吉・林 利治　共著　A5判／256頁／定価 2750円

データハンドリングや確率の基本概念を解説したのち，さまざまな統計手法を紹介するとともに，それらの使い方を丁寧に説明した．

理工系の数理　ベクトル解析

山本有作・石原　卓　共著　A5判／182頁／定価 2420円

ベクトル解析のさまざまな数学的概念を，読者が具体的にイメージできるようになることを目指し，とくに流体における例を多くあげ，その物理的意味を述べた．

裳華房　https://www.shokabo.co.jp/　※価格はすべて税込(10%)